普通高等教育土建学科“十三五”规划教材

建筑制图

JIANZHU ZHITU

◎主　编　刘　莉
◎副主编　林　珊　童小龙
　　　　　臧　园　贾媛媛

華中科技大學出版社
http://www.hustp.com
中国·武汉

内 容 简 介

为了适应新形势下高等教育应用型人才培养的需要，本书总结了多年的教学经验和改革成果，采用现行的最新建筑制图国家标准，精选各类最新的建筑施工图，精心编写而成。同时，本书还配套编写了《建筑制图习题集》。

全书共分为9章，主要内容有：制图基本知识和技能、投影基础、立体的投影、轴测投影、工程形体的表达方法、建筑施工图、结构施工图、设备施工图、建筑装饰施工图等。

为了方便教学，本书还配有电子课件等教学资源包，任课教师和学生可以登录“我们爱读书”网(www.ibook4us.com)免费注册并浏览，或者发邮件至 husttujian@163.com 免费索取。

本书可作为普通高等院校土木工程、工程造价、工程管理等专业工程图学课程的教学用书，也可作为高职高专和成人高校等相关专业教材以及有关工程技术人员参考用书。

图书在版编目(CIP)数据

建筑制图 / 刘莉主编. —武汉 ：华中科技大学出版社，2017.8(2023.7 重印)
普通高等教育土建学科“十三五”规划教材
ISBN 978-7-5680-3053-3

Ⅰ.①建… Ⅱ.①刘… Ⅲ.①建筑制图-高等职业教育-教材 Ⅳ.①TU204

中国版本图书馆 CIP 数据核字(2017)第 156231 号

建筑制图
Jianzhu Zhitu

刘 莉 主编

策划编辑：康 序
责任编辑：康 序
封面设计：孢 子
责任监印：朱 玢
出版发行：华中科技大学出版社(中国·武汉) 电话：(027)81321913
武汉市东湖新技术开发区华工科技园 邮编：430223
录 排：武汉正风天下文化发展有限公司
印 刷：武汉市籍缘印刷厂
开 本：787mm×1092mm 1/16
印 张：12.5
字 数：334 千字
版 次：2023 年 7 月第 1 版第 2 次印刷
定 价：35.00 元

“建筑制图”是土建类专业的一门理论与实践高度结合的重要专业基础课程。本书根据教育部高等学校工程图学教学指导委员会制定的《普通高等院校工程图学课程教学基本要求》及新发布的《技术制图》《房屋建筑制图统一标准》(GB/T 50001—2010)等现行有关专业制图标准，结合高等学校应用型人才的培养要求和教学改革的需要，总结了多年的教学经验和改革成果，为适应新形势下高等教育人才培养的需要编写而成。

本书编写主要体现以下特色。

(1) 采用近年新修订的土建类制图国家标准及相关的技术标准、设计规范、标准设计图集等，更新相关的内容和图例。

(2) 注重应用性，满足土木工程类各专业图学课程的需要。在保证足够的理论内容的基础上，侧重生产实践相关内容的编写，注重培养学生的画图与看图能力、专业技术应用能力和综合素质。

(3) 通俗易懂，用简单的图例讲清作图的原理与方法，教材文字叙述简洁明确，图例由浅入深，作图步骤具体、清晰，对较复杂的形体投影图附加了立体图及详细的文字说明。

(4) 内容全面，实用性强，涵盖房屋建筑施工图、结构施工图、建筑给排水施工图、建筑采暖施工图、建筑电气施工图、建筑装饰施工图等房屋建筑工程领域的各专业的制图知识。

本书由大连海洋大学应用技术学院刘莉担任主编，由福州外语外贸学院林珊、湖南理工学院童小龙、武汉科技大学城市学院臧园、西华大学贾媛媛担任副主编。具体分工如下：刘莉编写第1章、第3章、第5章、第6章和第9章，林珊编写第7章，童小龙编写第8章，臧园编写第2章，贾媛媛编写第4章，全书由刘莉审核并统稿。

本书在编写过程中得到了华中科技大学出版社和各参编院校的支持和帮助，在此表示衷心的感谢。另外，本书编写过程中参考了大量同类教材、专著和有关资料，也向有关的编者表示由衷的谢意。

为了方便教学，本书还配有电子课件等教学资源包，任课教师和学生可以登录“我们爱读书”网(www.ibook4us.com)免费注册并浏览，或者发邮件至 husttujian@163.com 免费索取。

由于作者的水平所限，书中不足之处在所难免，恳请读者在使用过程中给予指正并提出宝贵意见。

编　者

2017 年 6 月

目
录
CONTENTS

Chapter 1

第1章　制图基本知识和技能

学习目标

- 掌握《房屋建筑制图统一标准》(GB/T 50001—2010)中关于图幅、图框、标题栏、图线、字体、比例、尺寸标注等的基本规定。
- 熟悉制图工具和仪器的使用方法。
- 掌握几何作图的方法、平面图形的分析和画法。
- 掌握徒手画图的方法与步骤。

1.1 制图规范的相关规定

工程图样,是设计和施工过程中的重要技术资料,被称为工程界的“技术语言”,是表达建筑设计意图、交流技术思想的重要工具,也是建筑施工、管理部门的主要技术文件。为了保证建筑施工图样表达统一,清晰简明,提高制图质量,便于识读,符合设计和施工的要求,方便技术交流,必须在各方面制定建筑制图统一的规定,这个统一的规定就是《房屋建筑制图统一标准》,又称国家制图标准,简称“国标”。

国标对于建筑图样的画法、图线的线型线宽和应用、尺寸的标注,图例及字体等都有相应的规定。每一位从事建筑工程技术的人员,都必须熟练掌握制图标准,在设计、施工、管理中都应该严格执行国家有关建筑制图的标准。

国家标准的代号有“GB”“GB/T”“GB/Z”。其中,“GB/T”为推荐性国家标准,“GB/Z”为指导性国家标准。

1.1.1　图纸幅面和标题栏

图纸的幅面是指图纸尺寸规格的大小,简称图幅。为了便于图纸装订、保存和合理使用,国家标准对图纸幅面进行了规定,见表1-1。图框是指在图纸上绘图范围的界线,应符合表1-1的规定。

表1-1　幅面及图框尺寸(mm)

幅面代号 / 尺寸代号	A0	A1	A2	A3	A4
$B\times L$	841×1189	594×841	420×594	297×420	210×297

续表

尺寸代号 \ 幅面代号	A0	A1	A2	A3	A4
c	10			5	
a	25				

注:表中 B 为幅面短边尺寸,L 为幅面长边尺寸,c 为图框线与幅面线间的宽度,a 为图框线与装订边间的宽度。

绘图时,如果图纸幅面不够,可将图纸的长边加长,短边不应改变。图纸长边加长后的尺寸见表 1-2。

表 1-2 图纸长边加长尺寸(mm)

幅面尺寸	长边尺寸	长边加长后尺寸
A0	1189	1486 1635 1783 1932 2080 2230 2378
A1	841	1051 1261 1471 1682 1892 2102
A2	594	743 891 1041 1189 1338 1486 1635 1783 1932 2080
A3	420	630 841 1051 1261 1471 1682 1892

注:有特殊需要的图纸,可采用 $B\times L$ 为 891×1841 与 1261×1189 的幅面。

图纸的常规使用方法是长边沿水平方向布置,称为横式幅面,一般 A0～A3 图纸宜使用横式幅面;必要时,也可以将长边沿竖直方向布置,称为立式幅面,如图 1-1 所示。

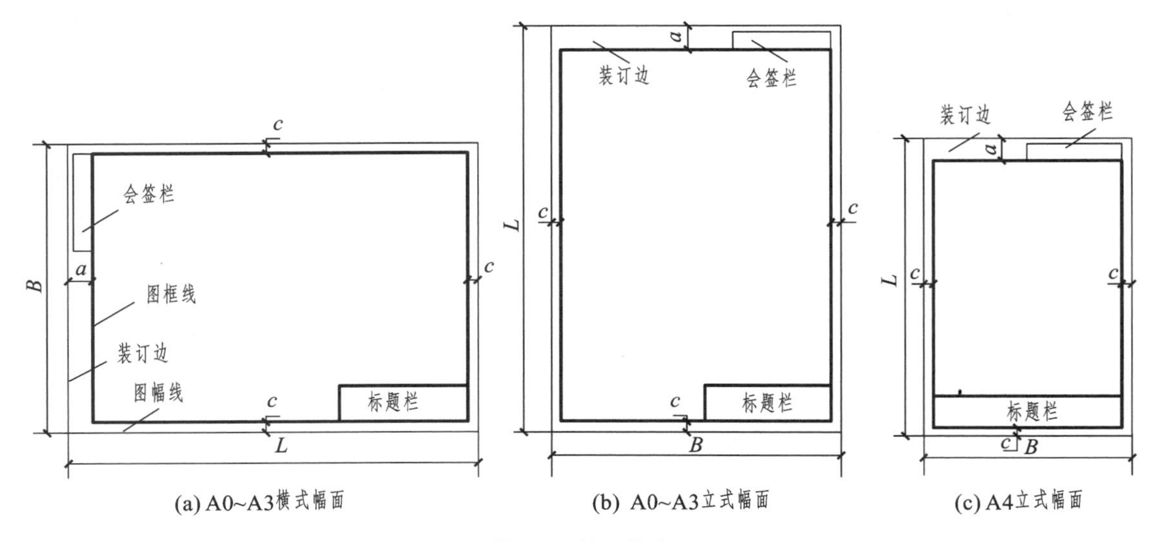

图 1-1 幅面格式

为了方便查阅图纸,图框内右下角应绘制标题栏。图纸标题栏简称图标,是各专业技术人员绘图、审图的签名区及工程名称、设计单位名称、图名、图号的标注区,如图 1-2 所示。标题栏具体的尺寸、格式及分区,可根据工程的需要来选择确定。

学习本课程时,学生作业用的标题栏,可采用如图 1-3 所示的格式绘制。

设计单位名称区
注册师签章区
项目经理签章区
修改记录区
工程名称区
图号区
签字区
会签栏

40~70

(a)

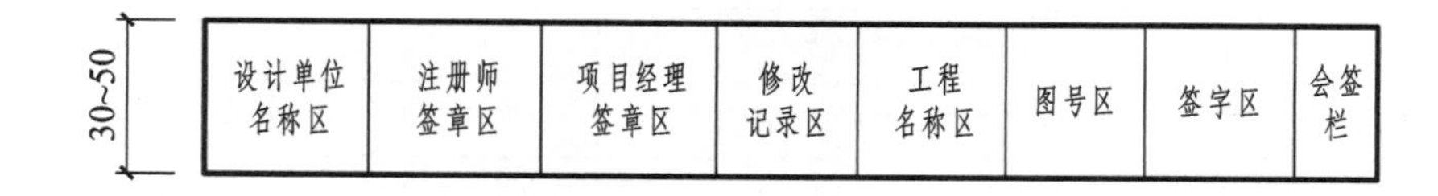

(b)

图 1-2　标题栏

尺寸单位：mm

<table>
<tr><td colspan="3" rowspan="2">校名</td><td>班级</td><td></td><td>图号</td><td></td></tr>
<tr><td>学号</td><td></td><td>成绩</td><td></td></tr>
<tr><td>制图</td><td></td><td>(日期)</td><td colspan="4" rowspan="2">图名</td></tr>
<tr><td>审核</td><td></td><td>(日期)</td></tr>
</table>

Column widths: 15, 25, 20, 70 (total 130); upper right: 15, 20, 15, 20. Row heights: 8, 8, 8, 8 (total 32).

图 1-3　学生作业标题栏

1.1.2　图线

1. 线宽与线型

在建筑工程图中，使用不同的线型与线宽来表达不同的内容和含义。建筑工程制图中的各类图线的线型、线宽及用途见表 1-3。

表 1-3　图线线型、线宽及用途

名称		线型	线宽	用途
实线	粗		b	主要可见轮廓线
	中粗		0.7b	可见轮廓线
	中		0.5b	可见轮廓线、尺寸线、变更云线
	细		0.25b	图例填充线、家具线
虚线	粗		b	见各有关专业制图标准
	中粗		0.7b	不可见轮廓线
	中		0.5b	不可见轮廓线、图例线
	细		0.25b	图例填充线、家具线
单点长画线	粗		b	见各有关专业制图标准
	中		0.5b	见各有关专业制图标准
	细		0.25b	中心线、对称线、轴线等
双点长画线	粗		b	见各有关专业制图标准
	中		b	见各有关专业制图标准
	细		0.25b	假想轮廓线、成型前原始轮廓线
折断线	细		0.25b	断开界线
波浪线	细		0.25b	断开界线

建筑工程图中，用不同线型的图线表达不同的内容，用不同粗细的图线来区分主次，同一线型的图线其线宽都互成一定的比例，即粗线、中粗线、中线、细线四种，线宽之比为 1∶0.7∶0.5∶0.25。

粗线的宽度代号为 b，它应根据图的复杂程度及比例大小，从表 1-4 中的线宽系列中选取，包括：1.4 mm，1.0 mm，0.7 mm，0.5 mm，0.35 mm，0.25 mm，0.18 mm，0.13 mm。当选定了粗线的宽度 b 后，中粗线，中线，及细线的宽度也就随之确定；从而组成为线宽组，如表 1-4 所示。

表 1-4　线宽组(mm)

线宽比	线宽组			
b	1.4	1.0	0.7	0.5
0.7b	1.0	0.7	0.5	0.35
0.5b	0.7	0.5	0.35	0.25
0.25b	0.35	0.25	0.18	0.13

注：① 需要缩微的图纸，不宜采用 0.18 及更细的线宽。

② 同一张图纸内，各不同线宽中的细线，可统一采用较细的线宽组的细线。

2. 图线画法

在图线与线宽确定后，具体画图时图线绘制需要注意以下几点内容。

(1) 同一张图纸内，相同比例的各图样，应选用相同的线宽组。

(2) 相互平行的图例线，其净间隙或线中间隙不宜小于 0.2 mm。

(3) 虚线、单点长画线或双点长画线的线段长度和间隔应各自相等。虚线的线段长度为 3～6 mm，间隔为 0.5～1 mm，单点长画线或双点长画线的线段长度为 15～20 mm。

(4) 单点长画线或双点长画线，当在较小图形中绘制有困难时，可用实线代替。

(5) 单点长画线或双点长画线的两端，应是线段，不是点，并应超出轮廓线 2～5 mm。点画线与点画线交接点或点画线与其他图线交接时，应是线段交接。

(6) 虚线与虚线交接或虚线与其他图线交接时，应是线段交接。虚线为实线的延长线时，不得与实线相接。

(7) 图线不得与文字、数字或符号重叠、混淆，不可避免时，应首先保证文字的清晰。各种线型在房屋平面图上的用法如图 1-4 所示。

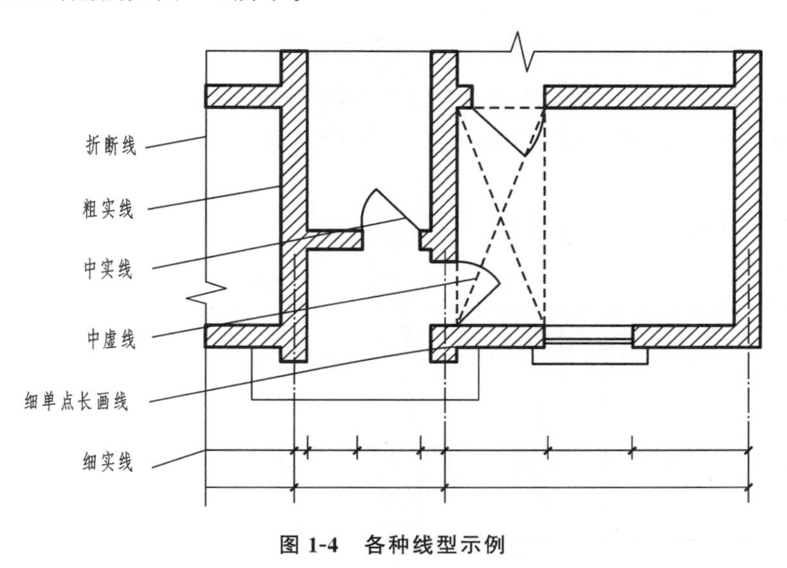

图 1-4　各种线型示例

1.1.3　字体

建筑工程图中，需用文字、数字、字母和符号等对建筑形体的大小、技术要求加以说明。因此，国家标准要求图样所书写的文字、数字或符号等，均应笔画清晰、字体端正、排列整齐、间隔均匀，标点符号应清楚、正确。

1. 汉字

汉字的简化字书写应符合国家有关汉字简化方案的规定。图样及说明中的汉字，宜采用长仿宋体或黑体，同一图纸字体种类不应超过两种。大标题、图册封面、地形图等的汉字，也可书写成其他字体，但应易于辨认。

字高与字宽的比例约为 1∶0.7。字体高度代表字体的号数，如 7 号字即字高为 7 mm。长仿宋体字的高度与宽度的关系应符合表 1-5 的规定，黑体字的高度与宽度应相同。

表 1-5　长仿宋字高宽关系(mm)

字高	20	14	10	7	5	3.5
字宽	14	10	7	5	3.5	2.5

长仿宋字体的示例如图 1-5 所示。

10号字

字体工整 笔画清楚 间隔均匀 排列整齐

7号字

横平竖直 注意起落 结构均匀 填满方格

5号字

技术制图机械电子汽车航空船舶土木建筑矿山港口纺织

图 1-5 长仿宋字体示例

从字体示例可以看出，长仿宋字的书写要领是：横平竖直、起落分明、笔锋满格、布局均匀。要写好长仿宋字，初学时要先按字的大小打好格子，然后书写，多写多练，持之以恒，自然就能熟能生巧。

长仿宋字的基本笔画如表 1-6 所示。

表 1-6 长仿宋字的基本笔画

名称	点	横	竖	撇	捺	勾	挑	折
基本笔画	丶	一	丨	丿	㇏	亅	㇀	㇕
举例	方	面	图	例	尺	制	混	高

2. 拉丁字母和数字

图样及说明中的拉丁字母、阿拉伯数字与罗马数字的字体，有正体字和斜体字两种。

拉丁字母和数字的字高，不应小于 2.5 mm。若需写成斜体字时，其斜度应是从字的底线逆时针向上倾斜 75°。斜体字的高度和宽度应与相应的直体字相等。字母和数字的书写示例如图 1-6 所示。

图 1-6 字母和数字的书写示例

1.1.4 比例和图名

图样的比例，应为图纸与实物相对应的线性尺寸之比。比例有放大或缩小之分，建筑工程专业的工程图主要采用缩小的比例。比例的符号应为“：”，比例应以阿拉伯数字表示。例如，1：100，表示图纸上的一个线性长度单位，代表实际长度为100个单位。

比例宜注写在图名的右侧，字的基准线应平齐；比例的字高宜比图名的字高小一号或两号，如图1-7所示。

图1-7 比例的注写

一般情况下，一个图样应选用一种比例。根据专业制图的需要，同一图样可选用两种比例。绘图所用的比例应根据图样的用途与被绘对象的复杂程度，从表1-7中选用，并应优先采用表中列出的常用比例。

表1-7 绘图所用比例

常用比例	1：1、1：2、1：5、1：10、1：20、1：30、1：50、1：100、1:150、1：200、1：500、1：1000、1：2000
可用比例	1：3、1：4、1：6、1：15、1：25、1：40、1：60、1：80、1：250、1：300、1:400、1：600、1：5000、1：10 000、1：20 000、1：50 000、1：100 000、1：200 000

1.1.5 尺寸标注

1. 尺寸的组成及其注法的基本规定

图样上的尺寸，应包括尺寸线、尺寸界线、尺寸起止符号和尺寸数字，如图1-8所示。

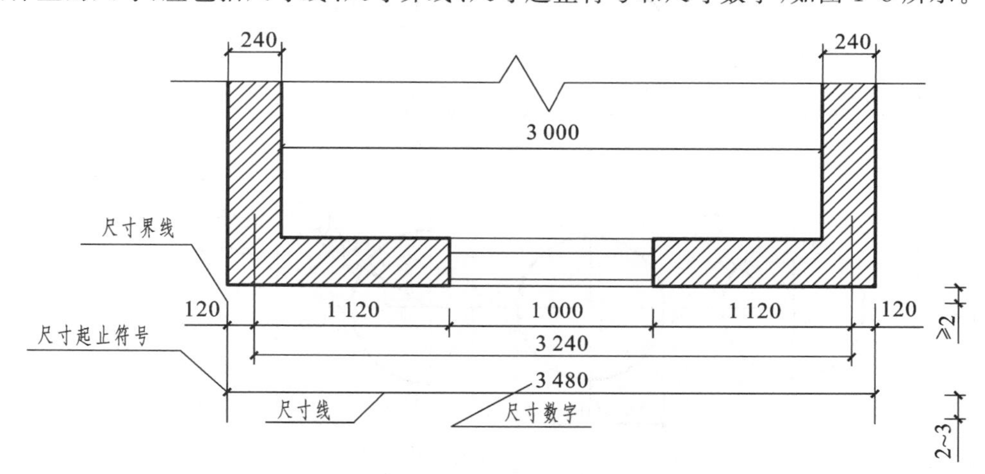

图1-8 尺寸的组成

尺寸线、尺寸界线用细实线绘制。尺寸界线应与被注长度垂直，其一端与图样轮廓线的距离应不小于 2 mm，另一端宜超出尺寸界线 2～3 mm。

尺寸起止符号用中粗斜短线绘制，其倾斜的方向应与尺寸界线成顺时针 45°角，长度宜为2～3 mm。半径、直径、角度与弧长的尺寸起止符号，宜用箭头表示。

工程图样上所注写的尺寸数字是物体的实际尺寸。除标高及总平面图以米(m)为单位外，其他均以毫米(mm)为单位，图上尺寸数字都不再注写单位。

2. 尺寸的排列与布置

(1) 尺寸宜标注在图样轮廓线以外，不宜与图线、文字及符号等相交。

(2) 互相平行的尺寸线，应从被注写的图样轮廓线由近向远整齐排列，较小尺寸应离轮廓线较近，较大尺寸应离轮廓线较远。

(3) 图样轮廓线以外的尺寸界线，距图样最外轮廓之间的距离，不宜小于 10 mm。平行排列的尺寸线的间距，宜为 7～8 mm，并保持一致。

(4) 总尺寸的尺寸界线应靠近所指部位，中间的分尺寸的尺寸界线可以稍短，但其长度应相等。

3. 尺寸标注的其他规定

标注尺寸应时注意的一些问题，如表 1-8 所列。

表 1-8 尺寸标注示例

标注内容	示例	说明
尺寸的排列	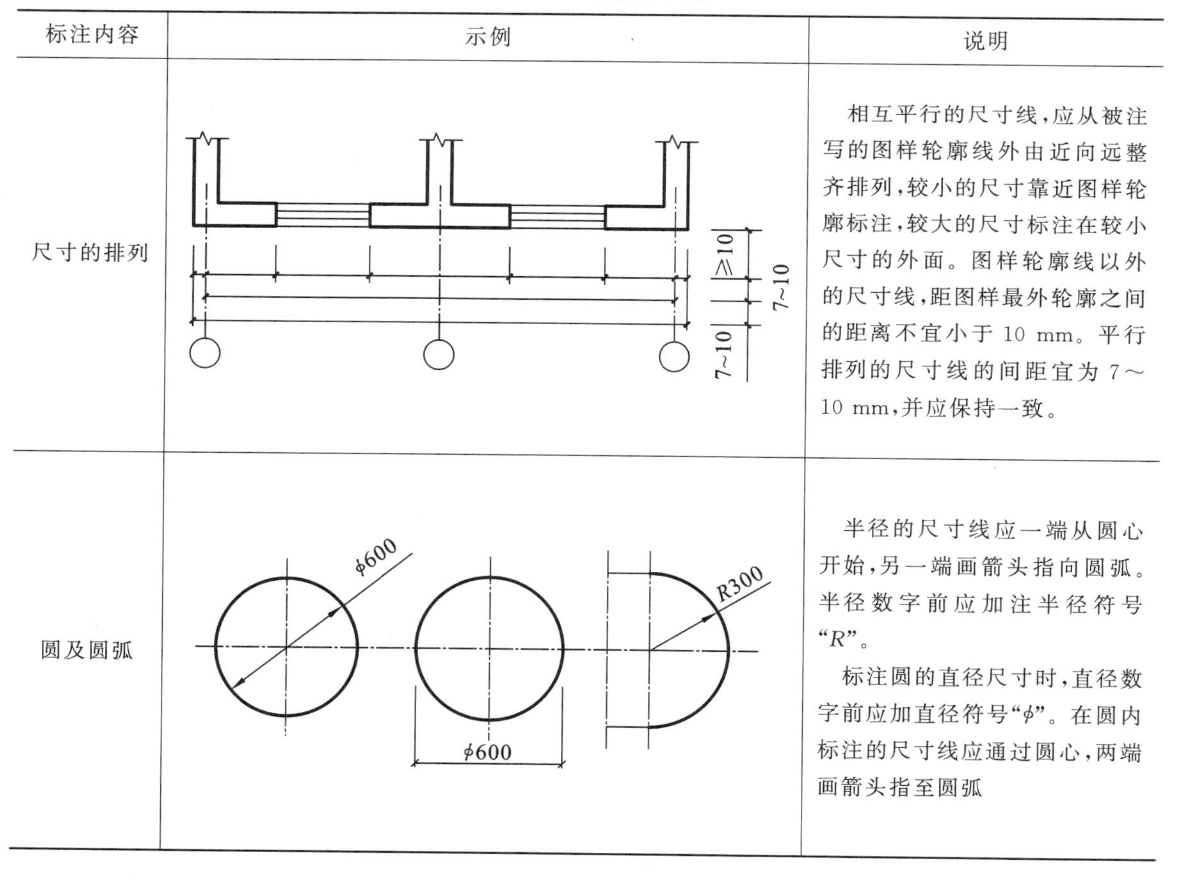	相互平行的尺寸线，应从被注写的图样轮廓线外由近向远整齐排列，较小的尺寸靠近图样轮廓标注，较大的尺寸标注在较小尺寸的外面。图样轮廓线以外的尺寸线，距图样最外轮廓之间的距离不宜小于 10 mm。平行排列的尺寸线的间距宜为 7～10 mm，并应保持一致。
圆及圆弧		半径的尺寸线应一端从圆心开始，另一端画箭头指向圆弧。半径数字前应加注半径符号“R”。 标注圆的直径尺寸时，直径数字前应加直径符号“ϕ”。在圆内标注的尺寸线应通过圆心，两端画箭头指至圆弧

续表

标注内容	示例	说明
大圆弧	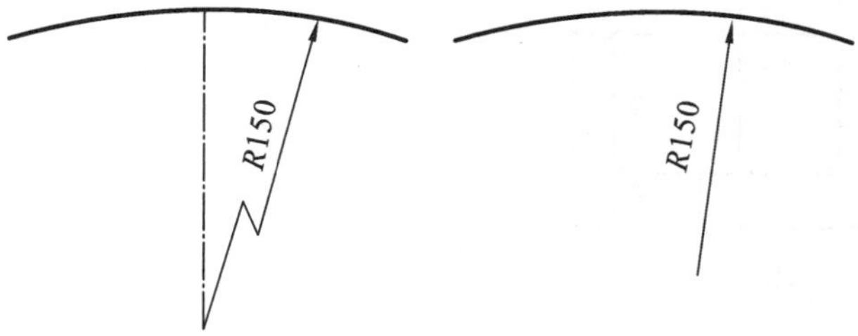 R150　R150	当在图样范围内标注圆心有困难(或无法注出)时,较大圆弧的尺寸线可画成折断线,按左图形式标注
小尺寸圆及圆弧	ϕ4　ϕ12　ϕ16　ϕ16　ϕ24　ϕ24　R5　R10　R16　R16	小尺寸的圆或圆弧,可标注在圆外,按左图下面的形式标注
角度	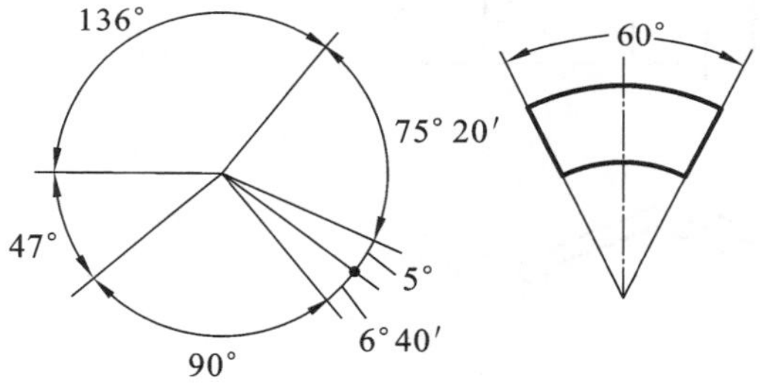 136°　75°20′　47°　5°　6°40′　90°　60°	角度的尺寸线应以圆弧表示。该圆弧的圆心应是该角的顶点,角的两条边为尺寸界线。起止符号应以箭头表示,如没有足够位置画箭头,可用圆点代替,角度数字应按水平方向注写
弧度和弦长	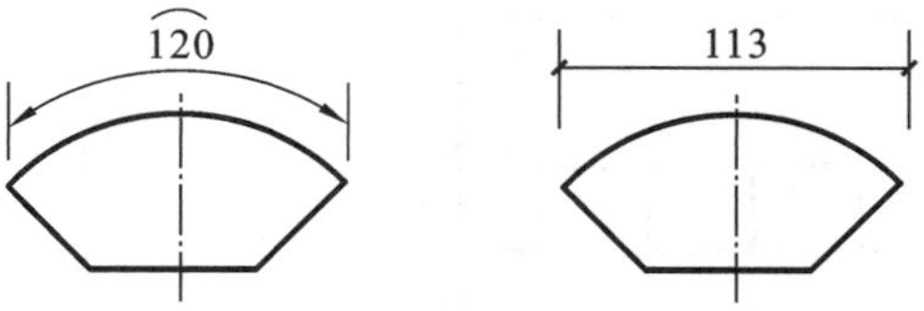 ⌒120　113	标注圆弧的弧长时,尺寸线应以与该圆弧同心的圆弧线表示,尺寸界线应垂直于该圆弧的弦,起止符号用箭头表示,弧长数字上方应加注圆弧符号"⌒"。 标注圆弧的弧长时,尺寸线应以平行于该弦的直线表示,尺寸界线应垂直于该弦,起止符号用中粗斜短线表示

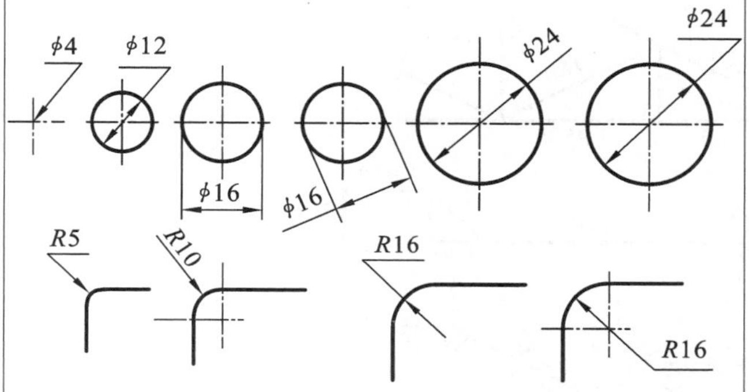

续表

标注内容	示例	说明
正方形	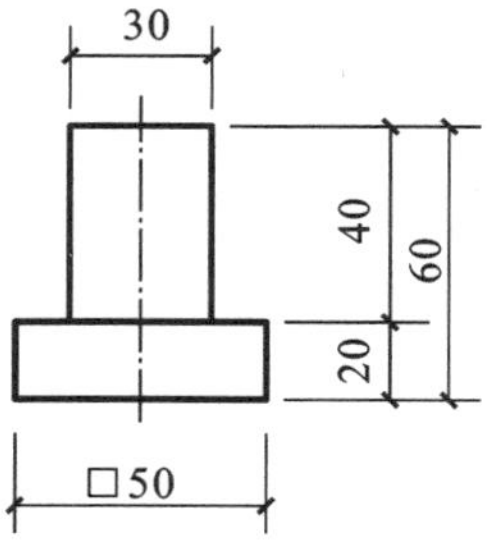 30 40 60 20 □50	标注正方形的尺寸，可用"边长×边长"的形式，也可在边长数字前加上正方形符号"□"
单线图	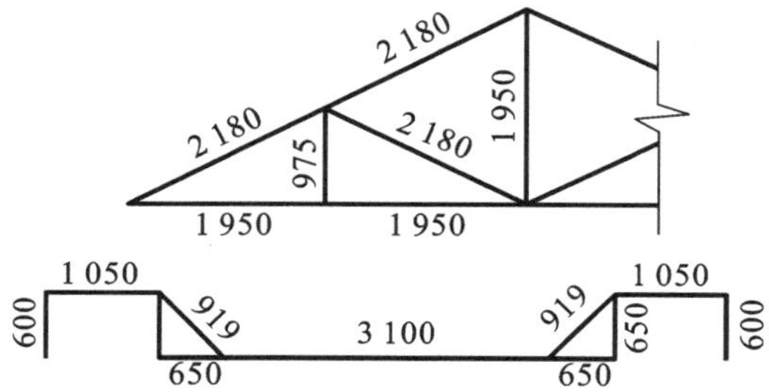 2 180 2 180 975 2 180 1 950 1 950 1 950 1 050 1 050 600 919 3 100 919 650 600 650 650	对杆件或管线的长度，可直接将尺寸数字沿杆件或管线的一侧注写
坡度	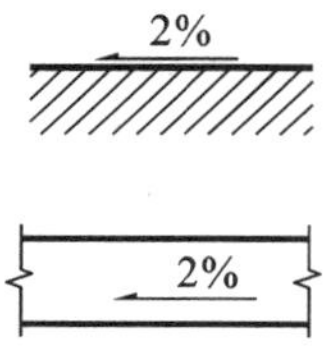 2% 12 2% (a) 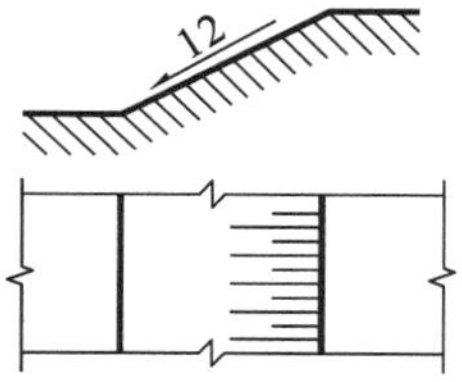 (b) 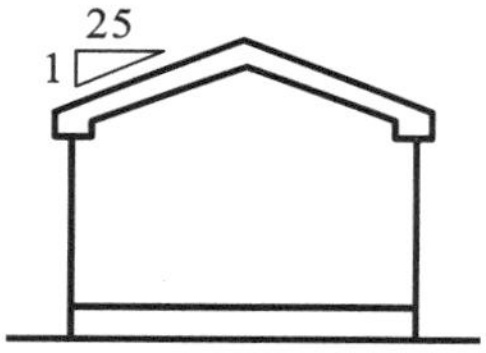 25 1 (c)	标注坡度（也称斜度）时，在坡度数字下，应加注坡度符号"←"，如(a)(b)所示，该符号为单面箭头，箭头应指向下坡方向。坡度也可用斜边构成的直角三角形的对边与底边之比的形式标注，如图(c)所示。
连续排列的等长尺寸	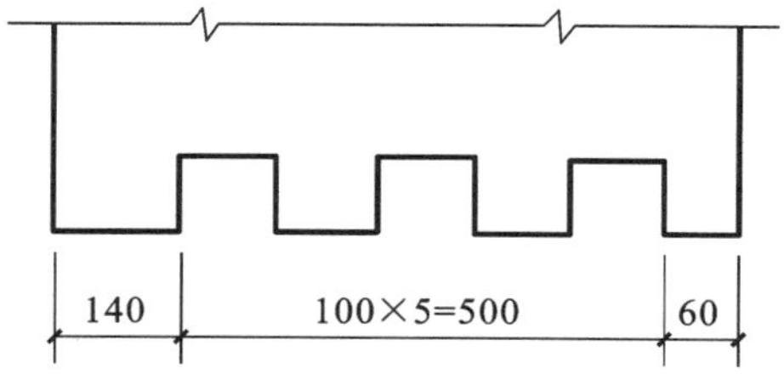 140 100×5=500 60	可用"个数×等长尺寸(=总长)"的形式标注

续表

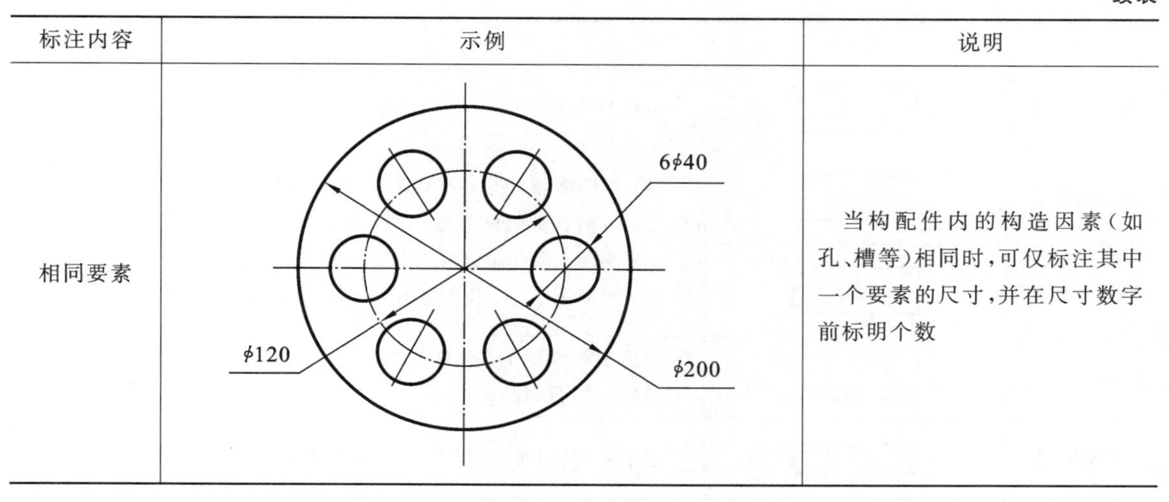

标注内容	示例	说明
相同要素	6ϕ40 ϕ120 ϕ200	当构配件内的构造因素（如孔、槽等）相同时，可仅标注其中一个要素的尺寸，并在尺寸数字前标明个数

1.1.6　常用建筑材料图例

当建筑物或建筑形体被剖切时，通常应在图样中的断面轮廓线内，画出建筑材料图例，常用建筑材料图例应按表 1-9 所示的图例画法绘制。

表 1-9　常用建筑材料图例

名称	图例	备注
自然土壤		包括各种自然土壤
夯实土壤		
砂、灰土		靠近轮廓线绘制较密的点
沙砾石、碎砖三合土		
石　材		
毛　石		
普通砖		包括实心砖、多孔砖、砌块等砌体。当断面较窄不易绘出图例线时，可涂红，并在图纸备注中加注说明，画出该材料图例
耐火砖		包括耐酸砖等砌体
空心砖		指非承重砖砌体
饰面砖		包括铺地砖、马赛克、陶瓷锦砖、人造大理石等

续表

名称	图例	备注
焦渣、矿渣	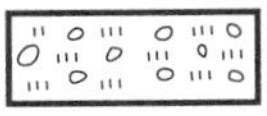	包括与水泥、石灰等混合而成的材料
混凝土	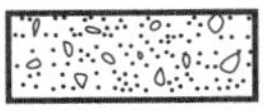	(1) 本图例指能承重的混凝土及钢筋混凝土； (2) 包括各种强度等级、骨料、添加剂的混凝土； (3) 在剖面图上画出钢筋时，不画图例线； (4) 断面图形小，不易画出图例线时，可涂黑
钢筋混凝土	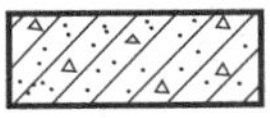	
多孔材料	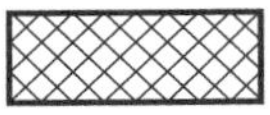	包括水泥珍珠岩、沥青珍珠岩、泡沫混凝土、非承重加气混凝土、软木、蛭石制品等
纤维材料	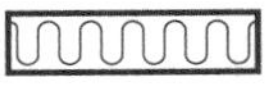	包括矿棉、岩棉、玻璃棉、麻丝、木丝板、纤维板等
泡沫塑料材料	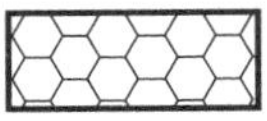	包括聚苯乙烯、聚乙烯、聚氨酯等多孔聚合物类材料
木　材		(1) 图为横断面，上左图为垫木、木砖或木龙骨； (2) 下图为纵断面
胶合板	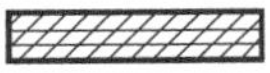	应注明为 x 层胶合板
石膏板	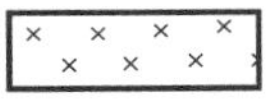	包括圆孔、方孔石膏板、防水石膏板、硅钙板、防火板等
金　属	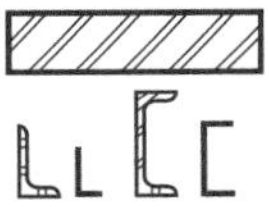	(1) 包括各种金属； (2) 图形小时，可涂黑
网状材料		(1) 包括金属、塑料网状材料； (2) 应注明具体材料名称
液　体	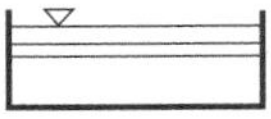	应注明具体液体名称
玻　璃		包括平板玻璃、磨砂玻璃、夹丝玻璃、钢化玻璃、中空玻璃、加层玻璃、镀膜玻璃等
橡　胶		
塑　料	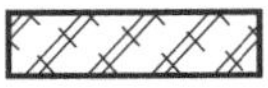	包括各种软、硬塑料及有机玻璃等
防水材料		构造层次较多或比例较大时，采用上面的图例
粉　刷		本图例采用较稀的点

1.2 制图工具和仪器的使用方法

在绘制工程图样时，应熟悉常用的制图工具和仪器的性能，掌握其正确的使用方法，这是确保绘图质量、提高绘图水平，加快绘图速度的重要因素。下面介绍一些常用的制图工具和仪器的使用方法，从熟练运用制图仪器和工具开始，培养手工绘图的能力，建立与图纸图样进行交流的能力，逐渐培养空间想象力。

1.2.1 绘图笔

1. 铅笔

绘制工程图样，可选择专用的绘图铅笔，绘图铅笔按笔芯软硬程度的不同可分为 H、HB、B 等多种型号。标号“H”表示硬铅芯，号数越大铅芯越硬；标号“B”表示软铅芯，号数越大铅芯越软；标号“HB”表示铅芯软硬适中。画图时，建议用 H、2H 型铅笔画底稿，用 HB 型铅笔画中、细线及标注尺寸和文字，用 B、2B 型铅笔画粗实线。画圆时，铅芯应比画直线的铅芯软一号。

铅笔从没有标号的一端开始使用，以便保留铅芯硬度的标号。2H、HB 的铅笔应削成锥形，铅芯露出 6～8 mm，2B 的铅笔削成扁形，如图 1-9 所示。

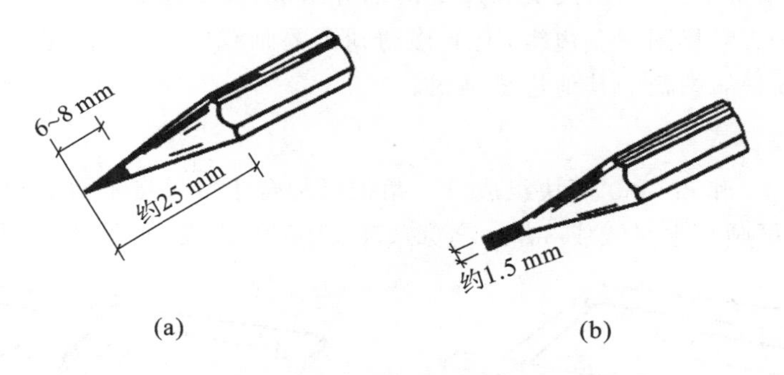

图 1-9 铅笔的削法

2. 绘图墨水笔

绘图墨水笔是用来画墨线图的，由针管、通针、吸墨管和笔套组成，如图 1-10 所示。绘图墨水笔的笔头是一个针管，针管直径有 0.1～1.2 mm 粗细不同的规格，可根据绘制墨线的粗细进行选择。绘图墨水笔必须使用碳素墨水或专用绘图墨水，以保证使用时墨水流畅，在使用之后要及时清洗，以免墨水中的杂质堵塞笔尖。

图 1-10 绘图墨水笔

3. 直线笔

直线笔又称鸭嘴笔，是传统的上墨、描图仪器，如图 1-11 所示。直线笔插脚装在圆规上可画出墨线圆或圆弧。

图 1-11　直线笔

1.2.2　图板、丁字尺、三角板

1. 图板

图板是用来固定图纸的。作为绘图的垫板，图板的表面要求光滑平坦，图板的左侧为丁字尺上下移动的导边，必须保持平直。

2. 丁字尺

丁字尺是用来画水平线的，由尺头和尺身两部分组成，尺身上标有尺寸，便于画线时直接度量。使用时，应使尺头紧靠图板左边缘，上下移动到需要画线的位置，自左向右画水平线。应注意的是，尺头不可以紧靠图板的其他边缘画线。

3. 三角板

一副三角板由 45°和 30°-60°两块组成。三角板可配合丁字尺自下而上画一系列铅垂线。用丁字尺和三角板还可画与水平线成 30°、45°、60°、75°、105°的斜线，如图 1-12 所示。

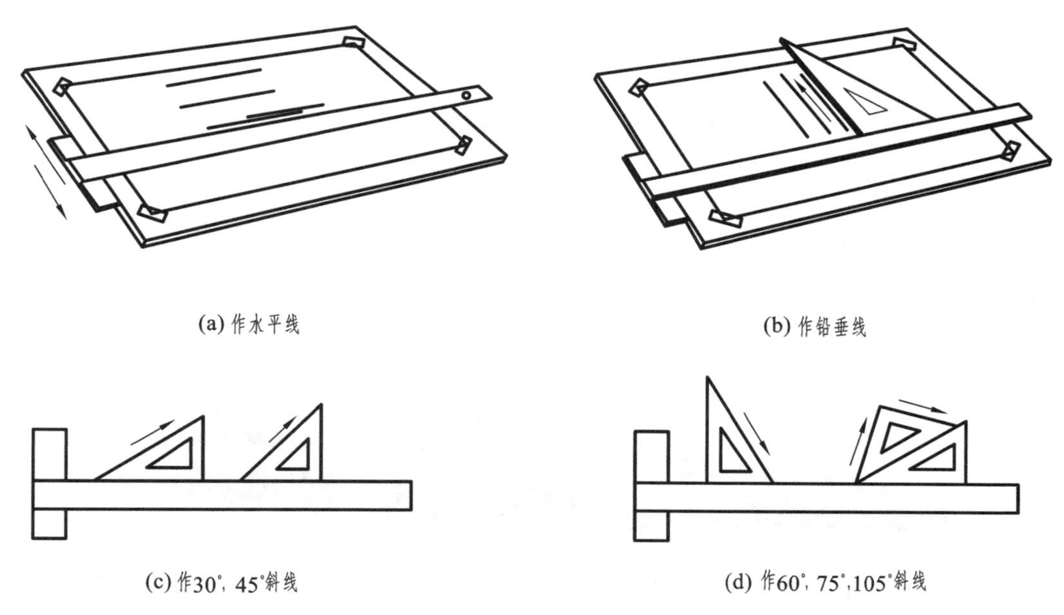

图 1-12　丁字尺、三角板的用法

1.2.3 圆规和分规

1. 圆规

圆规是画圆和圆弧的工具。常见的圆规为组合式圆规，有两个支脚，一个支脚为固定钢针，另一个支脚上有插接件，可插接钢针插脚（代替分规用）、铅芯插脚（画铅笔线圆用）、鸭嘴笔插脚（画墨线圆用）和延长杆（画较大的圆或圆弧用），如图 1-13 所示。

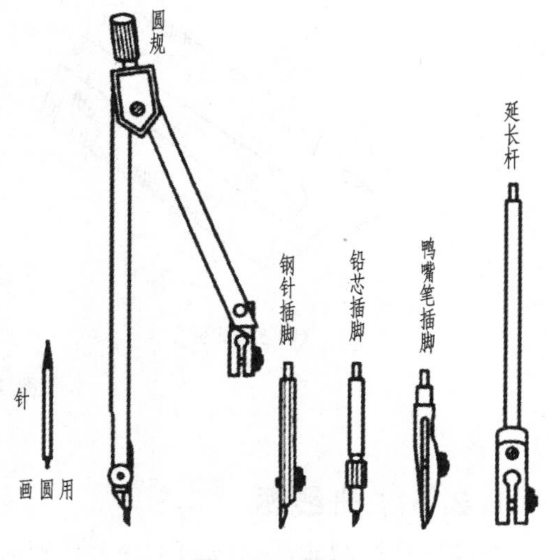

图 1-13 圆规

使用圆规画圆或圆弧时，圆规针脚上的针应将带支承面的小针尖向下，以防止针尖插入图板过深，针尖的支承面与铅芯对齐，按顺时针方向用力均匀一次画成。应注意调整铅芯与针尖的长度，使圆规两脚靠拢时，两尖对齐。画圆时应将圆规向前进方向稍微倾斜；画大圆时，圆规两脚都与纸面垂直。

2. 分规

分规主要用来量取线段长度和等分已知线段。分规的形状与圆规相似，但其两个支脚都装有钢针，用两个钢针可较准确地量取线段，如图 1-14 所示。为了保证度量尺寸的准确，分规的两针尖应平齐。等分线段时，通常用试分法，逐渐使分规两针尖调到所需距离，然后在图纸上使两针尖沿要等分的线段依次摆动前进，如图 1-15 所示。

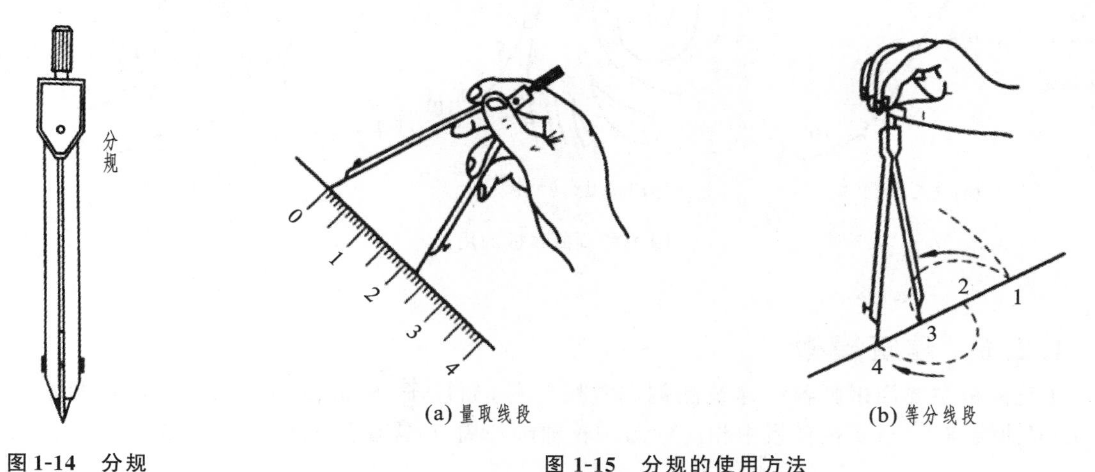

图 1-14 分规

图 1-15 分规的使用方法

1.2.4 比例尺

比例尺是绘图时用于放大或缩小实际尺寸的一种绘图工具，有三棱比例尺和比例直尺两种，如图 1-16 所示。

三棱比例尺在三个尺面上分别刻有六种常用的比例刻度，分别为 1∶100、1∶200、1∶300、

1∶400、1∶500和1∶600。使用时，先要在尺面上找到所需的比例，看清楚尺面上每单位长度所表示的相应长度，即可按需在其上量取相应的长度作图。使用比例尺时需注意，不要把比例尺当成直尺用来画线，以免损坏尺面上的刻度。

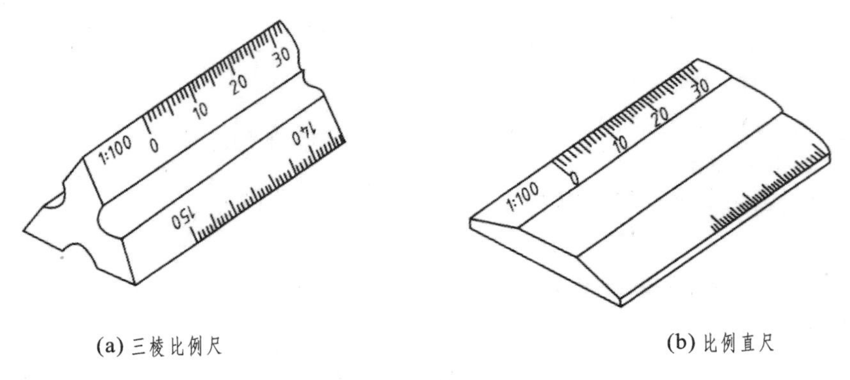

(a) 三棱比例尺　　(b) 比例直尺

图 1-16　比例尺

1.2.5　曲线板

曲线板是绘制非圆曲线的工具。作图时，先定出曲线上足够数量的点，在曲线板上选取相吻合的曲线段，至少要通过三至四个点，分数段将曲线描深。为了使整段曲线光滑连接，两段之间应有重复，如图1-17所示。

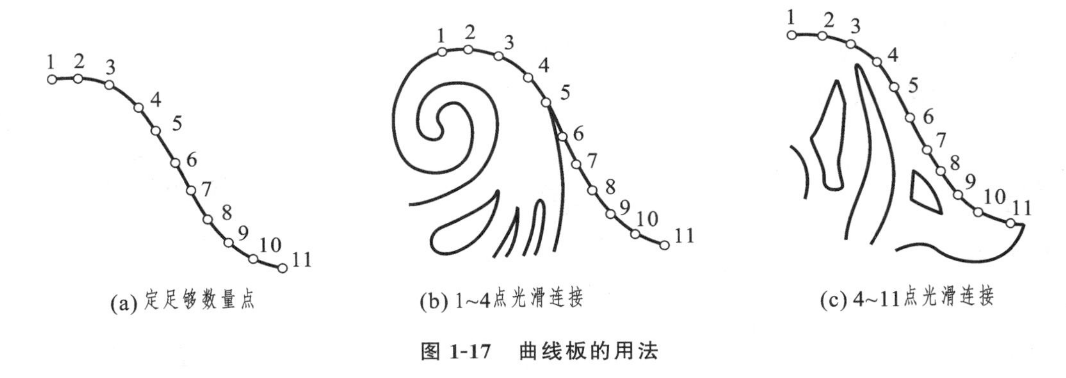

(a) 定足够数量点　　(b) 1~4点光滑连接　　(c) 4~11点光滑连接

图 1-17　曲线板的用法

1.2.6　建筑模板

建筑模板主要用来画各种建筑图例和常用符号，如柱子、楼板留洞、标高符号、详图索引符号、定位轴线圆等，只要按模板中相应的图例轮廓画一周，所需图例就会产生，如图1-18所示。

1.3 几何作图

工程图样是由各种几何图形组合而成的。为了能够正确和快速的绘制工程图中的平面图形，常常需要用到平面几何中的几何作图方法，下面对一些常用的几何作图方法进行简单介绍。

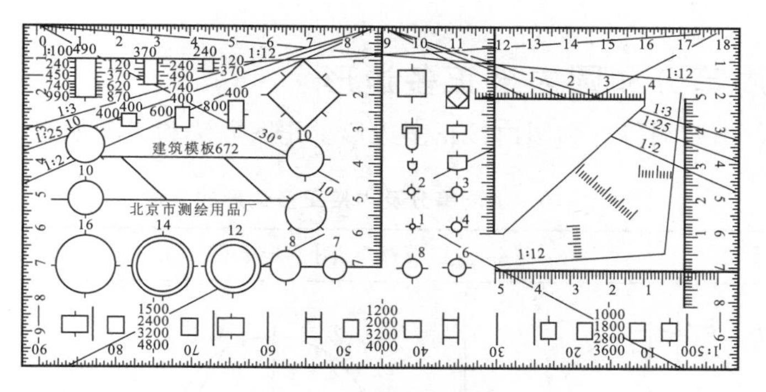

图 1-18 建筑模板

1.3.1 等分直线段

1. 等分已知线段

已知线段 AB,如图 1-19(a)所示,将其五等分。具体的作图步骤如下。

(1) 过点 A 任意作一直线段 AC,然后用分规或尺子在 AC 上截取任意长度的五等分,得到点,1、2、3、4、5,如图 1-19(b)所示。

(2) 连接 $5B$,然后分别过点 1、2、3、4 作 $5B$ 的平行线与 AB 交于点 $1'$、$2'$、$3'$、$4'$,即为所求的等分点,如图 1-19(c)所示。

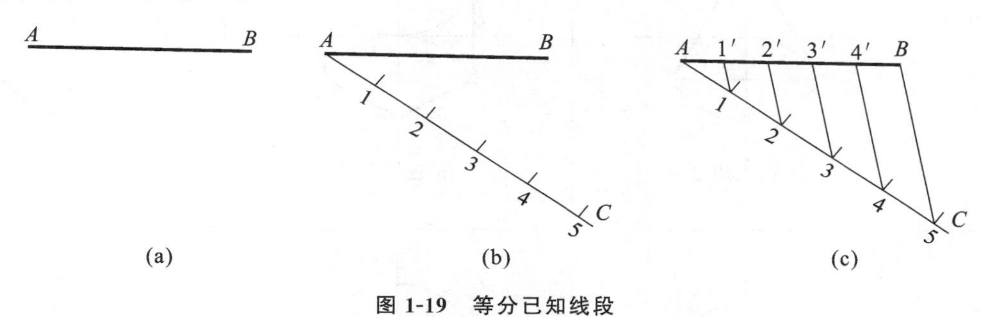

图 1-19 等分已知线段

2. 等分两平行线间的距离

已知 $AB/\!/CD$,将 AB 和 CD 间的距离进行五等分。具体的作图步骤如下。

(1) 将直尺的 0 点置于 CD 上,移动直尺使刻度 5 落到 AB 上,如图 1-20(a)所示。

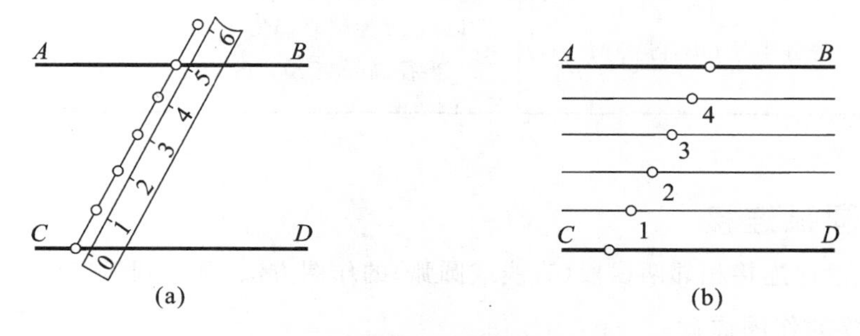

图 1-20 等分两平行线间的距离

(2) 作 1、2、3、4 各等分点,过各等分点作 AB 的平行线即为所求,如图 1-20(b)所示。

1.3.2 圆周等分和圆内接正多边形

用绘图工具可作出圆周等分和圆内接正多边形。作图方法和步骤如表 1-10 所列。

表 1-10 圆周等分及内接正多边形的方法

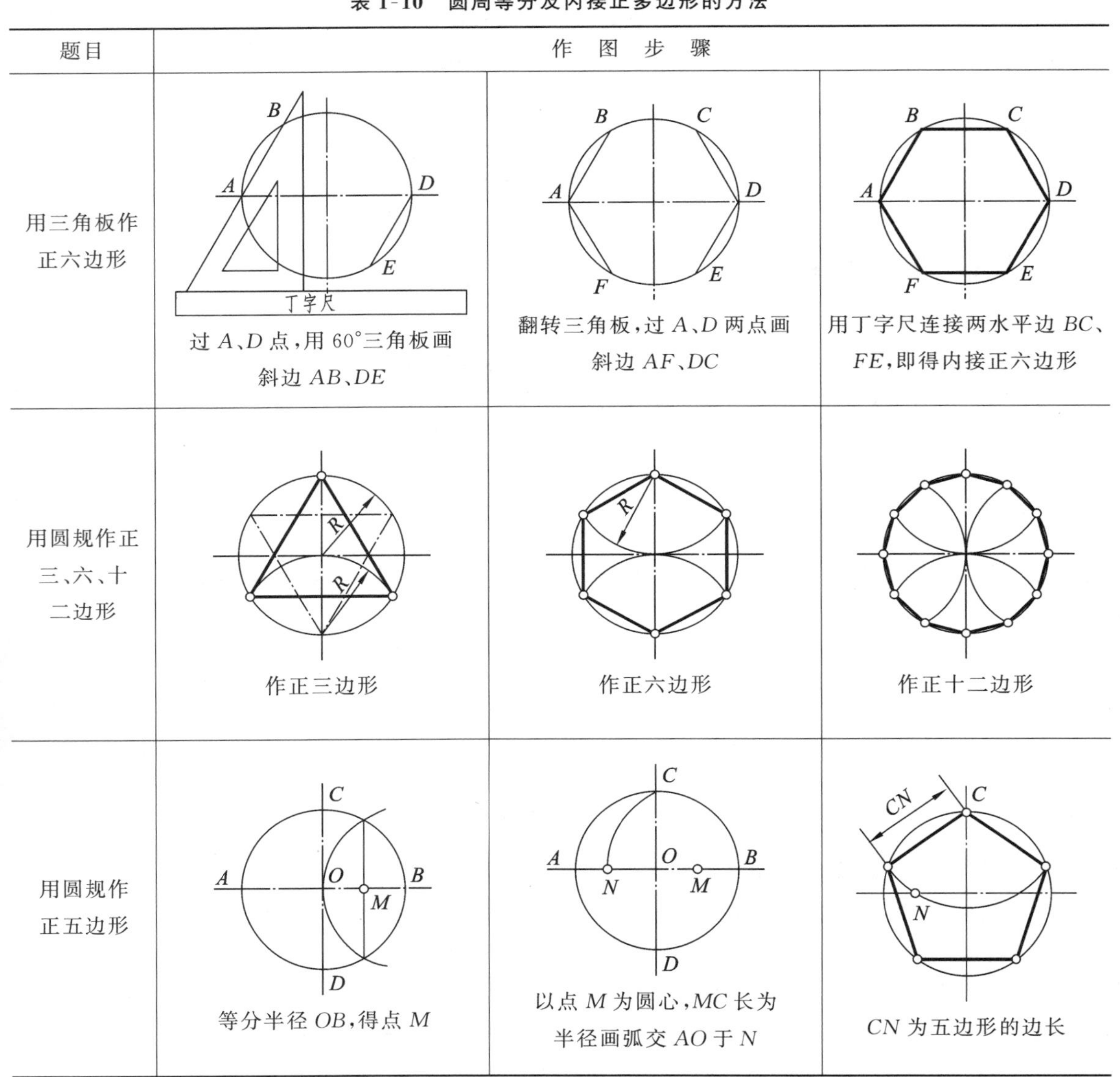

题目	作图步骤		
用三角板作正六边形	过 *A*、*D* 点，用 60°三角板画斜边 *AB*、*DE*	翻转三角板，过 *A*、*D* 两点画斜边 *AF*、*DC*	用丁字尺连接两水平边 *BC*、*FE*，即得内接正六边形
用圆规作正三、六、十二边形	作正三边形	作正六边形	作正十二边形
用圆规作正五边形	等分半径 *OB*，得点 *M*	以点 *M* 为圆心，*MC* 长为半径画弧交 *AO* 于 *N*	*CN* 为五边形的边长

1.3.3 圆弧连接

用一圆弧光滑地连接相邻两线段（直线或圆弧）的作图方法，称为圆弧连接。

1. 圆弧连接的作图原理

圆弧连接实质上就是圆弧与直线、圆弧与圆弧相切。因此，作图时必须先求出连接弧圆心及连接点（切点）。圆弧连接的作图原理见表 1-11。

表 1-11 圆弧连接的作图原理

类别	圆弧与直线连接(相切)	圆弧与圆弧连接(外切)	圆弧与圆弧连接(内切)
图例	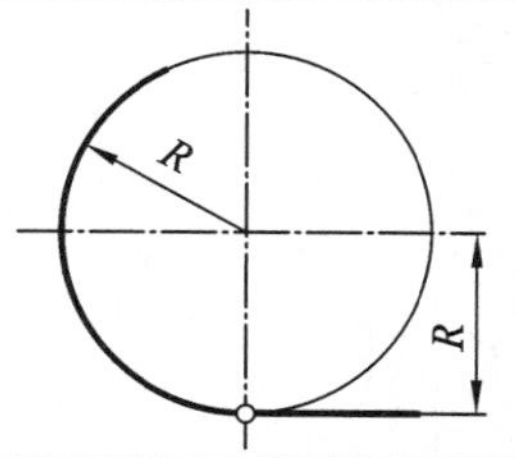	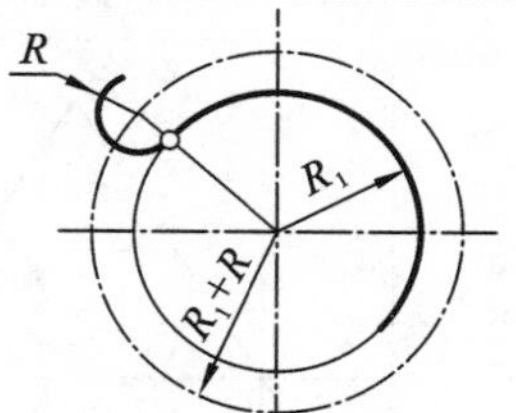	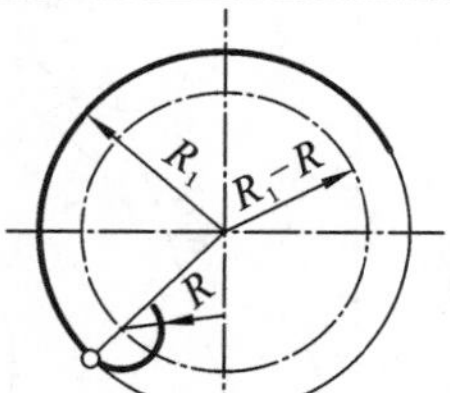
作图原理	(1) 连接弧圆心的轨迹为一平行于已知直线的直线,两直线间的垂直距离为连接弧的半径 R。(2) 由圆心向已知直线作垂线,其垂足即为切点	(1) 连接弧圆心的轨迹为一与已知圆弧同心的圆,该圆的半径为两圆弧半径之和(R_1+R)。(2) 两圆心的连线与已知圆弧的交点即为切点	(1) 连接弧圆心的轨迹为一与已知圆弧同心的圆,该圆的半径为两圆弧半径之差(R_1-R)。(2) 两圆心连线的延长线与已知圆弧的交点即为切点

2. 圆弧连接的作图步骤

表 1-12 中列举了四种用已知半径为 R 的圆弧来连接两已知线段的作图方法和步骤。

表 1-12 圆弧连接作图举例

连接要求	作图方法和步骤		
	求圆心 O	求切点 K_1K_2	画连接圆弧
连接相交两直线	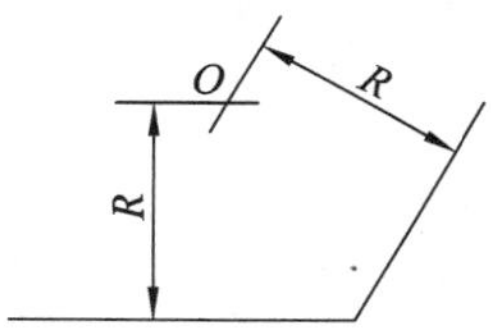	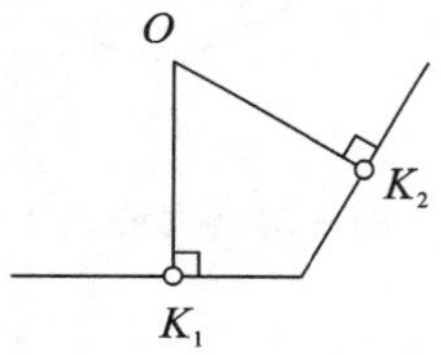	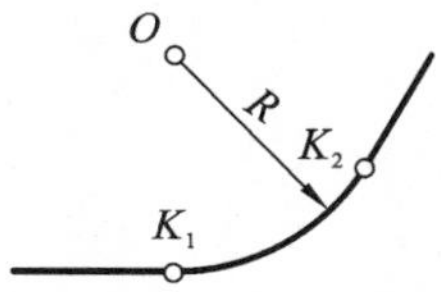
连接一直线和一圆弧	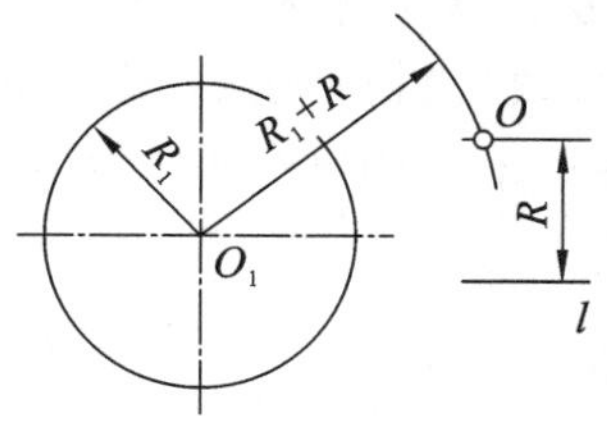	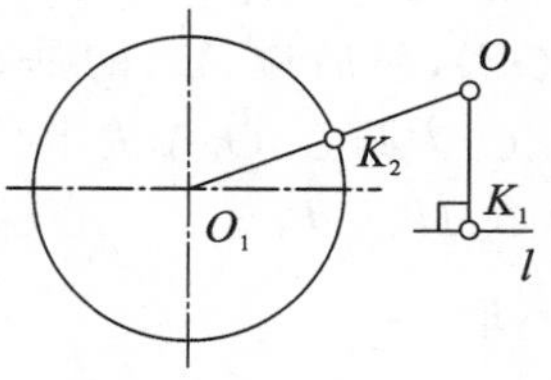	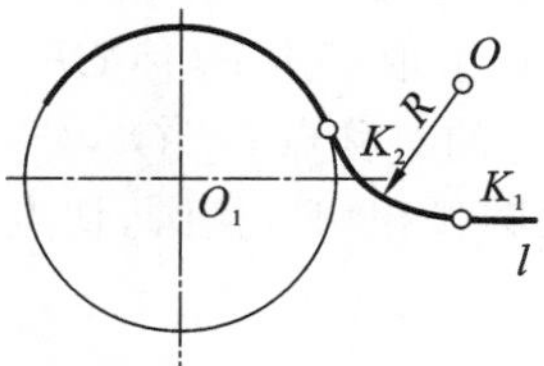
外接两圆弧	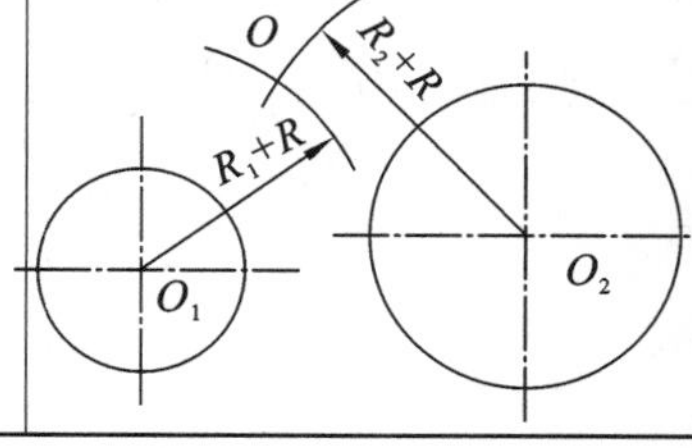	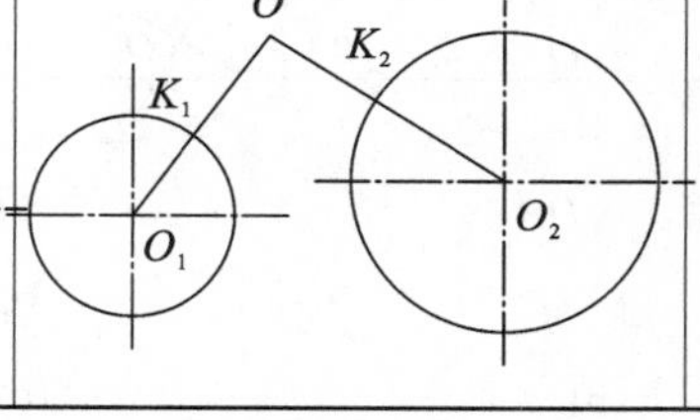	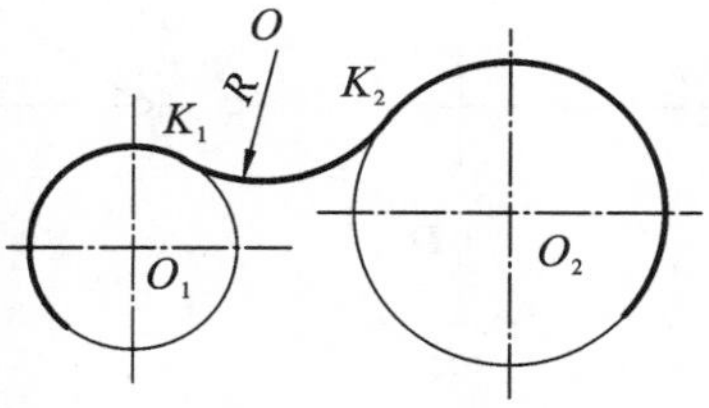

续表

连接要求	作图方法和步骤		
	求圆心 O	求切点 K_1K_2	画连接圆弧
内接两圆弧			

1.3.4 椭圆

已知椭圆的长轴和短轴，可分别用同心圆法和四心法完成椭圆。

1. 同心圆法

同心圆法画椭圆如图 1-21 所示，分别以椭圆的长轴和短轴为直径画同心圆，并等分两圆周若干等分，然后过大圆上各等分点作竖直线与过小圆各对应等分点所作的水平线相交，交点即为椭圆上各点，用曲线板光滑连接各点可得到椭圆。

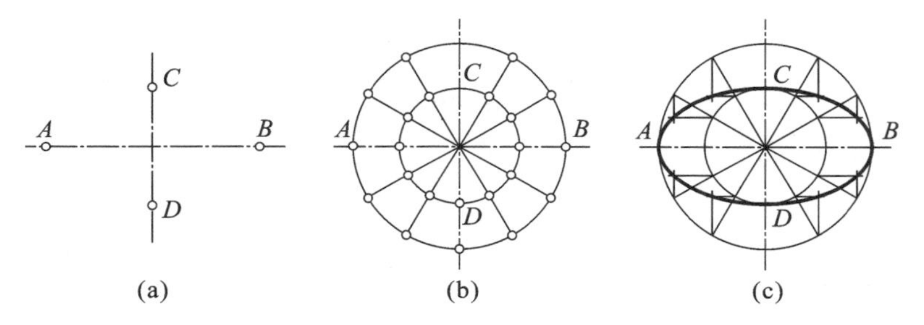

图 1-21 同心法作椭圆

2. 四心法

四心法画椭圆如图 1-22 所示，这是一种近似画椭圆的方法。连接椭圆长、短轴的端点 AC，在 AC 上取一点 F（使 $CF=OA-OC$），然后作 AF 的垂直平分线，交长轴于 O_1 短轴于 O_2，作出 O_1、O_2 的对称点 O_3、O_4，分别以 O_1、O_3 为圆心，O_1A 为半径；以 O_2、O_4 为圆心，O_2C 为半径画圆弧。四段圆弧相切成椭圆，切点分别为 G、H、I、J。

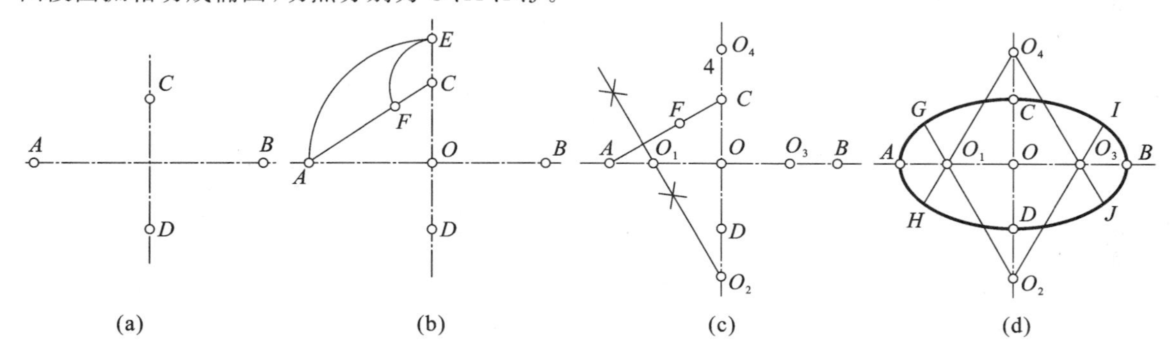

图 1-22 四心法作椭圆

1.4 平面图形分析及画法

平面图形由许多线段连接而成，这些线段之间的相对位置和连接关系由给定的尺寸确定。画图时，只有通过分析尺寸和线段间的关系，才能按照合理的作图顺序顺利画出图形。

1.4.1 平面图形的尺寸分析

平面图形中的尺寸，按其作用可分为定形尺寸与定位尺寸两大类。

1. 定形尺寸

用于确定线段的形状和大小的尺寸称为定形尺寸。如图 1-23 手柄中的 $\phi5$、$\phi20$、$R10$、$R15$、$R12$、15 等。

2. 定位尺寸

用于确定线段在平面图形中所处位置的尺寸称为定位尺寸。如图 1-23 中的尺寸 8，确定了 $\phi5$ 的圆心位置；尺寸 75 间接地确定了 $R10$ 的圆心位置；尺寸 45 确定了 $R50$ 圆心在水平方向的位置。

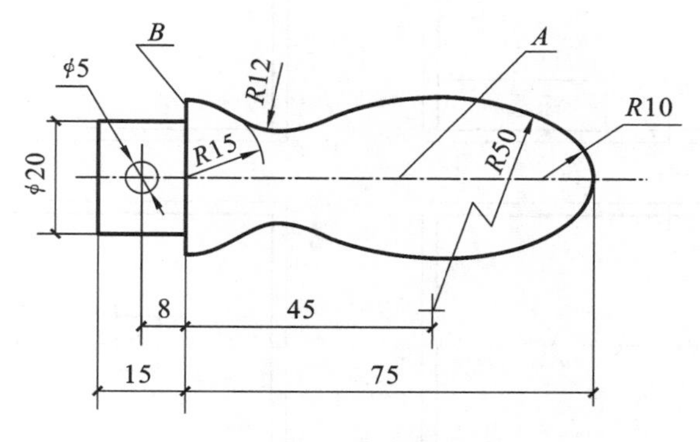

图 1-23 手柄图案

定位尺寸应从基准出发标注，平面图形中常用的尺寸基准多为图形的对称线、较大圆的中心线或图形的轮廓线等，如图 1-23 中的 A、B。

1.4.2 平面图形的线段分析

平面图形中的线段由直线和圆弧组成，根据定形尺寸和定位尺寸完整与否，可分为以下三类。

1. 已知线段

已知线段是指定形尺寸和定位尺寸都齐全的线段，如图 1-23 的 $R15$。

2. 中间线段

中间线段是指只有定形尺寸和一个定位尺寸而缺少一个定位尺寸的线段，如图 1-23 中的 $R50$。

3. 连接线段

连接线段是指只有定形尺寸而缺少两个定位尺寸的线段，如图 1-23 中的 *R*12。作图时应先画已知线段，再画中间线段，最后画连接线段。

1.4.3 平面图形的绘制方法和步骤

1. 准备工作

(1) 准备好所需的绘图仪器和工具。

(2) 确定比例，选用图幅，固定图纸。

(3) 分析图形的尺寸和线段，拟定具体作图顺序。

2. 绘制底稿

绘制底稿的步骤，如图 1-24 所示。

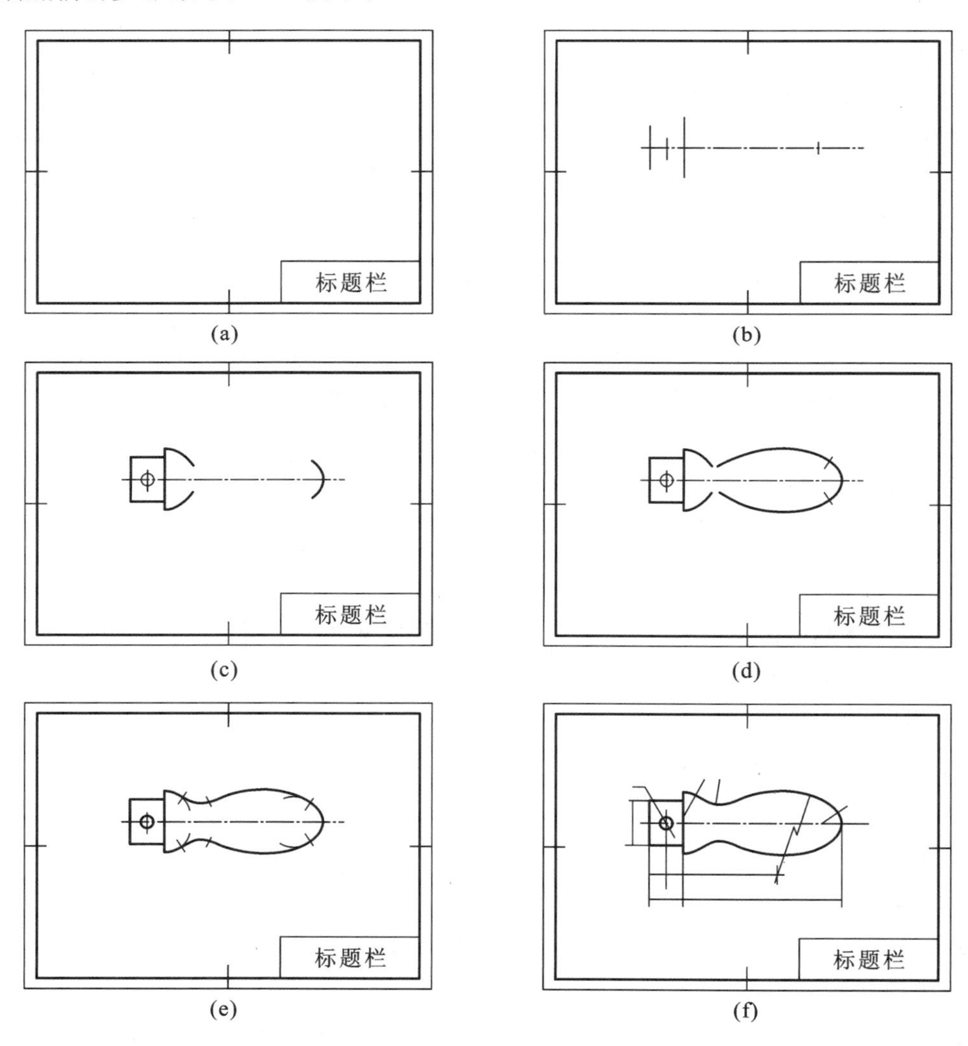

图 1-24　平面图形的画图步骤

(1) 画图幅线、图框线、标题栏。

(2) 画图形。先画图形基准线,再画已知线段、中间线段、连接线段。

(3) 画尺寸界线、尺寸线、填写尺寸数值、标题栏等。

画底稿时应注意以下几点。

(1) 画底稿用 2H 铅笔,铅芯要经常修磨以保持尖锐。

(2) 画底稿时,各种线型均暂不分粗细,并要画得很轻很细,作图力求准确。

(3) 画错的地方,在不影响画图的情况下,可先做标记,待底稿完成后一齐擦掉。

3. 铅笔描深底稿

在铅笔描深以前,必须检查底稿,擦掉画错的线条及作图辅助线。描深后的图纸应整洁、无误,线型层次清晰,线条粗细均匀。描图步骤具体如下。

(1) 先粗后细　先描深全部粗实线,再描深全部细虚线、细点画线及细实线等。这样既可提高作图效率,又可保证同一线型粗细一致,不同线型比例准确。

(2) 先曲后直　同一线型时,应先描深曲线,后描深直线,以保证连接光滑。

(3) 先水平后倾斜　画直线时,先画出全部同一线型的水平线,再画竖直线,最后画倾斜线。

1.5 徒手画图

徒手画图是不用绘图仪器和工具而按目测比例徒手画出的图。工程界常用徒手画图来记录和表达技术思想。徒手画图时仍要做到:图形正确、线型分明、比例均匀、字体工整。

徒手画图主要是画直线,有时也要画圆或椭圆等曲线,可画在白纸上,也可画在印有浅色方格的草图纸上。

1.5.1 徒手画法

1. 直线的徒手画法

画直线时,要注意手指和手腕执笔有力,画短线以手腕运笔,画长线则整个手手臂动作。若将两点连线,眼睛要注意终点,以保证运笔方向不变。画直线的手势和运笔方向如图 1-25 所示。画较长线时,可按上述方法分段画出。画铅直线时,则应由上而下连续画出。

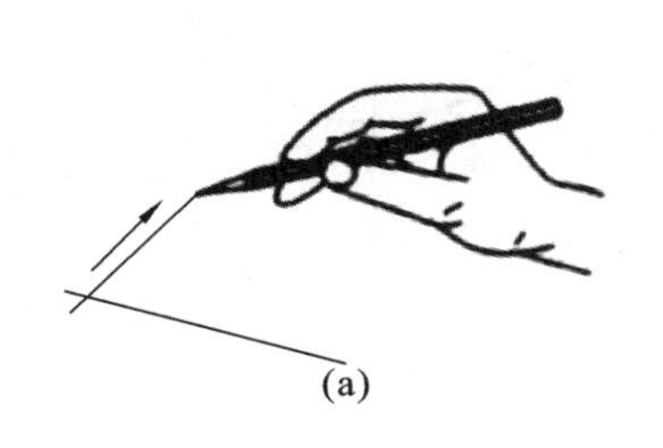

(a)

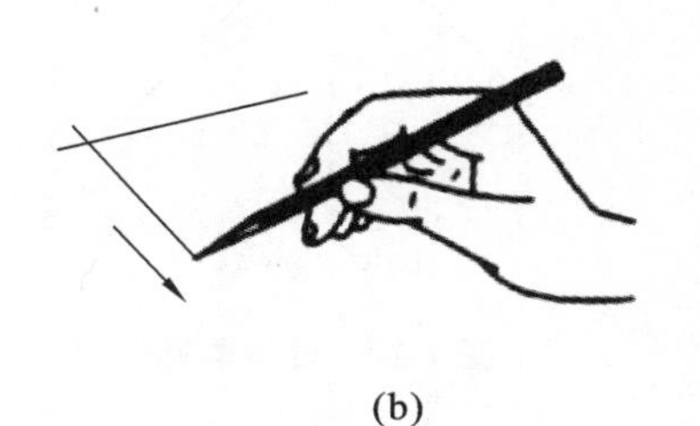

(b)

(c)

图 1-25　徒手画直线

2. 线形及等分线段

图 1-26 所示为徒手画出的不同线型的线段。

图 1-27 所示为目测估计徒手等分线段，等分的次序如图线上、下方的数字所示。

图 1-26 徒手画的线条　　图 1-27 徒手等分线段

3. 斜线的徒手画法

画与水平方向呈 30°、45°、60°等特殊角度的斜线时，可按图 1-28 所示，用直角边的近似比例关系定出斜线的两端点，再按徒手画直线的方法连接两端点而成。

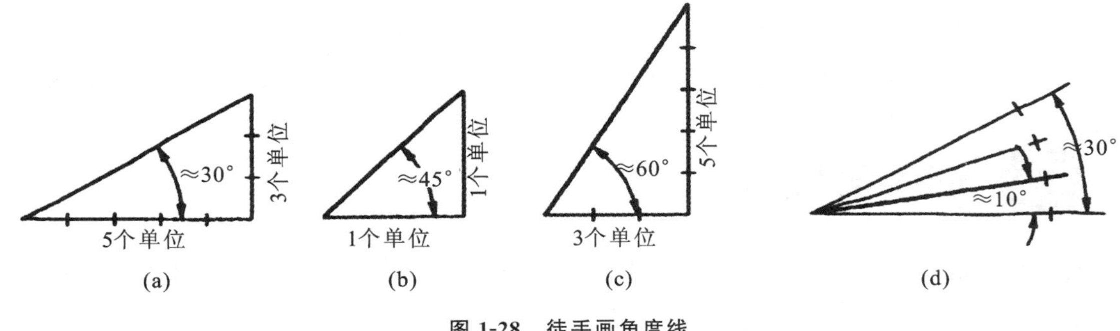

图 1-28 徒手画角度线

4. 圆的徒手画法

画直径较小的圆时，先在中心线上按半径目测定出四点，然后徒手连成圆，如图 1-29(a)所示。当圆的直径较大时，可通过圆心加画几条不同方向的直线，按半径目测定出若干点，再徒手连成圆，如图 1-29(b)和图 1-29(c)所示。

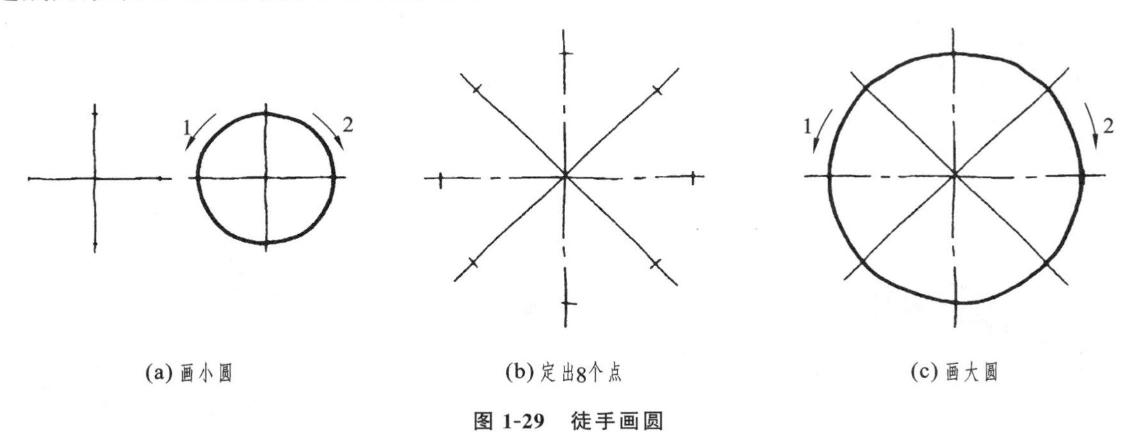

(a) 画小圆　　(b) 定出8个点　　(c) 画大圆

图 1-29 徒手画圆

5. 椭圆的徒手画法

徒手画椭圆时，先画椭圆的长、短轴线，对小的椭圆，可在两轴线上目测定出长、短轴的端点，过每个端点分别作长、短轴的平行线，可得椭圆的外切矩形，顺序连接 4 个端点可得到近似的椭圆，如图 1-30(a)所示。已知长、短轴画较大的椭圆时，可用 8 点法。先画出长、短轴并作矩形，连接矩形对角线，并在两条对角线上目测从各个角点向中心取 3∶7 的分点，最后将长、短轴上 4 个端点和对角线上 4 个分点顺序光滑连成椭圆，如图 1-30(b)所示。

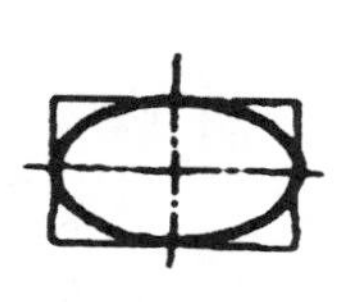

(a) 徒手画小椭圆

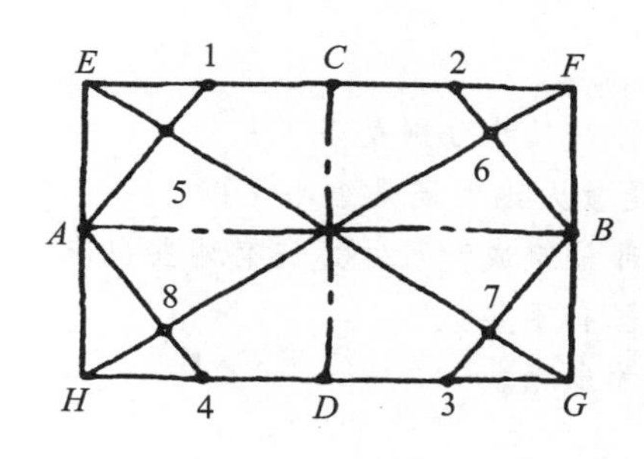

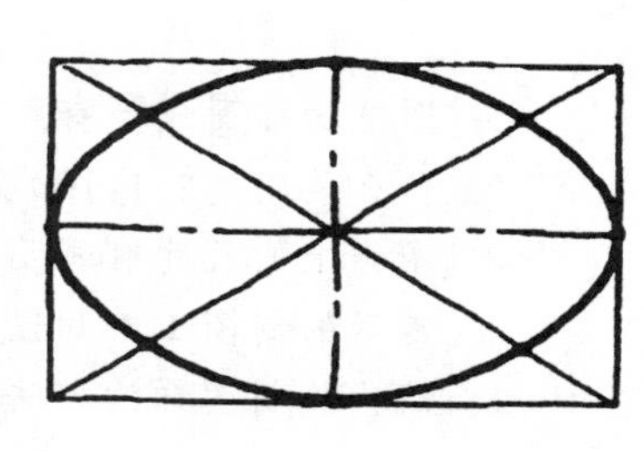

(b) 徒手画大椭圆

图 1-30 徒手画椭圆

1.5.2 徒手画视图

徒手画图，一般选用较软的 HB，B 或 2B 铅笔。绘制在方格纸上，或者在下面衬有方格纸的透明纸上绘制，并使图线尽可能画在格子线上。

徒手画视图的步骤与用仪器和工具画图的步骤相同。例如，徒手画出楼梯的视图时，可按照直接正投影法绘制，先画出 H 面投影，然后画出 V 面投影，然后画出 W 面投影。

图 1-31 所示为徒手绘制的楼梯的三等正轴测草图。

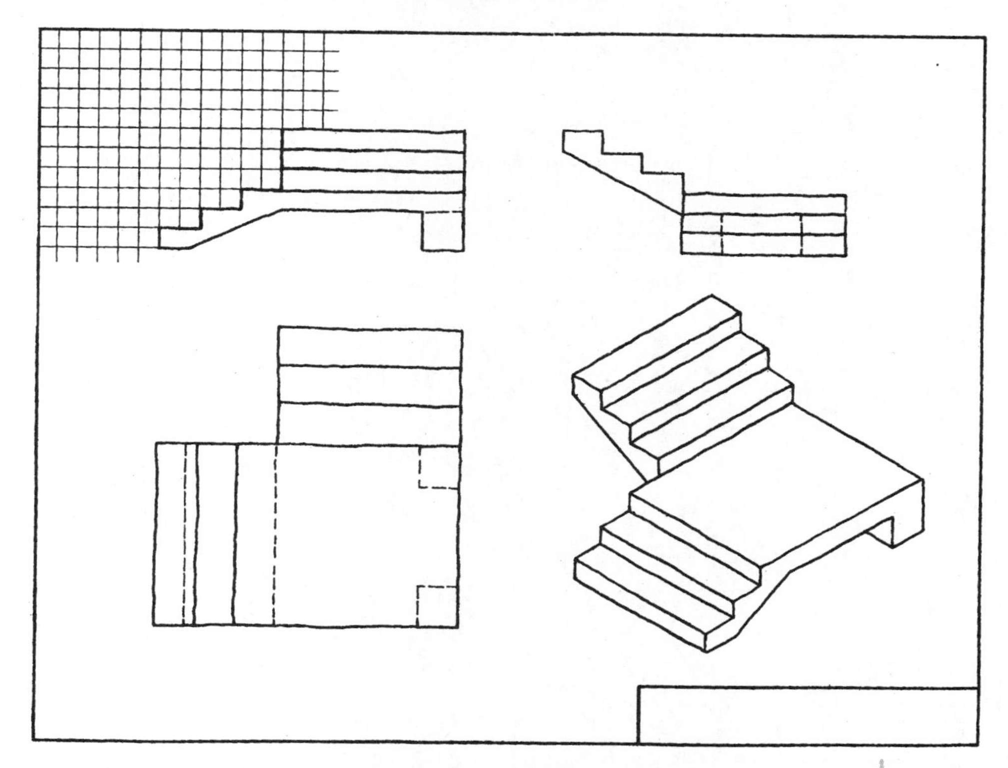

图 1-31 徒手画楼梯模型的视图

思考与练习

1. 图纸的幅面代号有几种？尺寸分别是多少？
2. 什么是比例？1:100是放大比例还是缩小比例？
3. 图样上的尺寸有哪几部分组成？尺寸标注有哪些要求？
4. 常用的制图工具和仪器有哪些？
5. 简述绘制图样的方法和步骤。

Chapter 2

第2章 投影基础

学习目标

- 了解投影的形成、分类和特性。
- 掌握正投影的基本原理和特性。
- 掌握三面投影体系的建立及三面投影图的形成和规律。
- 熟练的掌握点、直线、平面的投影特性和作图方法。

2.1 投影的形成与分类

日常生活中，物体在光线的照射下，会产生影子。例如，夜晚当灯光照射在室内的一张桌子上时，必然会有影子落在地板上，这就是生活中的投影现象。这种投影现象经过人们的抽象，并升华为理论，就归纳出投影法。

2.1.1 中心投影法

四心法画椭圆如图2-1所示，在光源S照射下，$\triangle ABC$在平面P上得到影子$\triangle abc$，点S称为投射中心，光线SA、SB、SC称为投射线，平面P称为投影面，$\triangle abc$称为$\triangle ABC$在平面P上的投影，也称投影图。以大写字母表示空间的几何元素，以小写字母表示投影。这种用投影来图示几何形体的方法，称为投影法。投射线都交汇于投射中心的投影法称为中心投影法，得到的投影称为中心投影。

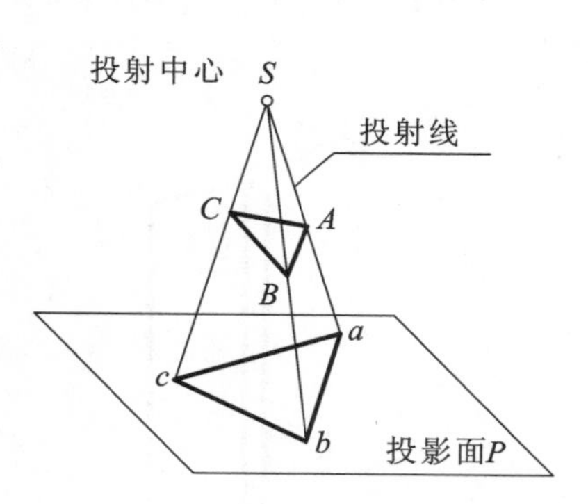

图2-1 中心投影

2.1.2 平行投影法

当光源(投射中心)S在无穷远时，投射线(光线)互相平行，$\triangle ABC$在投影面P上得到投影$\triangle abc$。这种投射线互相平行的投影法称为平行投影法，得到的投影称为平行投影。

如图2-2(a)所示，当投射方向垂直于投影面时，称为正投影法，得到的投影称为正投影。如图2-2(b)所示，当投射方向倾斜于投影面时，称为斜投影法，得到的投影称为斜投影。

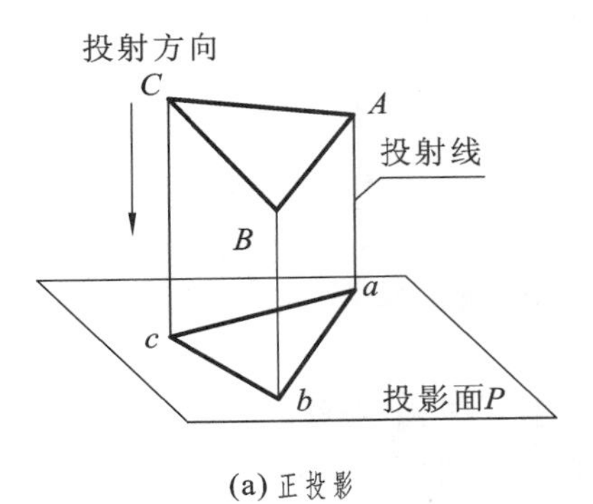

(a) 正投影

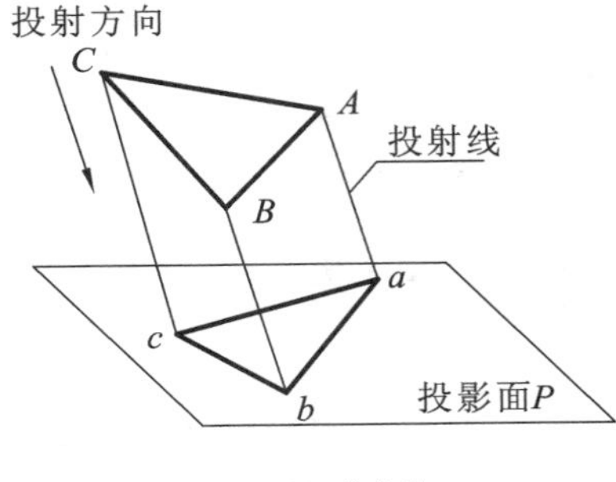

(b) 斜投影

图 2-2　平行投影

2.1.3　各种投影法在建筑工程中的应用

中心投影和平行投影(包括斜投影和正投影)在工程中应用很广。同一座建筑物,采用不同的投影法,可以绘制出不同的投影图。

1. 绘制透视投影图

运用中心投影法,可绘制物体的透视投影图,简称透视图。用透视图来表达建筑物的外形或房间的内部布置时,直观性很强,图形显得十分逼真。但建筑物各部分的确切形状和大小都不能在图中直接度量出来。如图 2-3 所示的纪念碑是透视投影图。

2. 绘制轴测投影图

运用平行投影法,可绘制轴测投影图,简称轴测图。将物体相对投影面安置于较合适的位置,选定适当的投射方向,就可得到这种富有立体感的图样,如图 2-4 所示的就是纪念碑的轴测投影图。在建筑工程中常用轴测投影来绘制给水排水、采暖通风等方面的管道系统图。本书第 5 章将讲述常用的轴测投影图及其画法。

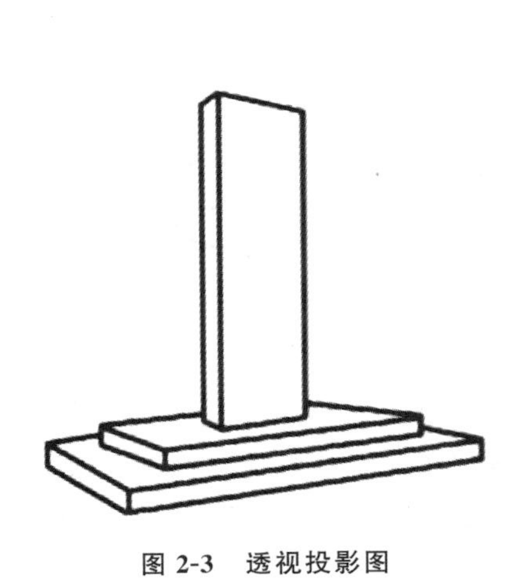
图 2-3　透视投影图

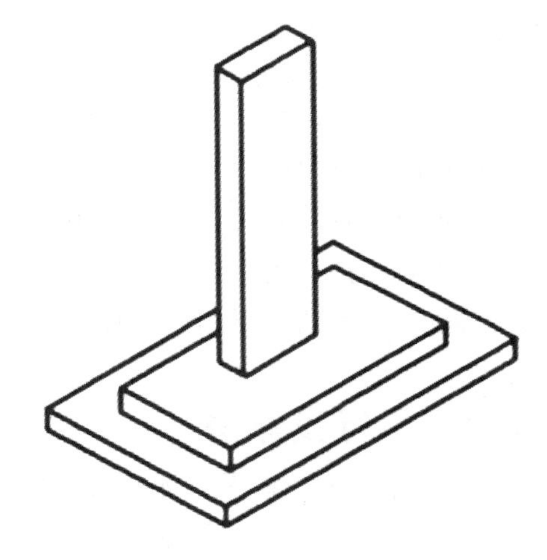
图 2-4　轴测投影图

3. 绘制多面正投影图

运用平行投影法,可绘制多面正投影图。将形体向互相垂直的两个或两个以上的投影面上作正投影，即得到形体的多面正投影图。如图 2-5 所示的是由两级台基和一块碑身组成的纪念碑的三面正投影图。正投影图的优点是作图简便，便于度量和标注尺寸，在工程上应用广泛，是建筑工程中最主要的图样。

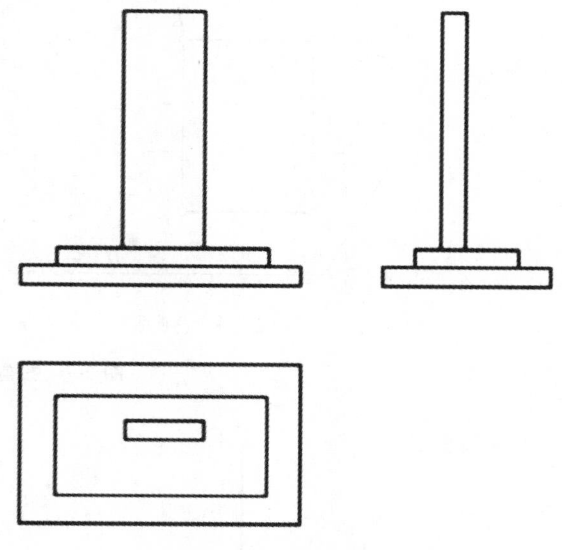

图 2-5　多面正投影图

4. 绘制标高投影图

标高投影图是一种带有数字标记的单面正投影图，常用来表示不规则曲面。如图 2-6(a)所示，假定某一山峰位于水平基面 H 上，与 H 面相交于高度标记为 0 的曲线，再用高于 H 面 10 m、20 m 的水平面剖切这座山峰，相交得到高度标记为 10、20 的曲线，这些曲线称为等高线，作出它们在 H 面上的正投影，并标注高度标记数字，就能得到这座山峰的标高投影图，如图 2-6(b)所示。在建筑工程中常用标高投影来绘制地形图、建筑总平面图和道路、水利工程等方面的平面布置的图样。

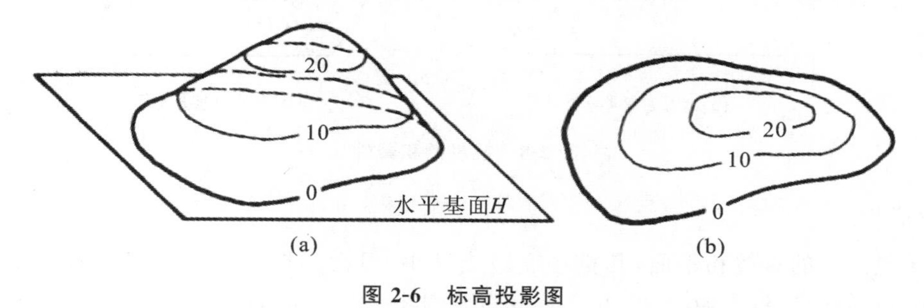

图 2-6　标高投影图

2.1.4　正投影的特性

在运用投影的方法绘制形体的投影图时，事先应该知道当空间形体表示在投影图上时，哪些几何性质会发生变化，哪些几何性质仍保持不变，尤其是要知道那些保持不变的性质，据此能够正确而迅速地作出其投影图，同时也便于根据投影图确定形体几何原形及其相对位置。

正投影具有以下一些基本性质。

1. 显实性

平行于投影面的直线和平面，其投影反映实长和实形。

如图 2-7 所示，直线 AB 平行于投影面 H，其投影 $ab=AB$，即反应直线 AB 的真实长度；平面 $ABCD$ 平行于 H 面，其投影 $abcd$ 反应平面的真实大小。

2. 积聚性

垂直于投影面的直线，其投影集聚为一点；垂直于投影面的平面，其投影集聚为一条直线。

如图 2-8 所示，直线 AB 垂直于投影面 H，其投影积聚成一点 $a(b)$；平面 $ABCD$ 垂直于投影面 H，其投影积聚成一条直线 $ab(cd)$。

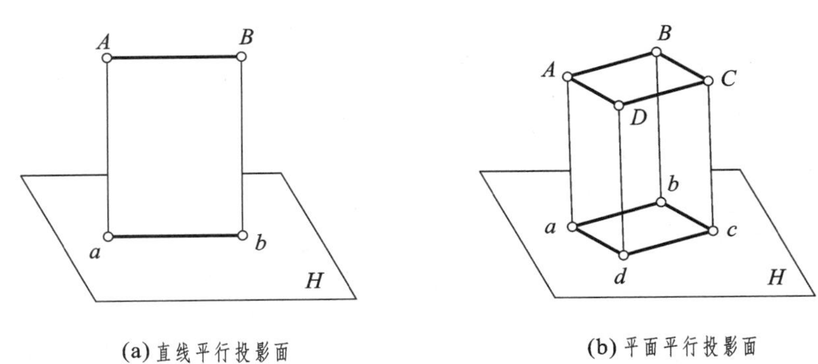

图 2-7 投影的显实性

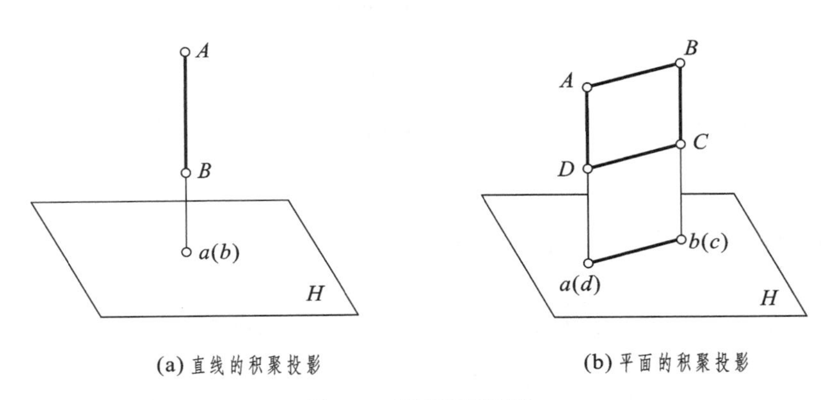

图 2-8 投影的积聚性

3. 类似性

倾斜于投影面的直线和平面，其投影变短或缩小，但投影形状与原形状类似。如图 2-9 所示，当直线 AB 倾斜于投影面时，其正投影 ab 短于实长；当平面 $ABCD$ 倾斜于投影面时，其正投影 $abcd$ 小于实形。

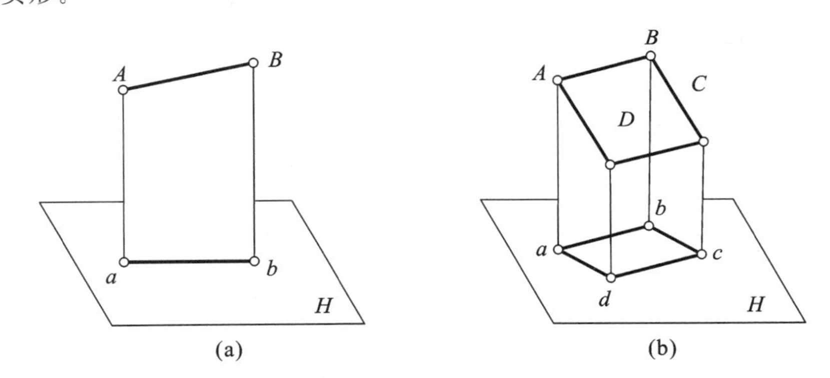

图 2-9 投影的类似性

4. 从属性

若点在直线上，则点的投影必在该直线的投影上。如图 2-10 所示，点 K 在直线 AB 上，则点 K 在 H 面的投影一定位于直线 ab 在 H 面的投影上。

5. 定比性

直线上两线段之比等于其投影长度之比。如图 2-10 所示，点 K 在直线 AB 上，将直线分成两段，其线段之比等于其投影长度之比，即 $AK : KB = ak : kb$。

6. 平行性

相互平行的两直线在同一投影面上的投影仍互相平行，且其投影长度之比等于两平行线段长度之比。

如图 2-11 所示，$AB /\!/ CD$，其投影 $ab /\!/ cd$，且 $ab : cd = AB : CD$。

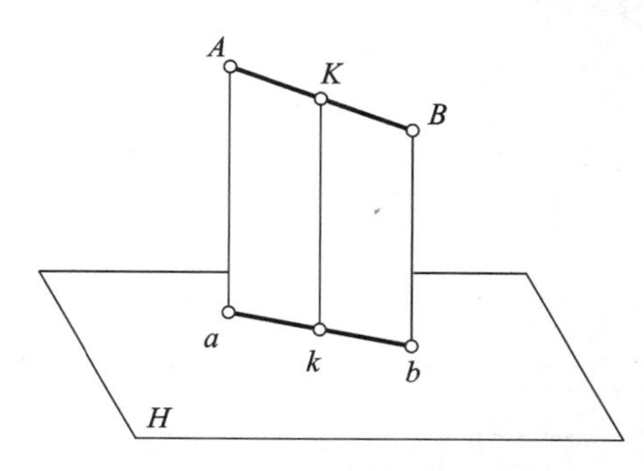

图 2-10　投影的从属性和定比性

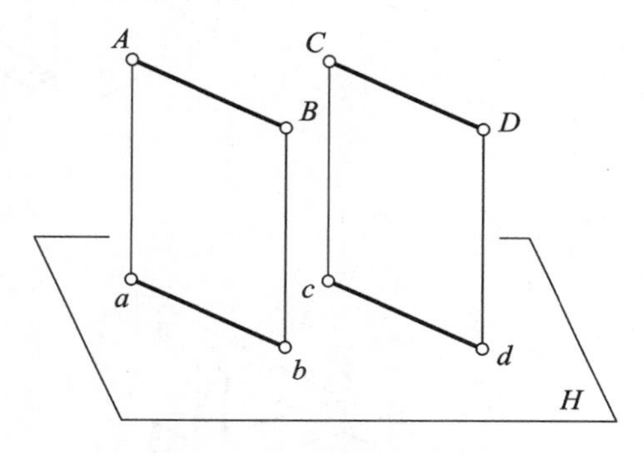

图 2-11　投影的平行性

2.2 三面投影的基本原理

为了准确而全面地表达出物体的空间形状和大小，工程上一般需要两个或两个以上的投影，常用的是三面投影。

2.2.1　三面投影的形成

1. 三投影面体系的建立

三投影面体系由三个相互垂直的投影面所组成，三个投影面分别介绍如下。

(1) 正立投影面，简称正面，用 V 表示。

(2) 水平投影面，简称水平面，用 H 表示。

(3) 侧立投影面，简称侧面，用 W 表示。

相互垂直的投影面之间的交线，称为投影轴，分别介绍如下。

(1) OX 轴(简称 X 轴)，是 V 面与 H 面的交线，代表长度方向。

(2) OY 轴(简称 Y 轴)，是 H 面与 W 面的交线，代表宽度方向。

(3) OZ 轴(简称 Z 轴)，是 V 面与 W 面的交线，代表高度方向。

三根投影轴相互垂直，其交点 O 称为原点。

2. 物体在三投影面体系中的投影

将物体放置在三投影面体系中，按正投影法向各投影面投射，即可分别得到物体的正面投影、水平投影和侧面投影，如图 2-12(a)所示。

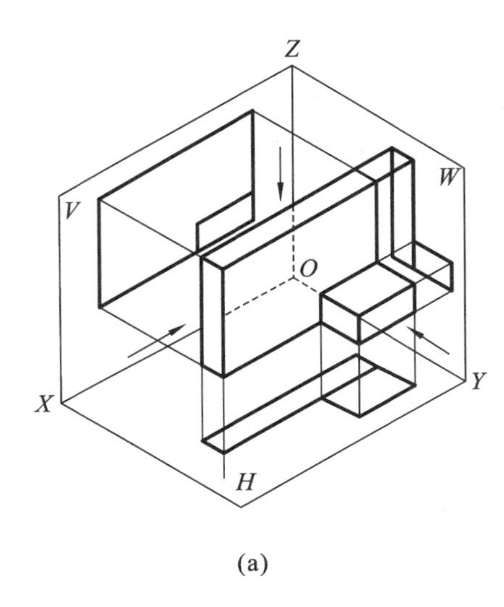

(a)

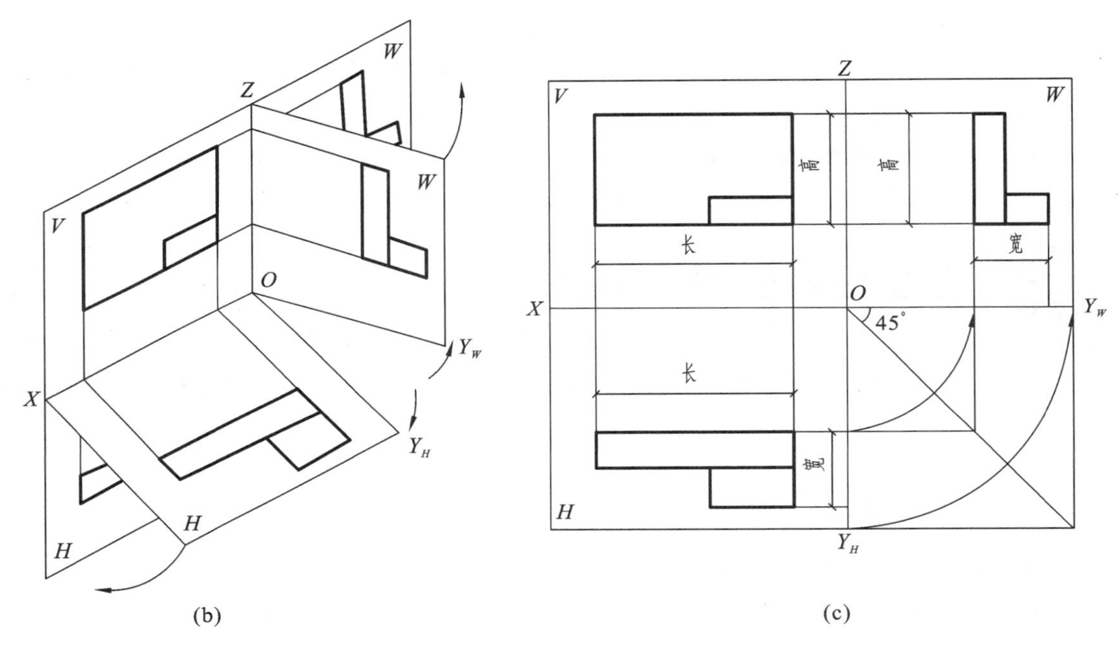

(b) (c)

图 2-12 三面投影图的形成

3. 三投影面的展开

画图时规定将相互垂直的三个投影面展开在同一个平面上，即正立投影面不动，将水平投影面绕 OX 轴向下旋转 90°，将侧立投影面绕 OZ 轴向右旋转 90°如图 2-12(b)所示，展开后如图 2-12(c)所示。应注意，水平投影面和侧立投影面旋转时，OY 轴被分为两处，分别用 OY_H（在 H 面上）和 OY_W（在 W 面上）表示。

2.2.2 三面投影之间的对应关系

1. 三面投影的投影规律

从三面投影的形成过程可以看出，每一个视图只能反映物体两个方向的尺度，如图 2-12(c)

所示，即正面投影反映物体的长度（X）和高度（Z）；水平投影反映物体的长度（X）和宽度（Y）；侧面投影反映物体的高度（Z）和宽度（Y）。

由此可归纳得出三面投影的规律如下。

- 长对正——水平投影图和正面投影图在 X 轴方向。
- 宽相等——水平投影图和侧面投影图在 Y 轴方向。
- 高平齐——正面投影图和侧面投影图在 Z 轴方向。

作图时，为了实现“宽相等”，可利用由原点 O 所作的 45°辅助线，来求得其对应关系，如图 2-12(c)所示。

2. 三面投影的方位关系

物体有左右、前后、上下六个方位，即物体的长度、宽度和高度。每个投影图只能反映物体两个方向的位置关系，如图 2-13 所示，即：

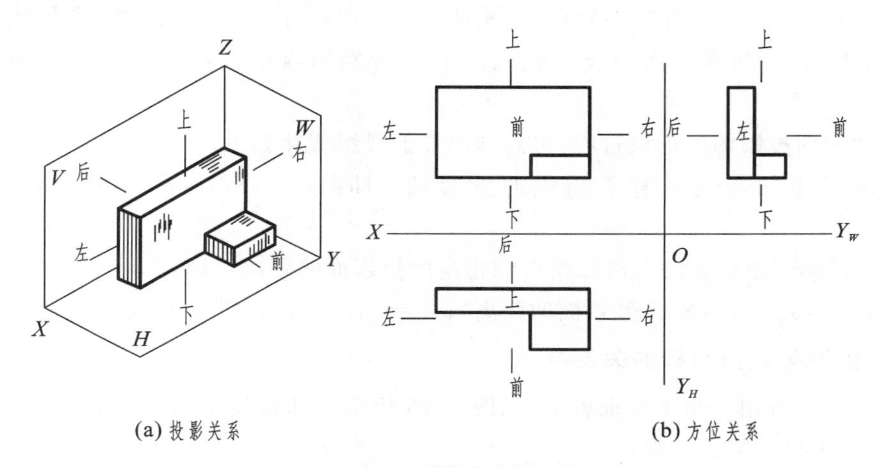

(a) 投影关系　　(b) 方位关系

图 2-13　三面投影的方位关系

- 正面投影图——反映物体的左、右和上、下；
- 水平投影图——反映物体的左、右和前、后；
- 侧面投影图——反映物体的上、下和前、后。

2.3 点、直线、平面的投影

点、直线、平面是构成物体的最基本的几何要素。为了迅速而正确地画出物体的三面投影图，必须掌握它们的投影规律。

2.3.1　点的投影

1. 点的三面投影

如图 2-14(a)所示，将空间点 S 置于三个相互垂直的投影面体系中，分别过点作垂直于 V 面、H 面、W 面的投射线，得到点 S 的正面投影 S'，水平投影 S 和侧面投影 S''。

标记规定　空间点用大写字母表示，在 H 面上的投影用相应的小写字母表示，V 面上

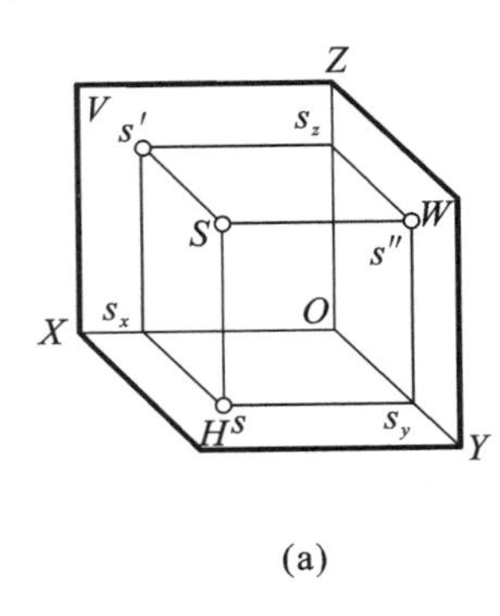

(a)

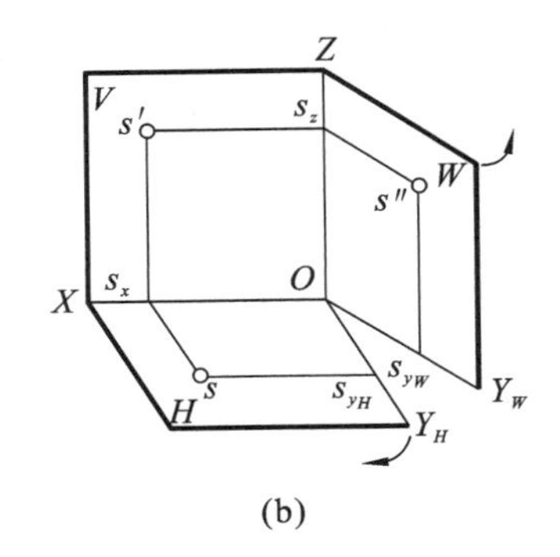

(b)

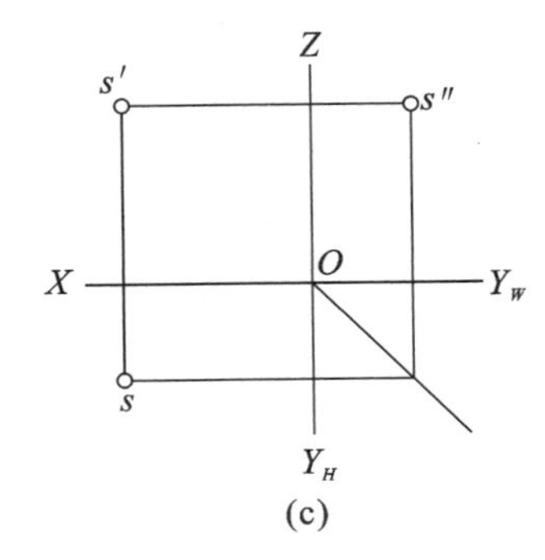

(c)

图 2-14　点的三面投影

的投影用相应的小写字母加一撇表示，W 面上的投影用相应的小写字母加两撇表示。

如将图 2-14(a)的投影图按 2-14(b)箭头所指的方向展开在一个平面上，便得到点 S 的三面投影图，如图 2-14(c)所示。图中，S_X、S_{yH}、S_{yW}、S_Z 分别为点的投影连线与投影轴 X、Y、Z 的交点。

通过点的三面投影图的形成过程，可总结出点的投影规律如下。

(1) 点的投影的连线垂直于相应的投影轴。即：$ss' \perp OX$，$s's'' \perp OZ$，而 $ss_{yH} \perp OY_H$，$s''s_{yW} \perp OY_W$。

(2) 点的投影到投影轴的距离反映点到相应的投影面的距离。即：$s's_x = s''s_y = Ss$（S 点到 H 面的距离）；$ss_x = s''s_z = Ss'$（S 点到 V 面的距离）；$ss_y = s's_z = Ss''$（S 点到 W 面的距离）。

2. 点的投影与直角坐标的关系

点的空间位置可用直角坐标来表示，如图 2-15 所示。即将投影面当成坐标面，将投影轴当成坐标轴，O 即为坐标原点。则：

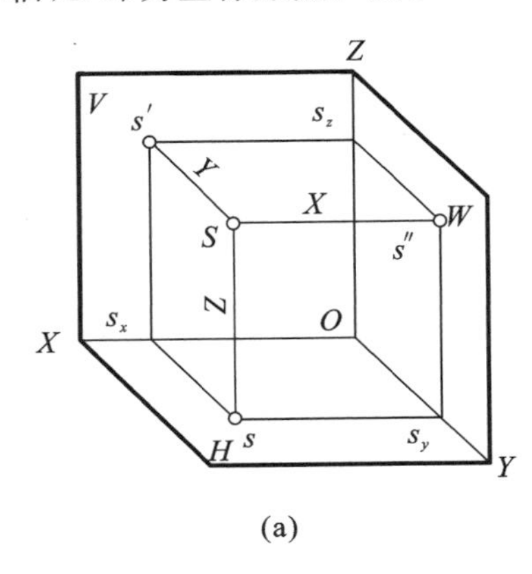

(a)

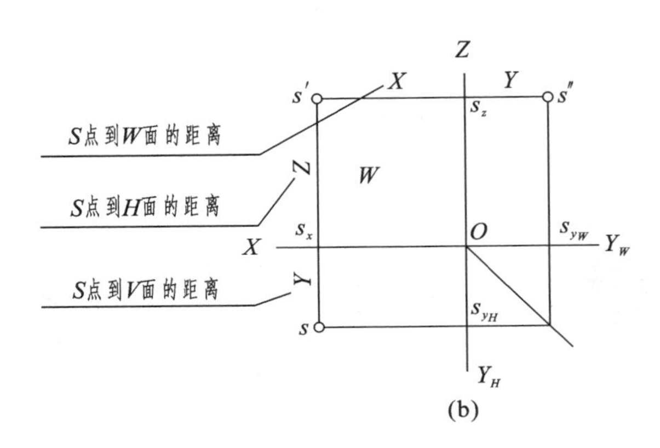

(b)

图 2-15　点的投影与直角坐标的关系

- S 点的 X 坐标 X_S 为 S 点到 W 面的距离 Ss''；
- S 点的 Y 坐标 Y_S 为 S 点到 V 面的距离 Ss'；
- S 点的 Z 坐标 Z_S 为 S 点到 H 面的距离 Ss。

点 S 坐标的规定书写形式为：$S(x、y、z)$。

例 2-1　已知点 A(30、10、20)，求其三面投影图。

方法 1 其方法如图 2-16(a)所示。

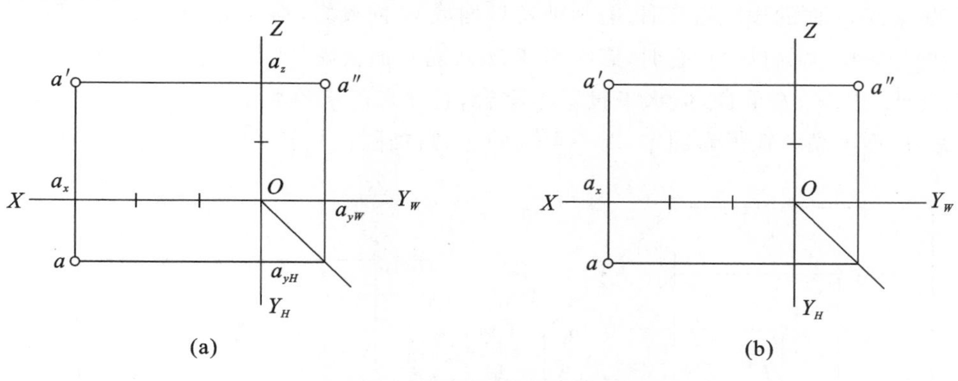

图 2-16 根据点的坐标作投影图

(1) 作投影轴 OX、OY_H、OY_W、OZ。

(2) 在 OX 轴上由 O 点向左量取 30,得 a_x 点,在 OY_H、OY_W 轴上由 O 分别向下、向右量取 10,得出 a_{yH}、a_{yW};在 OZ 轴上由 O 向上量取 20,得出 a_z。

(3) 过 a_x 作 OX 轴的垂线,过 a_{yH}、a_{yW} 分别作 OY_H、OY_W 轴的垂线,过 a_z 作 OZ 轴的垂线。

(4) 各条垂线的交点 a、a'、a'',即为点 A 的三面投影图。

方法 2 其方法如图 2-16(b)所示。

(1) 作投影轴。

(2) 在 OX 轴上由 O 向左量取 30,得 a_x。

(3) 过 a_x 作 OX 轴的垂线,并沿垂线向下量取 $a_xa=10$ 得 a;向上量取 $a_xa'=20$,得 a'。

(4) 根据 a、a',求出第三投影 a''。

3. 两点的相对位置

1) 两点的相对位置的判断

两点在空间的相对位置的判断,由两点的坐标关系来确定,如图 2-17 所示,具体方法如下。

- 两点的左、右相对位置由 x 坐标来确定,坐标较大者在左方。故点 A 在点 B 的左方。
- 两点的前、后相对位置由 y 坐标来确定,坐标较大者在前方。故点 A 在点 B 的后方。
- 两点的上、下相对位置由 z 坐标来确定,坐标较大者在上方。故点 A 在点 B 的下方。

若反过来说,则点 B 在点 A 的右、前、上方。

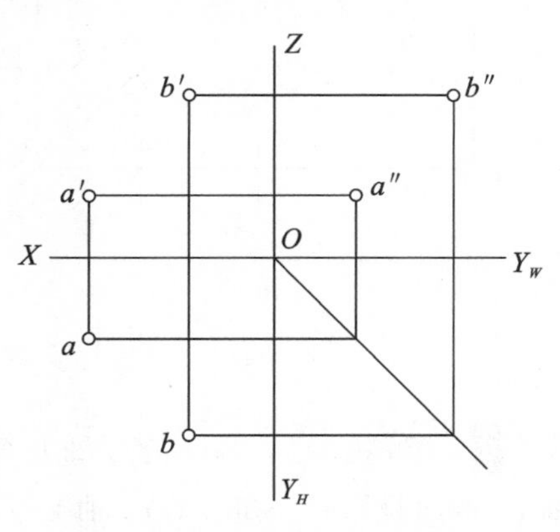

图 2-17 两点的相对位置

2) 重影点

如图 2-18 所示 E、F 两点的投影中,e' 和 f' 重合,这说明 E、F 两点的 x、z 坐标相同,$x_E=x_F$、$z_E=z_F$,即 E、F 两点处于对正面的同一条投射线上。

可见,共处于同一条投射线上的两点,必在相应的投影面上具有重合的投影。这两个点被称为对该投影面的一对重影点。

重影点的可见性需根据这两点不重影的投影的坐标大小来判别,即:

- 当两点在 V 面的投影重合时，需判别其 H 面或 W 面投影，则点在前（即 y 坐标较大）者可见；
- 当两点在 H 面的投影重合时，需判别其 V 面或 W 面投影，则点在上（即 z 坐标较大）者可见；
- 当两点在 W 面的投影重合时，需判别其 H 面或 V 面投影，则点在左（即 x 坐标较大）者可见。

如图 2-18 中，e'、f' 重合，但水平投影不重合，且 e 在前 f 在后，即 $Y_E > Y_F$。所以对 V 面来说，E 可见，F 不可见。在投影图中，对不可见的点，需加圆括号表示如 (f')。

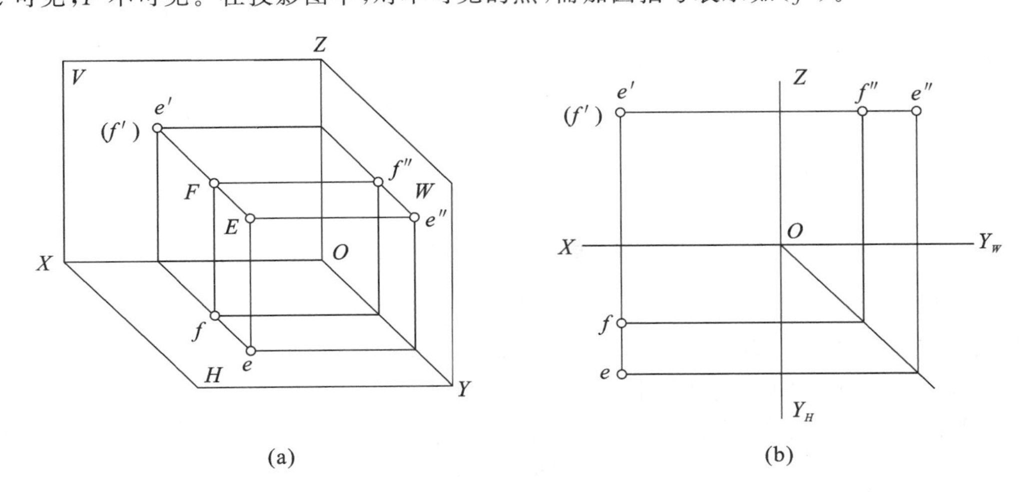

图 2-18　重影点的可见性

例 2-2　已知点 A 的三面投影图如图 2-19(a)所示，作点 $B(30、10、0)$ 的三面投影，并判断两点的空间相对位置。

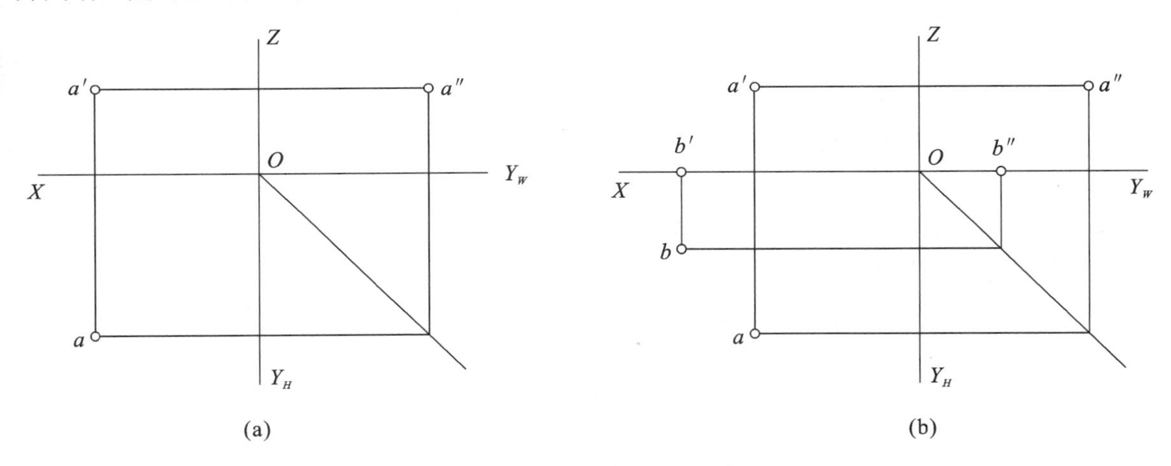

图 2-19　A、B 两点的相对位置

分析　点 B 的 z 坐标等于 0，说明点 B 属于 H 面，点 B 的正面投影 b' 一定在 OX 轴上，侧面投影 b'' 一定在 OY_W 轴上。

作图　在 OX 轴上由 O 向左量取 30，得交点，b' 重合于该点，由此点向下作垂线并量取 10，得 b。根据 b、b'，即可求出第三面投影 b''，如图 2-19(b)所示。应注意，b'' 在 W 面的 OY_W 轴上，而不在 H 面的 OY_H 轴上。

判断 A、B 两点在空间的相对位置，具体步骤如下。

● 左、右相对位置：$x_B - x_A = 10$，故点 A 在点 B 右方 10 mm。

● 前、后相对位置：$y_A - y_B = 10$，故点 A 在点 B 前方 10 mm。

● 上、下相对位置：$z_A - z_B = 10$，故点 A 在点 B 上方 10 mm。

即点 A 在点 B 的右、前、上方各 10 mm 处。

2.3.2 直线的投影

1. 直线的三面投影

直线的投影可由直线上两点的同面投影（即同一投影面上的投影）来确定。一般来说，直线的投影仍为直线。如图 2-20(a)所示，直线 AB 的水平投影 ab、正面投影 $a'b'$ 和侧面投影 $a''b''$ 均为直线。

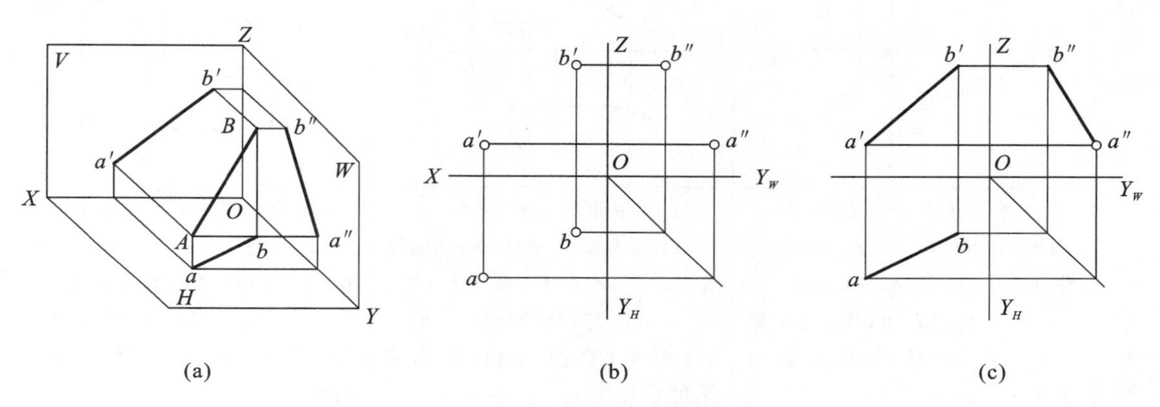

图 2-20　直线的三面投影

图 2-20(b)所示为线段的两个端点 A、B 两点的三面投影，连接两点的同面投影得到的 ab、$a'b'$ 和 $a''b''$，就是直线 AB 的三面投影，如图 2-20(c)所示。

2. 各种位置直线的投影

直线的位置，是指直线与投影面之间的位置关系。直线的位置共有三种，即一般位置直线、投影面平行线、投影面垂直线。

(1) 一般位置直线。对三个投影面都倾斜的直线，称为一般位置直线，如图 2-20 所示。一般位置直线的投影特性如下。

① 一般位置直线的各面投影都与投影轴倾斜。

② 一般位置直线的各面投影的长度均小于实长。

(2) 投影面平行线。平行于一个投影面而与其他两个投影面倾斜的直线，称为投影面平行线。

根据投影面平行线所平行的平面不同，投影面平行线可分为三种：平行于 H 面的直线，称为水平线；平行于 V 面的直线，称为正平线；平行于 W 面的直线，称为侧平线。

直线和投影面的夹角，称为直线对投影面的倾角，并以 α、β、γ 分别表示直线对 H、V、W 面的倾角。

投影面平行线的投影特性如表 2-1 所示。

表 2-1　投影面平行线的投影特性

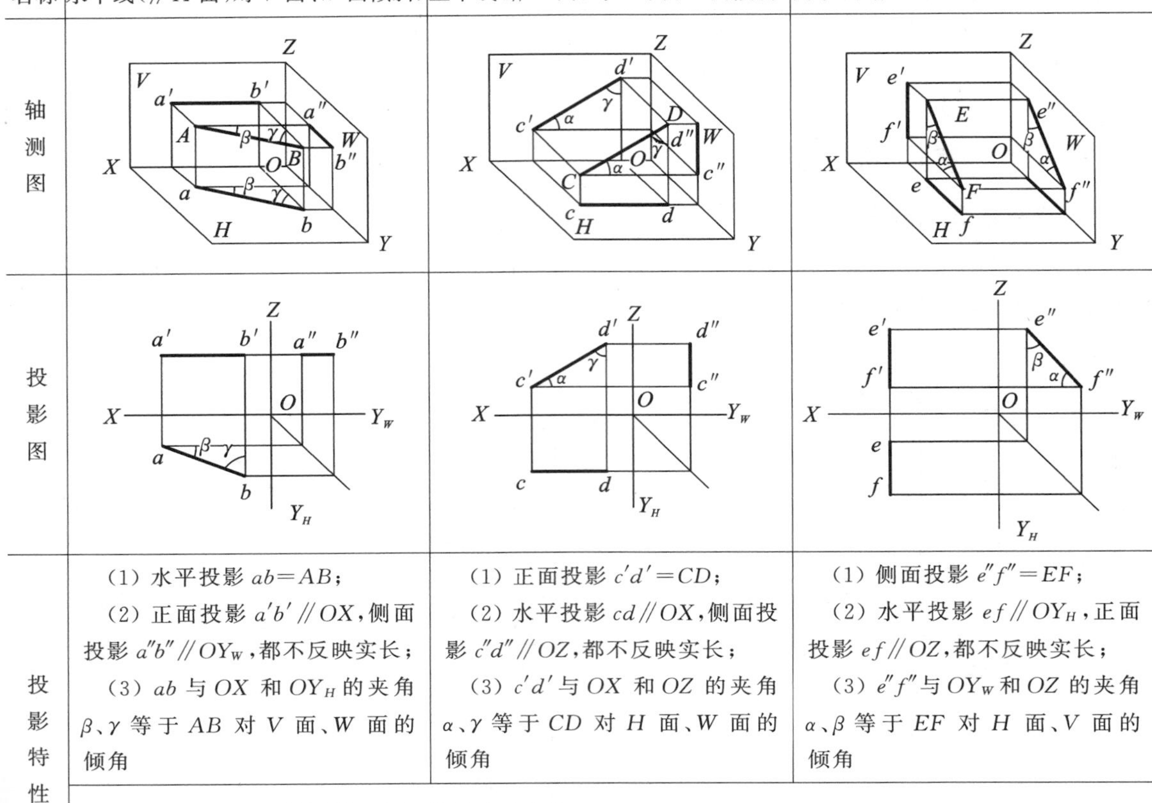

名称	水平线（$//H$ 面，对 V 面、W 面倾斜）	正平线（$//V$ 面，与 H 面、W 面倾斜）	侧平线（$//W$ 面，与 H 面、V 面倾斜）
轴测图			
投影图			
投影特性	(1) 水平投影 $ab=AB$； (2) 正面投影 $a'b'//OX$，侧面投影 $a''b''//OY_W$，都不反映实长； (3) ab 与 OX 和 OY_H 的夹角 β、γ 等于 AB 对 V 面、W 面的倾角	(1) 正面投影 $c'd'=CD$； (2) 水平投影 $cd//OX$，侧面投影 $c''d''//OZ$，都不反映实长； (3) $c'd'$ 与 OX 和 OZ 的夹角 α、γ 等于 CD 对 H 面、W 面的倾角	(1) 侧面投影 $e''f''=EF$； (2) 水平投影 $ef//OY_H$，正面投影 $ef//OZ$，都不反映实长； (3) $e''f''$ 与 OY_W 和 OZ 的夹角 α、β 等于 EF 对 H 面、V 面的倾角
	注：(1) 在所平行的投影面上的投影反映实长； (2) 其他两面投影平行于相应的投影轴，都不反映实长； (3) 反映实长的投影与投影轴所夹的角度，等于空间直线对相应投影面的倾角		

(3) 投影面垂直线。垂直于一个投影面的直线，称为投影面垂直线。

根据投影面垂直线垂直的投影面的不同，投影面垂直线又可分为三种：垂直于 H 面的直线，称为铅垂线；垂直于 V 面的直线，称为正垂线；垂直于 W 面的直线，称为侧垂线。

投影面垂直线的投影特性如表 2-2 所示。

表 2-2　投影面垂直线的投影特性

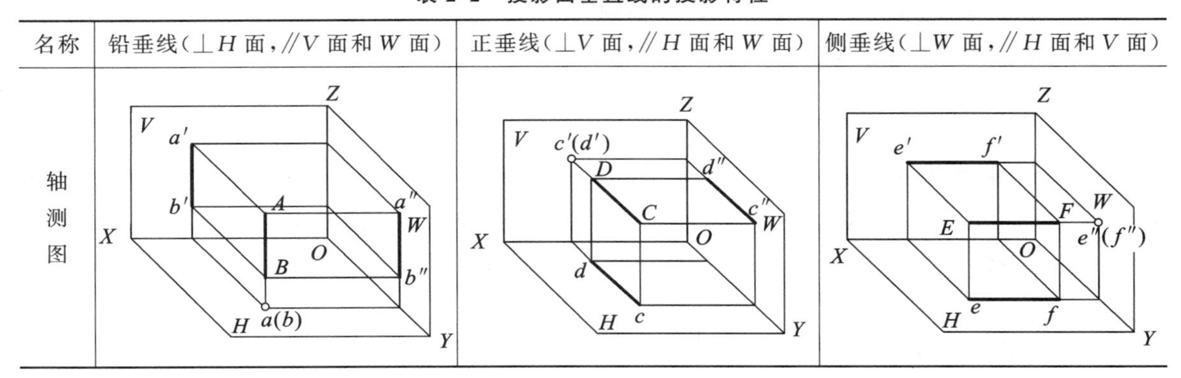

名称	铅垂线（$\perp H$ 面，$//V$ 面和 W 面）	正垂线（$\perp V$ 面，$//H$ 面和 W 面）	侧垂线（$\perp W$ 面，$//H$ 面和 V 面）
轴测图			

续表

<table>
<tr><td>名称</td><td>铅垂线(⊥H 面,∥V 面和 W 面)</td><td>正垂线(⊥V 面,∥H 面和 W 面)</td><td>侧垂线(⊥W 面,∥H 面和 V 面)</td></tr>
<tr><td>投影图</td><td>Z, a′, a″, b′, b″, X, O, Y_W, a(b), Y_H</td><td>Z, c′(d′), d″, c″, X, O, Y_W, d, c, Y_H</td><td>Z, e′, f′, e″(f″), X, O, Y_W, e, f, Y_H</td></tr>
<tr><td rowspan="2">投影特性</td><td>(1) 水平投影 $a(b)$ 为一点,有积聚性;
(2) $a'b'=a''b''=AB$,且 $a'b'\perp OX$,$a''b''\perp OY_W$</td><td>(1) 正面投影 $c'(d')$ 为一点,有积聚性;
(2) $cd=c''d''=CD$,且 $cd\perp OX$,$c''d''\perp OZ$</td><td>(1) 侧面投影 $e''(f'')$ 为一点,有积聚性;
(2) $ef=e'f'=EF$,且 $ef\perp OY_H$,$e'f'\perp OZ$</td></tr>
<tr><td colspan="3">注:(1) 在所垂直的投影面上的投影有积聚性;
(2) 其他两面投影反映线段实长,且垂直于相应的投影轴</td></tr>
</table>

3. 两直线的相对位置

空间两直线的相对位置有平行、相交和交叉三种情况,它们的投影特性分别介绍如下。

1) 平行两直线

空间中相互平行的两直线,它们的同面投影也一定相互平行。如图 2-21 所示,$AB/\!/CD$,则 $ab/\!/cd$、$a'b'/\!/c'd'$、$a''b''/\!/c''d''$。

反之,如果两直线的各组同面投影都相互平行,则可判定它们在空间中也一定相互平行。

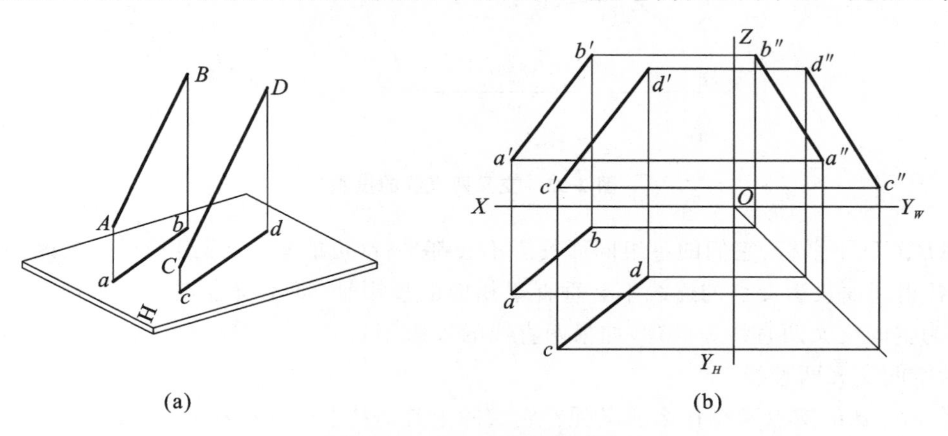

图 2-21　平行两直线的投影

2) 相交两直线

空间中相交的两直线,它们的同面投影也一定相交,交点为两直线的共有点,且应符合点的投影规律。

如图 2-22 所示,直线 AB 和 CD 相交于点 K,点 K 是直线 AB 和 CD 的共有点。根据点属于直线的投影特性，可知k既属于ab，又属于cd，即k是ab和cd的交点；同理，k'必定是$a'b'$和$c'd'$的交点；k''也必定是$a''b''$和$c''d''$的交点。由于k、k'和k''是同一点K的三面投影，因此，k、k'的连线垂直于OX轴，k'和k''的连线垂直于OZ轴。

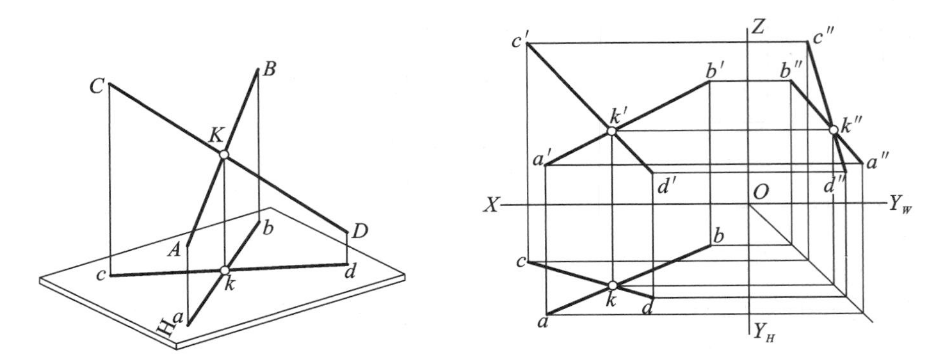

图 2-22　相交两直线的投影

反之，如果两直线的各组同面投影都相交，且交点符合点的投影规律，则可判定这两条直线在空间也一定相交。

3）交叉两直线

在空间中既不平行也不相交的两直线，称为交叉两直线，又称异面直线，如图 2-23 所示。

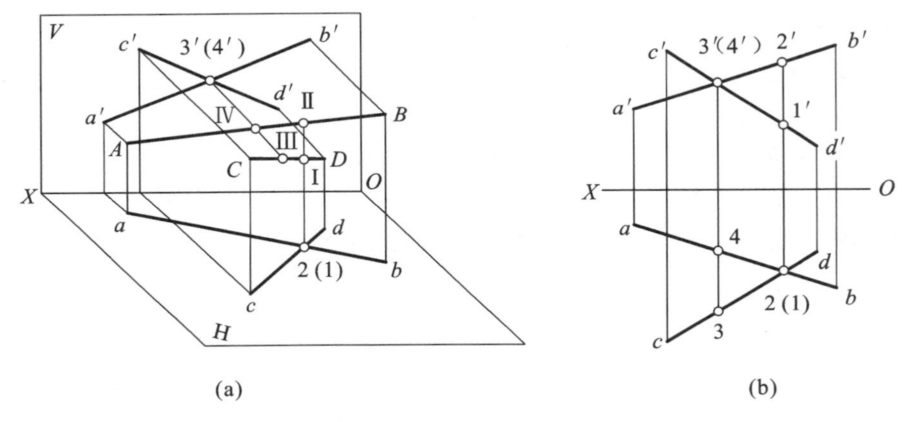

图 2-23　交叉两直线的投影

因AB、CD不平行，它们的各组同面投影不会都平行(可能有一、两组平行)；又因为AB、CD不相交，各组同面投影交点的连线不会垂直于相应的投影轴，即不符合点的投影规律，则可判定AB、CD为空间交叉两直线。同理，如果两直线的投影不符合平行或相交两直线的投影规律，则可判定为空间交叉两直线。

那么，ab、cd的交点又有什么意义呢？它实际上是AB上的Ⅱ点和CD上的Ⅰ点这对重影点在H面上的投影。从正面投影可以看出：$z_{Ⅱ}>z_{Ⅰ}$。对水平投影来说，Ⅱ是可见的，而Ⅰ是不可见的，故标记为2(1)。

$a'b'$与$c'd'$的交点，则是CD上的Ⅲ点和AB上的Ⅳ点这一对重影点在V面上的投影。由于$y_{Ⅲ}>y_{Ⅳ}$，对于正面投影来说，Ⅲ可见而Ⅳ不可见，故标记为3'(4')。

如前所述，共处于投射线上的点，在该投射方向上是重影点。对于交叉两直线来说，在三个投射方向上都可能有重影点。重影点这一概念常用来判别可见性。

2.3.3　平面的投影

1. 平面的投影

平面的投影是先画出平面图形各顶点的投影，然后将各点的同面投影依次连接，即为平面图形的投影，如图 2-24 所示。

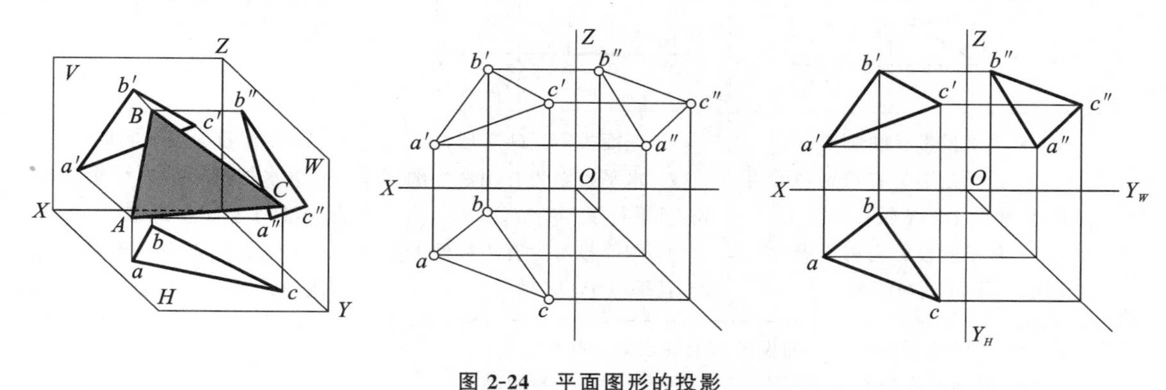

图 2-24　平面图形的投影

2. 各种位置平面的投影

在投影体系中，平面相对于投影面的位置有三种，即一般位置平面、投影面平行面、投影面垂直面。

1）一般位置平面

对三个投影面都倾斜的平面，称为一般位置平面，如图 2-24 所示。

一般位置平面的投影特性为：三面投影都是小于原平面图形的类似形。

2）投影面平行面

平行于一个投影面的平面，称为投影面平行面。

根据投影面平行面所平行的平面不同，投影面平行面可分为三种：平行于 *H* 面的平面，称为水平面；平行于 *V* 面的平面，称为正平面；平行于 *W* 面的平面，称为侧平面。

各种投影面平行面的投影特性，如表 2-3 所示。

表 2-3　投影面平行面的投影特性

名称	水平面（//*H* 面）	正平面（//*V* 面）	侧平面（//*W* 面）
轴测图	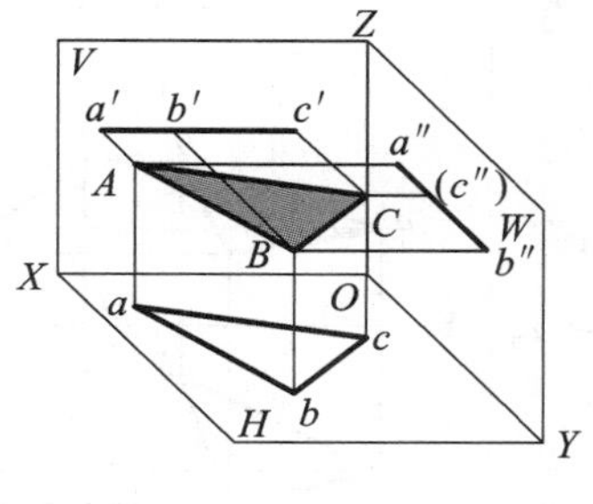	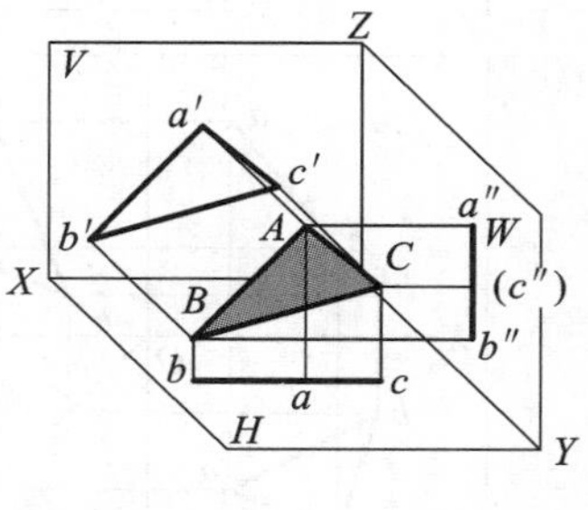	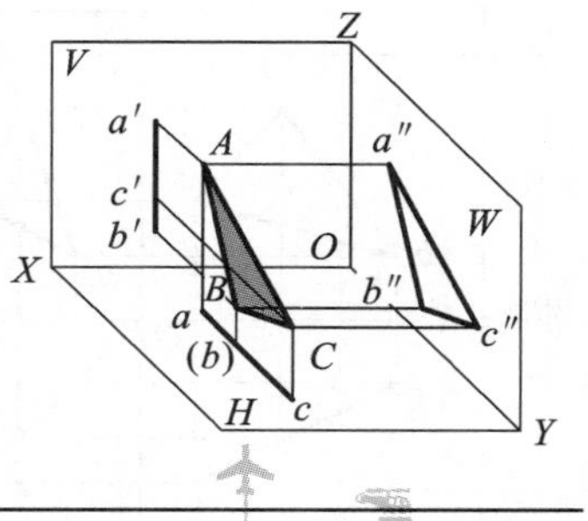

续表

名称	水平面（//H 面）	正平面（//V 面）	侧平面（//W 面）
投影图	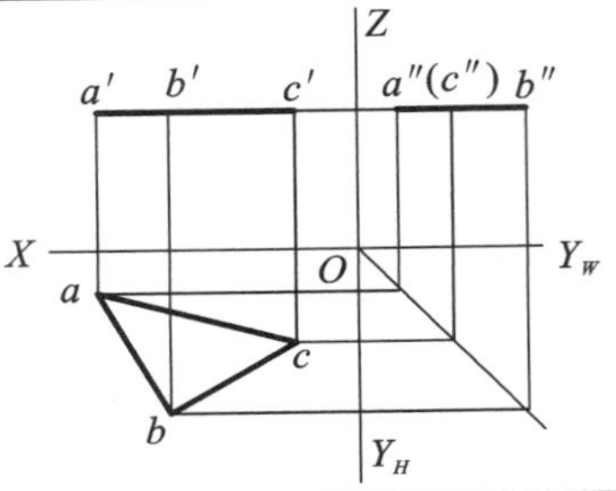	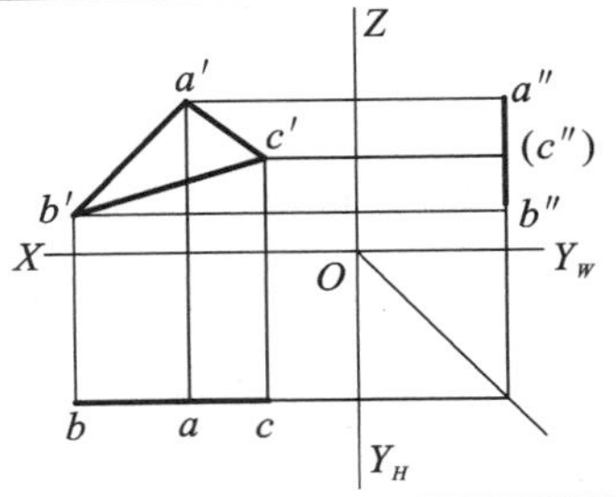	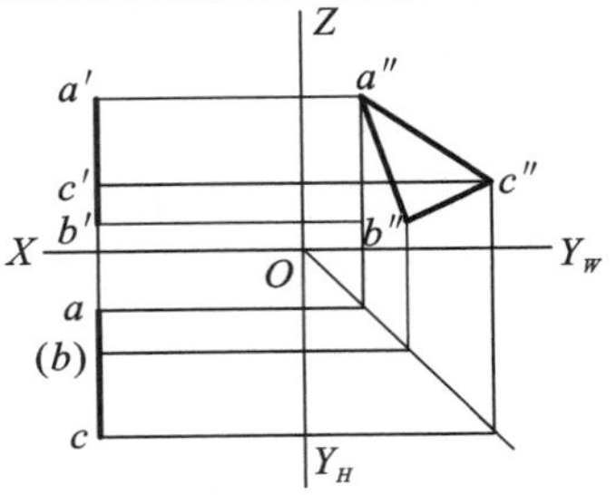
投影特性	(1) 水平投影反映实形； (2) 正面投影为有积聚性的直线，且平行于 OX 轴； (3) 侧平面投影为有积聚性的直线，且平行于 OY_W 轴	(1) 正面投影反映实形； (2) 水平投影为有积聚性的直线，且平行于 OX 轴； (3) 侧面投影为有积聚性的直线，且平行于 OZ 轴	(1) 侧面投影反映实形； (2) 水平投影为有积聚性的直线，且平行于 OY_H 轴； (3) 侧面投影为有积聚性的直线，且平行于 OZ 轴
	注：(1) 平面图形在所平行的投影面上的投影反映实形； (2) 其他两面投影积聚成直线，且平行于相应的投影轴		

3）投影面垂直面

垂直于一个投影面而对其他两个投影面倾斜的平面，称为投影面垂直面。

根据投影面垂直面所垂直的平面不同，投影面垂直面可分为三种：垂直于 H 面的平面，称为铅垂面；垂直于 V 面的平面，称为正垂面；垂直于 W 面的平面，称为侧垂面。

各种投影面垂直面的投影特性，如表 2-4 所示。

表 2-4　投影面垂直面的投影特性

名称	铅垂面（⊥H 面，与 V 面、W 面倾斜）	正垂面（⊥V 面，与 H 面、W 面倾斜）	侧垂面（⊥W 面，与 V 面、H 面倾斜）
轴测图	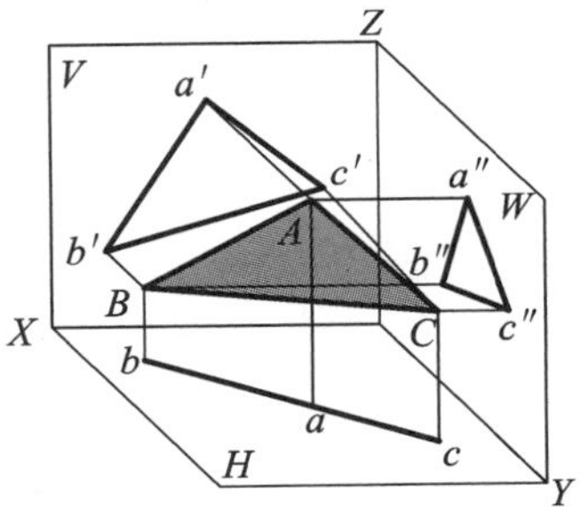	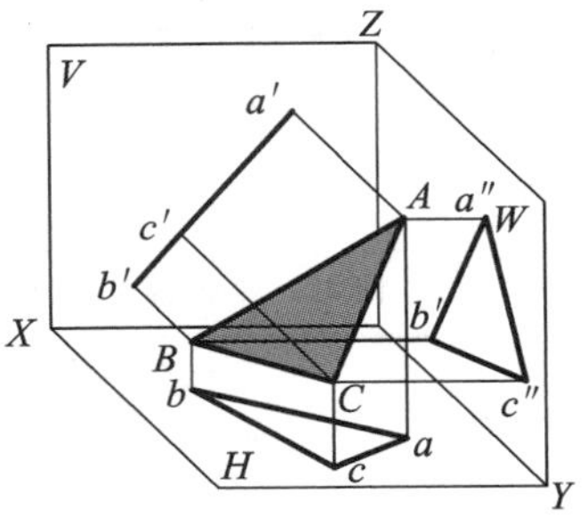	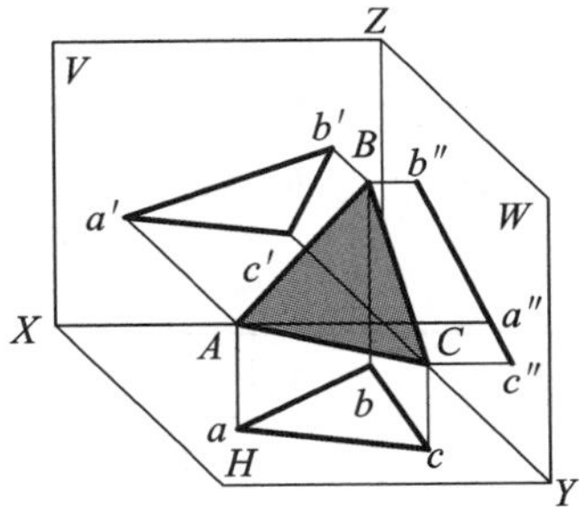
投影图	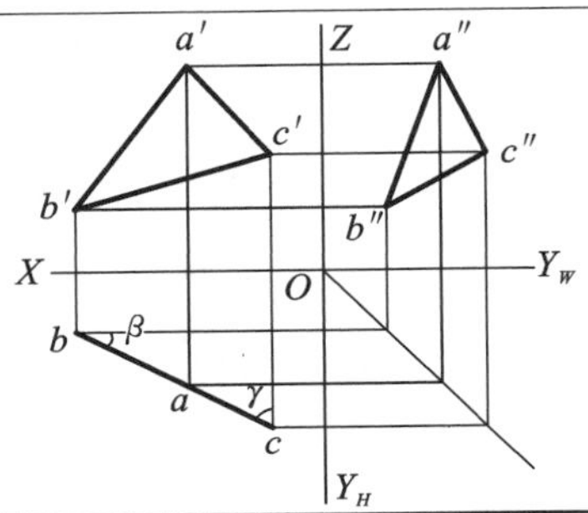	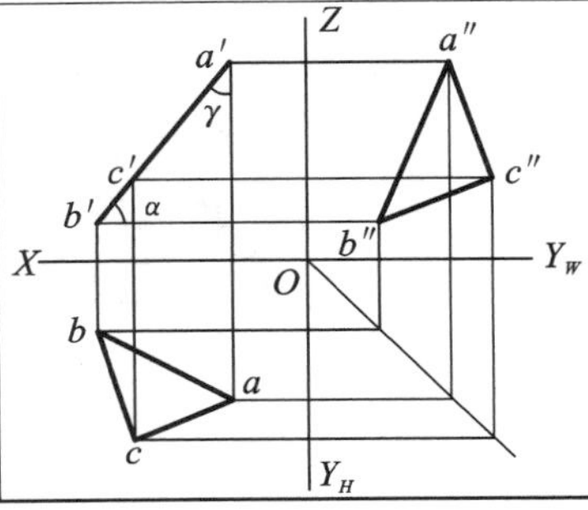	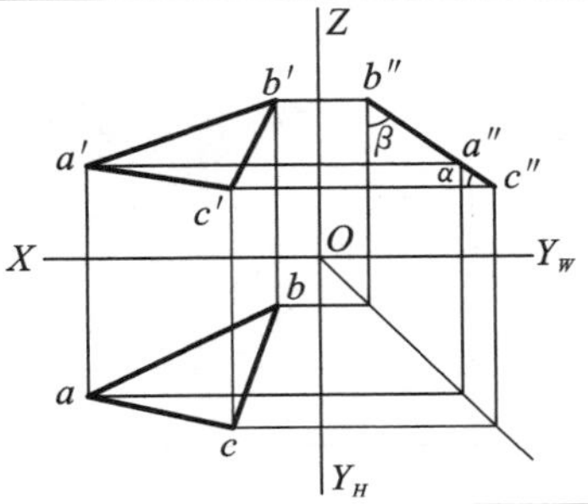

续表

名称	铅垂面（⊥H面，与V面、W面倾斜）	正垂面（⊥V面，与H面、W面倾斜）	侧垂面（⊥W面，与V面、H面倾斜）
投影特性	（1）水平投影积聚成直线，该直线与X、Y_H轴的夹角β、γ，等于水平面对V、W面的倾角； （2）正面投影和侧面投影为原形的类似形	（1）正面投影积聚成直线，该直线与X、Z轴的夹角α、γ，等于水平面对H、W面的倾角； （2）水平投影和侧面投影为原形的类似形	（1）侧平面投影积聚成直线，该直线与Y_W、Z轴的夹角α、β，等于水平面对H、V面的倾角； （2）正面投影和水平投影为原形的类似形
	注：（1）平面图形在所垂直的投影面上的投影，积聚成与投影轴倾斜的直线，该直线与投影轴的夹角等于平面对相应投影面的倾角； （2）其他两面投影均为原形的类似形		

3. 平面上直线和点的投影

在平面上取直线的条件是：直线经过平面上的两点；直线经过平面上的一点，且平行于平面上的另一已知直线。

例 2-3 已知△ABC上的直线EF的正面投影$e'f'$，如图 2-25(a)、(b)所示，求水平投影ef。

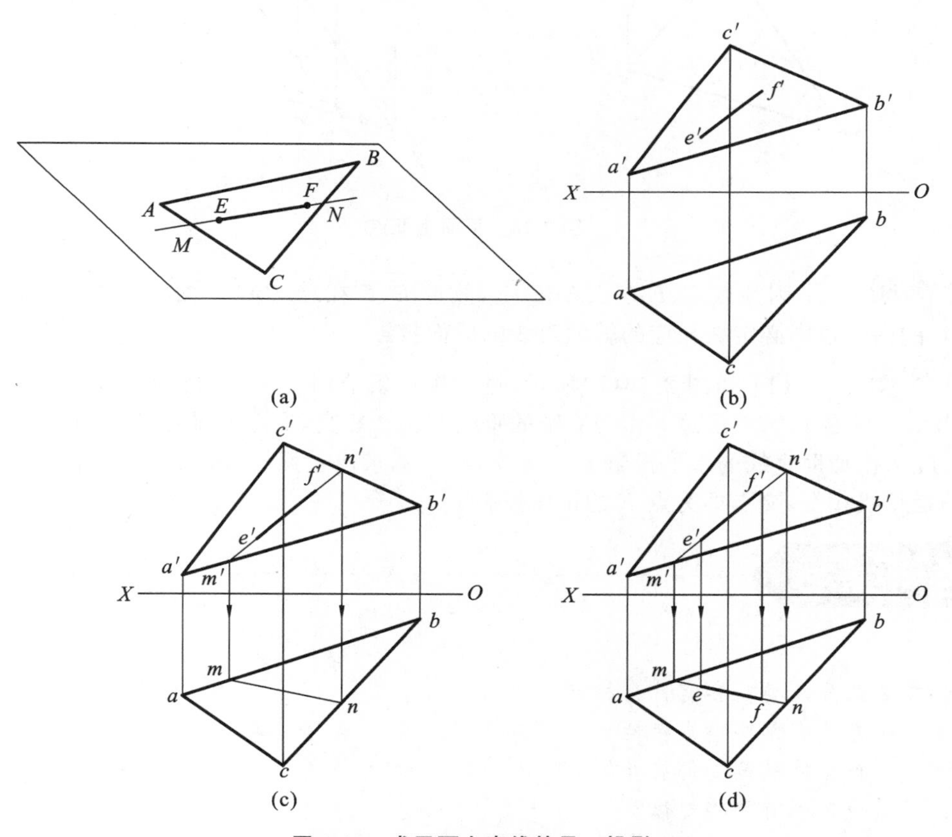

图 2-25　求平面上直线的另一投影

分析 如图 2-25(a)所示，因为直线EF在△ABC平面内，延长EF，可与△ABC的边线交于M、N，则直线EF是△ABC上直线MN的一部分，它的投影必属于直线MN的同面投影。

作图 (1) 延长 $e'f'$ 与 $a'b'$ 和 $b'c'$ 交于 m'、n'，由 $m'n'$ 求得 m、n，如图 2-25(c)所示。

(2) 连 m、n，在 mn 上由 $e'f'$ 求得 ef，如图 2-25(d)所示。

在平面上取点的条件是：若点在平面的某一直线上，则点一定在该平面上。因此，在平面上取点时，应先在平面上取直线，再在该直线上取点。

例 2-4 如图 2-26(a)所示，已知△ABC 上点 E 的正面投影 e' 和点 F 的水平投影 f，求作它们的另一面投影。

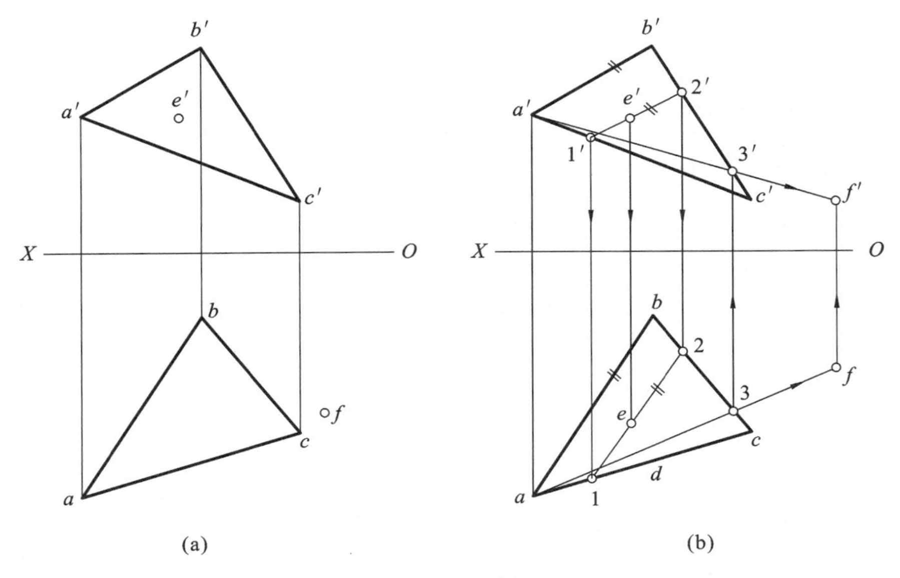

图 2-26 平面上取点

分析 因为点 E、F 在△ABC 上，故过 E、F 在△ABC 平面上各作一条辅助直线，则点 E、F 的两个投影必定在相应的辅助直线的同面投影上。

作图 (1) 如图 2-26(b)所示，过 e' 作一条辅助直线Ⅰ Ⅱ的正面投影 $1'2'$，使 $1'2' \parallel a'b'$，求出水平投影 1、2；然后过 e' 作 OX 轴的垂线与 1、2 相交，交点 e 即为点 E 的水平投影。

(2) 过 f 作辅助直线的水平投影 fa，fa 交 bc 于 3，求出正面投影 $a'3'$，过 f 作 OX 轴的垂线与 $a'3'$ 的延长线相交，交点即为点 F 的正面投影 f'。

思考与练习

1. 投影法分几类？各有什么特点？
2. 正投影法有哪些投影特性？
3. 三面投影体系是如何展开的？
4. 三面投影图有哪些规律？
5. 投影与直角坐标系有怎样的关系？
6. 直线与投影面之间的位置关系有几种？各有什么投影特性？
7. 平面与投影面之间的位置关系有几种？各有什么投影特性？

Chapter 3

第3章 立体的投影

学习目标

- 掌握平面立体投影图的画法和读法。
- 掌握曲面立体投影图的画法和读法。
- 了解立体截交线的形成，掌握立体截交线的画法。
- 了解立体相贯线的形成，掌握立体相贯线的画法。
- 掌握组合体投影图的画法及组合体尺寸标注的方法。

3.1 平面立体的投影

由平面多边形所围成的立体称为平面立体。常见的平面立体有棱柱、棱锥等。平面立体的投影是组成平面立体的各平面投影的集合。在平面立体投影中，可见棱线用实线表示，不可见棱线用虚线表示，以区分可见表面和不可见表面。

3.1.1 棱柱的投影

棱柱是由上、下底面和若干侧面围成，如图3-1所示。其上、下底面形状大小完全相同且相互平行；每两个侧面的交线为棱线，柱体上有几个侧面就有几条棱线，各棱线相互平行且都垂直于上、下底面。

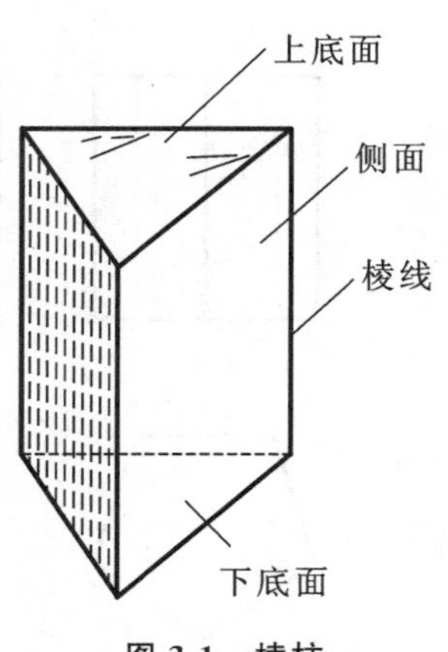

图3-1 棱柱

下面以正六棱柱为例介绍棱柱的投影特点，如图3-2(a)所示。正六棱柱由六个侧面和上、下底面围成，上、下底面都是正六边形且相互平行；六个侧面两两相交为六条相互平行的棱线，六条棱线垂直于上、下底面。当底面平行于 H 面时，三面投影如图3-2(b)所示。由于各棱线垂直于底面，即垂直于 H 面，所以 H 面上的投影均积聚为一点，这是棱柱投影的最显著特点，如 $a(a_1)$ 等；相应的，各侧面也都积聚为一条线段，如 $a(a_1)b(b_1)$ 等；上、下底面反映实形(水平面)，其投影仍为正六边形(上底面投影可见，下底面不可见)。在 V 面上，上、下底面投影积聚为两条直线段；侧面投影有的为实形，如 $a'b'b'_1a'_1$，有的为类似形，如 $c'a'a'_1c'_1$；由于各棱线均为铅垂线，所以 V 面投影都反映实长。在 W 面投影上，上、下底面仍积聚为直线段，侧面投影有的为类似形，如 $c''a''a''_1c''_1$，有的积聚为直线段，如 $a''(b'')a''_1(b''_1)$。各棱线仍反映实长。

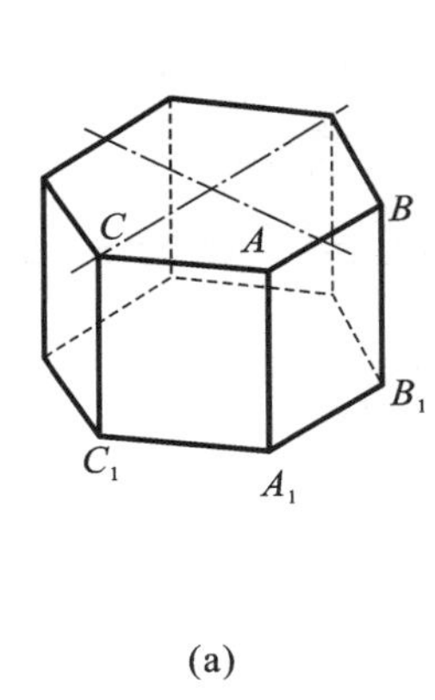

(a)

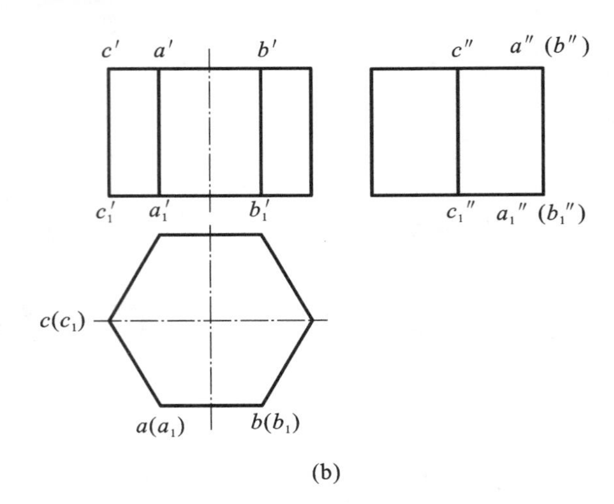

(b)

图 3-2 正六棱柱及其投影

在立体的投影图中，应判断各侧面及各棱线的可见性。判断的原则是根据其前后、上下、左右的相对位置来判断其 V 面、H 面、W 面投影是否可见。例如，在图 3-2(b)中，由于六棱柱的上底面在上，所以其 H 面投影可见；下底面在下，被六棱柱本身挡住，故其 H 面投影为不可见。在 W 面投影中，由于棱线 AA_1 在左，其投影 $a''a_1''$ 为可见，而 BB_1 在右，其投影$(b'')(b_1'')$为不可见。应注意到正六棱柱为前后对称图形，因此，在 V 面投影中，位于形体前面的三个侧面投影都可见，而后面的三个侧面投影都不可见。

平面立体表面取点的方法与平面上取点的方法相同。但必须注意的是，应确定点在哪个侧面上，从而根据侧面所处的空间位置，利用其投影的积聚性或在其上作辅助线，求出点在侧面上的投影。

例 3-1 如图 3-3(a)所示，已知五棱柱的三面投影及其表面上的 M 和 N 点的 V 面投影 m' 和 (n')，求作该两点的另外两面投影。

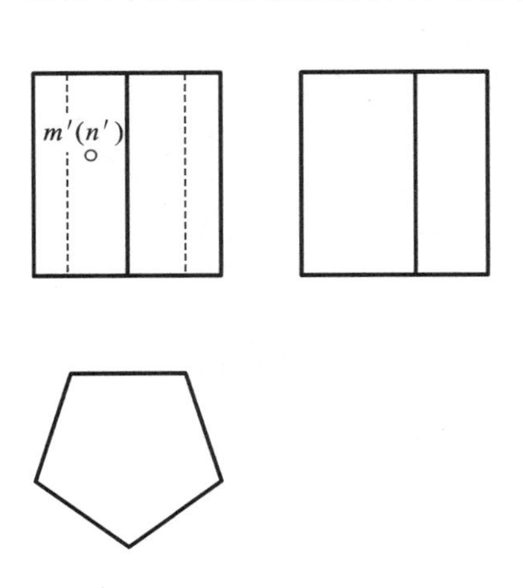

(a)

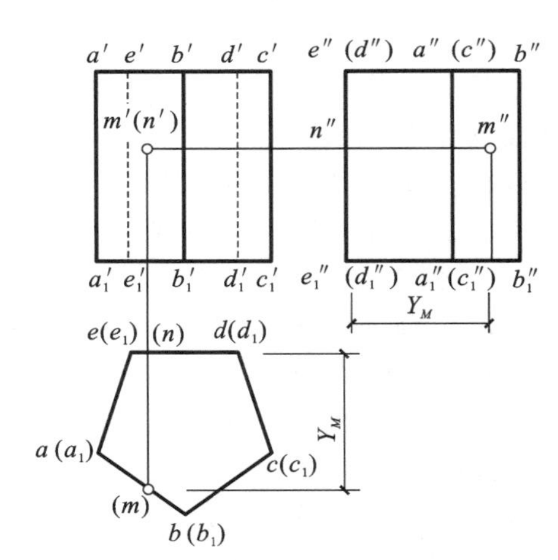

(b)

图 3-3 五棱柱表面定点

分析 由题目所给两点的 V 面投影来看，因为 M 点可见，所以它必位于五棱柱左前侧面(ABB_1A_1)上；N 点的 V 面投影不可见，必位于后面(EDD_1E_1)上。由此，可根据该两个侧面的积聚性投影求出 M 和 N 点的 H 面、W 面投影。

作图 (1) 作 $m'(n')$ 的垂直投影连线，与 $a(a_1)b(b_1)$ 交于 m，与 $e(e_1)d(d_1)$ 交于 n。

(2) 作(n')的水平投影连线，交 $e''(d'')e_1''(d_1'')$ 于 n''。

(3) 作 m' 的水平投影连线，并由坐标 Y_M 确定 m''。如图 3-3(b)所示，点 M 的投影 m，m'，m'' 和点 N 的投影 n，n'，n'' 即为所求。

3.1.2 棱锥的投影

棱锥由一个底面和若干个侧面围成，各个侧面由各条棱线交于顶点，顶点常用字母 S 来表示。三棱锥底面为三角形，有三个侧面及三条棱线；四棱锥的底面为四边形，有四个侧面及四条棱线，依此类推。如图 3-4(a)所示为一个三棱锥，其底面为△ABC，顶点为 S，三条棱线分别为 SA、SB、SC。

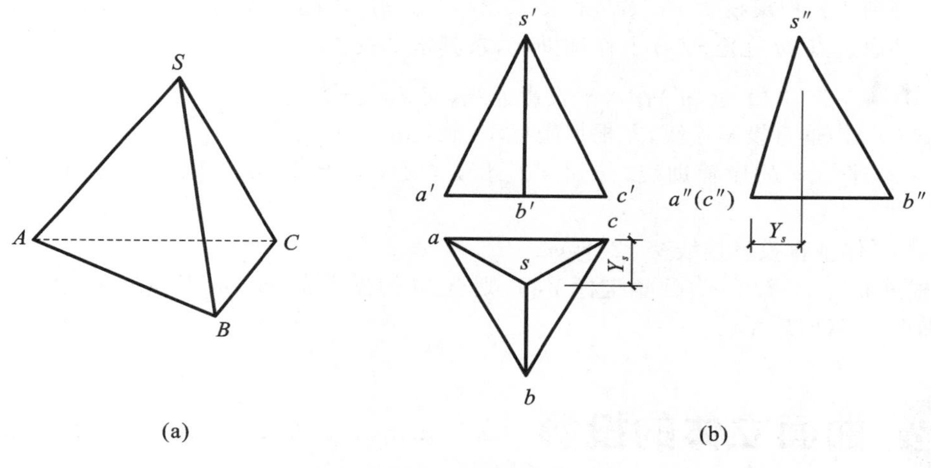

图 3-4 三棱锥的投影

在作棱锥的投影图时，通常将其底面水平放置，如图 3-4(b)所示。因而，在其 H 面投影中，底面反映实形；在 V 面、W 面投影中，底面均积聚为一直线段；各侧面的 V 面、W 面投影通常为类似形，但也可能积聚为直线，如图 3-4(b)中的 $s''a''(c'')$。

以图 3-4(b)为例判断棱锥三面投影的可见性。在 H 面投影中，底面在下不可见，而三个侧面及三条棱线均可见；在 V 面投影中，位于后面的侧面△SAC 不可见，另外两个侧面△SAB 和△SBC 均为可见；在 W 面投影中，侧面△SAB 在左，投影可见，侧面△SBC 不可见，另一侧面投影积聚于直线 $s''a''(c'')$。

在棱锥表面上取点、线时，应注意其在侧面的空间位置。由于组成棱锥的侧面有特殊位置平面，也有一般位置平面，在特殊位置平面上作点的投影，可利用投影积聚性作图，在一般位置平面上作点的投影，可选取适当的辅助线作图。

例 3-2 如图 3-5(a)所示，已知三棱锥表面上两点 M 和 N 的投影 m' 和 n'，求该两点的另两面投影。

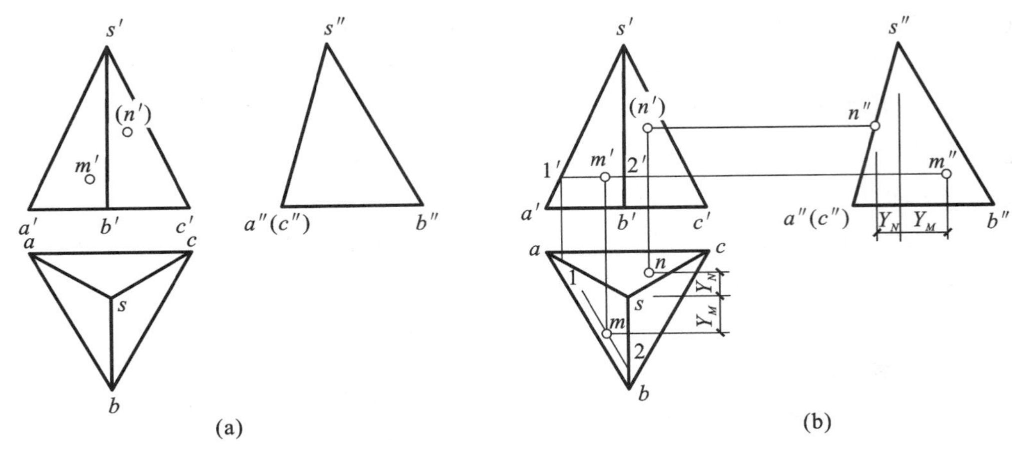

图 3-5　三棱锥表面上点的投影

分析　点 N 的 V 面投影(n')不可见，故 N 点必在后面的侧面△SAC 上。△SAC 为侧垂面，可利用其积聚投影 $s''a''(c'')$ 直接求出(n'')。点 M 位于侧面△SAB 上，△SAB 属一般位置平面，可通过点 M 在△SAB 上作辅助线，求其水平投影。

作图　(1) 过(n')作水平投影连线，交 $s''a''(c'')$ 于点 n''。

(2) 过(n')作垂直投影连线，并根据坐标 Y_N 确定 n。

(3) 过 m' 平行 $a'b'$ 作辅助线，并交 $s'a'$ 于 1′，交 $s'b'$ 于 2′，求出辅助线 Ⅰ Ⅱ 的 H 面投影 $12 /\!/ ab$。

(4) 过 m' 作垂直投影连线交 12 于 m。

(5) 根据 m'、m，求出 m''(注意坐标 Y_M)，则点 M 的投影 m、m'、m'' 及点 N 的投影 n、n'、n'' 即为所求，如图 3-5(b)所示。

3.2 曲面立体的投影

表面由曲面或曲面与平面组成的立体称为曲面立体。曲面立体的表面是由一母线绕定轴旋转而成的，故也称为回转体。常见的回转体有圆柱、圆锥、圆球等。

由于曲面立体的侧面是光滑曲面，因此，画投影图时，仅画曲面上可见面与不可见面的分界的投影，这种分界线称为转向轮廓线。

3.2.1　圆柱的投影

1. 圆柱面的形成

如图 3-6(a)所示，圆柱面可看成一条直线 AB 围绕与它平行的轴线 OO 回转而成。OO 称为回转轴，直线 AB 称为母线，母线转至任一位置时称为素线。

2. 圆柱的三视图

图 3-6(c)所示为圆柱的三视图。其俯视图为一个圆形。由于圆柱轴线是铅垂线，圆柱面上所有直素线都是铅垂线，因此，圆柱面的水平投影有积聚性，成为一个圆。同时，圆柱顶面、底面的投影(反映实形)，也与该圆重合。

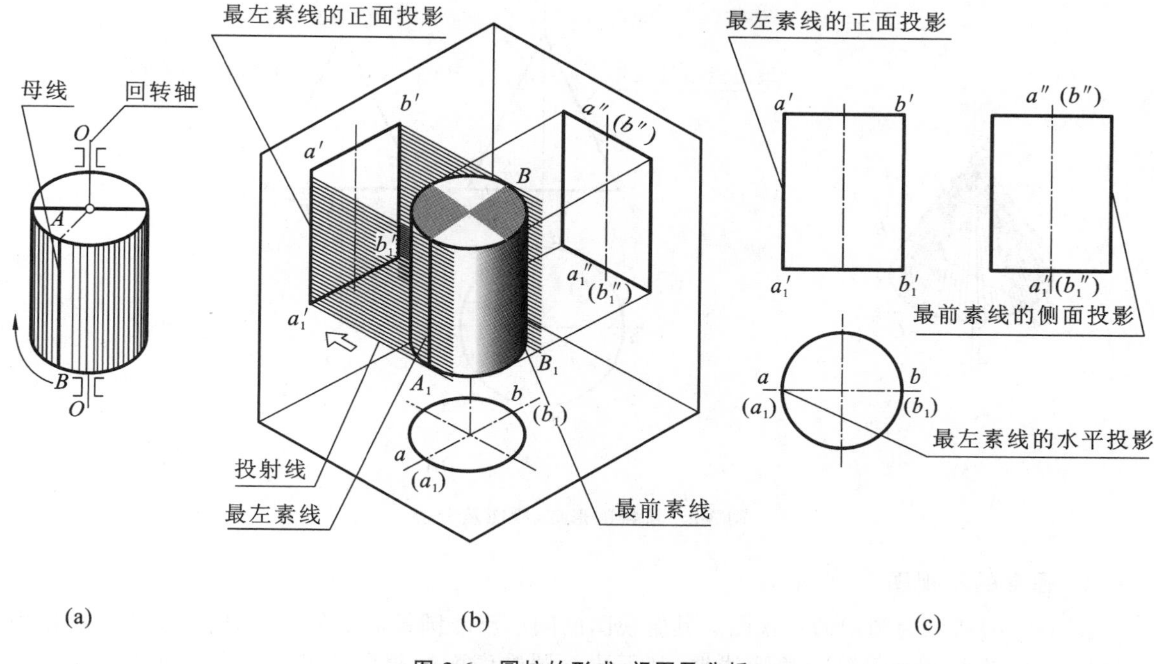

图 3-6　圆柱的形成、视图及分析

圆柱的主视图为一个矩形线框，如图 3-6(b)所示。其中左右两根轮廓线 $a'a_1'$、$b'b_1'$，是圆柱面上最左、最右素线（AA_1、BB_1）的投影，它们把圆柱面分为前后两部分，其投影前半部分可见，后半部分不可见，故这两条素线是圆柱正面投影的可见与不可见部分的分界线。最左、最右素线的侧面投影与轴线的侧面投影重合（不用画出其投影），水平投影在横向中心线与圆周的交点处。矩形线框的上下两边分别为圆柱顶面、底面的积聚性投影。最左、最右、最前、最后素线称为特殊素线。左视图的矩形线框，读者可参照图 3-6(b)和主视图的矩形线框进行类似分析。

画圆柱的三视图时，一般先画投影具有积聚性的圆，再根据投影规律和圆柱的高度完成其他两视图。

3. 圆柱表面上的点

如图 3-7 所示，已知圆柱面上的点 M 的正面投影 m'，求另两面投影 m 和 m''。

根据给定的 m' 的位置，可判定点 m 在前半圆柱面的左半部分。因圆柱面的水平投影有积聚性，故 m 必在前半圆周的左部，可求出 m；m'' 可根据 m' 和 m 求得。

又知圆柱面上点 N 的侧面投影 n''，其他两面投影 n 和 n' 的求法和可见性，请读者自行分析。

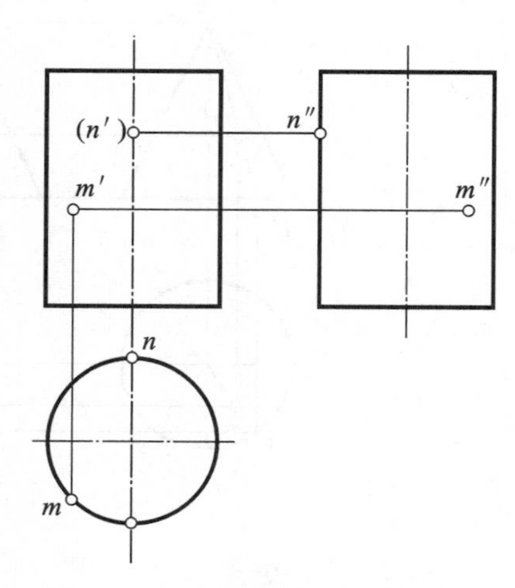

图 3-7　圆柱表面上点的求法

3.2.2　圆锥

1. 圆锥面的形成

圆锥面可看作由一条直母线 SA 围绕与它相交的轴线回转而成，如图 3-8(a)所示。

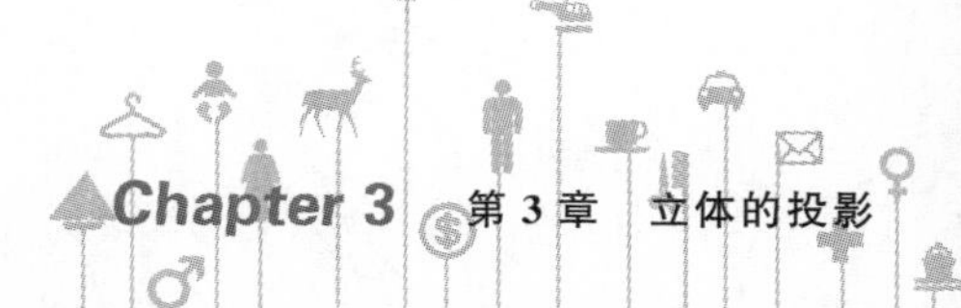

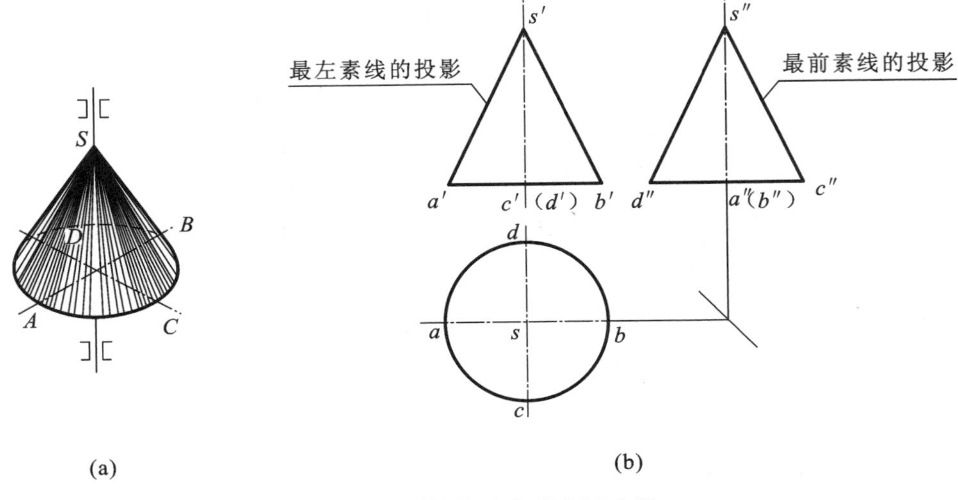

(a)　　(b)

图 3-8　圆锥的形成、视图及分析

2. 圆锥的三视图

图 3-8(b)所示为圆锥的三视图。其俯视图的圆形反映圆锥底面的实形，同时也表示圆锥面的投影。主、左视图的等腰三角形线框，其下边为圆锥底面的积聚性投影。主视图中三角形的左、右两边，分别表示圆锥面最左、最右素线 SA、SB 的投影，并反映实长，它们是圆锥正面投影可见与不可见部分的分界线。左视图中三角形的两边，分别表示圆锥面最前、最后素线 SC、SD 的投影，并反映实长，它们是圆锥面侧面投影可见与不可见部分的分界线。上述四条特殊素线的其他两面投影，请读者自行分析。

画圆锥的三视图时，先画出圆锥底面的各个投影，再画出锥顶点的投影，然后分别画出特殊素线的投影，即完成圆锥的三视图。

3. 圆锥表面上的点

如图 3-9 所示，已知圆锥表面上的点 M 的正面投影 m'，求 m 和 m''。

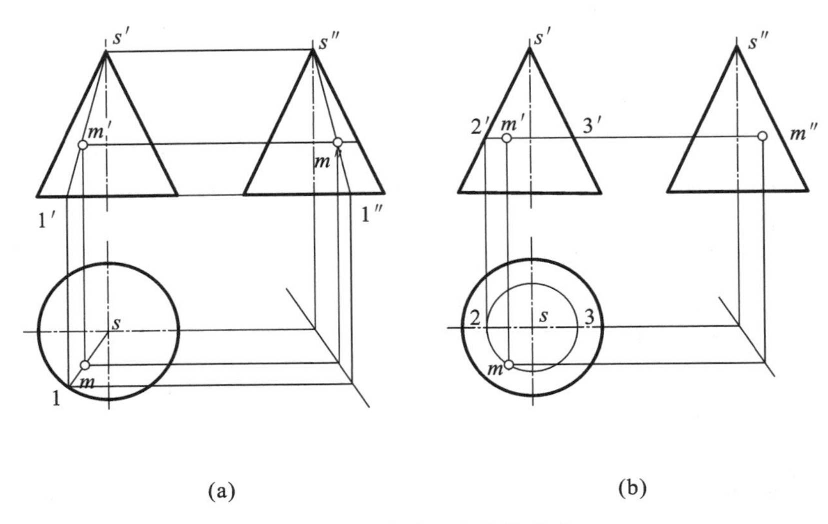

(a)　　(b)

图 3-9　圆锥表面上点的求法

分析 根据 m' 的位置和可见性，可判定点 M 在左、前圆锥面上，因此，点 M 的三面投影均为可见。

其作图可采用如下两种方法。

(1) 辅助素线法。如图 3-9(a)所示，过锥顶 S 和点 M 作一辅助素线 SI。即在图 3-9(a)主视图中连接 $s'm'$，并延长到与底面的正面投影相交于 $1'$点，求得 $s1$ 和 $s''1''$，再根据点在线上的投影规律，由 m' 作出 m 和 m''。

(2) 纬圆法。如图 3-9(b)所示，过点 M 在圆锥上作垂直于圆锥轴线的水平纬圆(该圆的正面投影积聚为一直线)。即在图 3-9(b)中过 m' 作与圆锥轴线垂直的线 $2'3'$，它的 H 投影为一个直径等于 $2'3'$，圆心为 s 的圆，由 m' 作 OX 轴的垂线，与纬圆的交点即为 m；再根据 m' 和 m 求出 m''。

3.2.3 圆球

1. 圆球面的形成

如图 3-10(a)所示，圆球面可看成一个圆(母线)围绕它的直径回转而成。

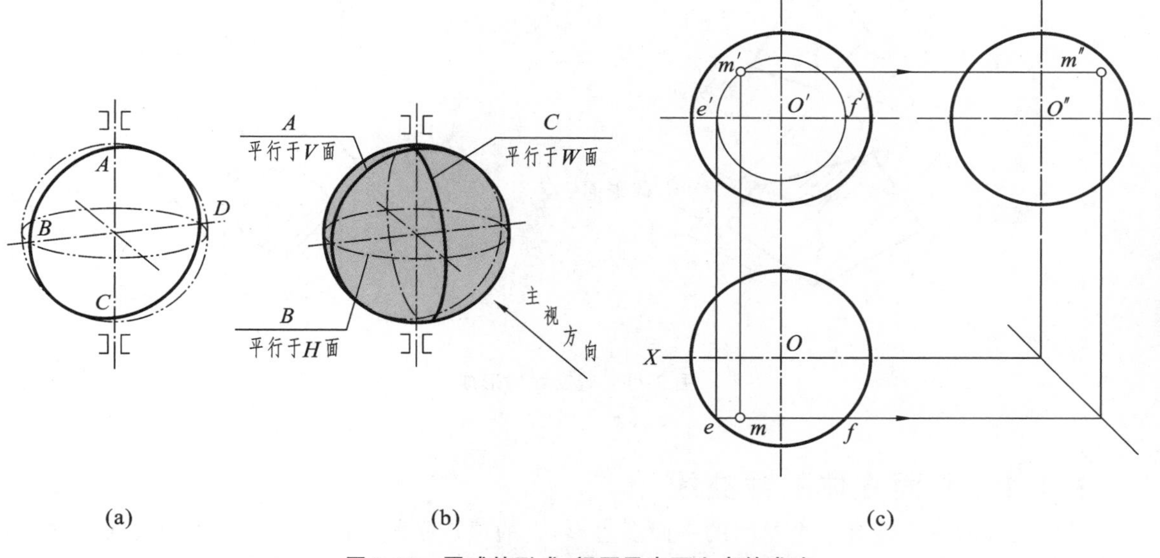

图 3-10 圆球的形成、视图及表面上点的求法

2. 圆球的三视图

图 3-10(c)为圆球的三视图。它们都是与圆球直径相等的圆，均表示圆球面的投影。圆球的各个投影图形虽然都是圆形，但各个圆的意义不同。

如图 3-10(b)所示，正面投影的圆是平行于 V 面的圆素线 A 的投影，它是前、后两半球的分界线，是圆球面正面投影可见与不可见的分界线；按此类似的分析，水平投影的圆是平行于 H 面的圆素线 B 的投影；侧面投影的圆是平行于 W 面的圆素线 C 的投影。这三条圆素线的其他两面投影，都与圆的相应中心线重合。

3. 圆球表面上的点

如图 3-10(c)所示，已知圆球面上点 M 的水平投影 m，求其他两面投影。

根据点 M 的位置和可见性，可判定 M 在前半球的左上部分，因此，点 M 的三面投影均为可见。

作图采用纬圆法。过点 M 在球面上作一平行于正面的纬圆(也可作平行于水平面或侧面的圆),因点在纬圆上,故点的投影必在纬圆的同面投影上。

作图时,先在水平投影中过 m 作 $ef /\!/ OX$,ef 为纬圆在水平投影面上的积聚性投影,其正面投影为直径等于 ef 的圆,由 m 作 OX 轴的垂线,与纬圆正面投影的交点(因 m 可见,应取上面的交点)即为 m',再由 m、m' 求得 m''。

过 M 点作水平圆和侧平圆的作图方法,请读者自行分析。

3.3 立体的截切

平面与立体相交可看成是立体被平面所截,当立体被平面截成两部分时,其中任意一部分都称为截断体。与立体相交的平面称为截平面,截平面与立体表面的交线称为截交线,由截交线围成的断面称为截断面,如图 3-11 所示。

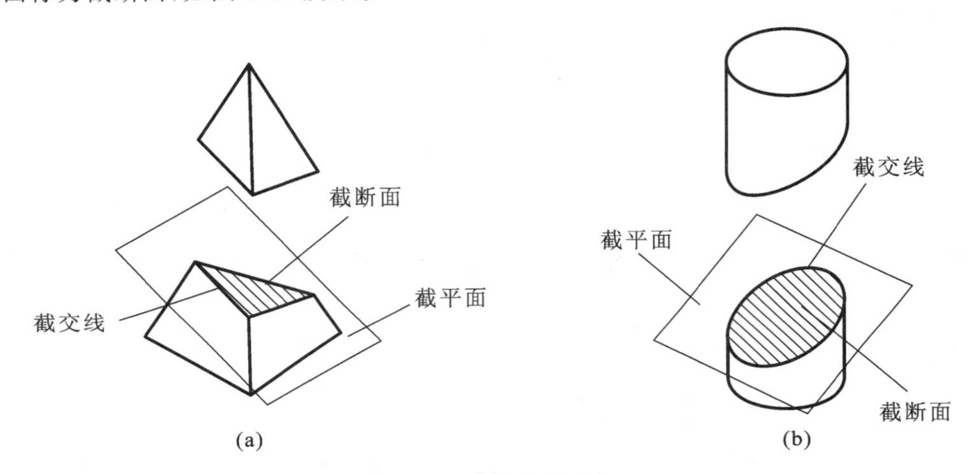

图 3-11　截交线的形成

3.3.1　平面立体的截交线

平面立体的截交线是一个封闭的平面多边形,它的顶点是截平面与平面立体的棱线的交点,它的边是截平面与平面立体表面的交线。因此,求平面立体截交线的投影,实质上就是求截平面与立体各被截棱线的交点的投影。

例 3-3　如图 3-12 所示,正六棱锥被截切,求其截交线的三面投影。

分析　正六棱锥被正垂面 P 截切,截交线是六边形,其六个顶点分别是截平面与六棱锥上六条侧棱的交点。因此,作截交线的投影,实质上是求截平面与立体上各被截棱线的交点的投影。

作图　(1) 利用截平面的积聚性投影,先找出截交线各顶点的正平面投影 a',b',…,如图 3-12(b)所示。

(2) 根据属于直线上点的投影特性,再求出各顶点的水平投影 a,b,…及侧面投影 a'',b'',…,如图 3-12(c)所示。

(3) 依次连接各顶点的同面投影,即为截交线的投影并判断其可见性,如图 3-12(d)所示。

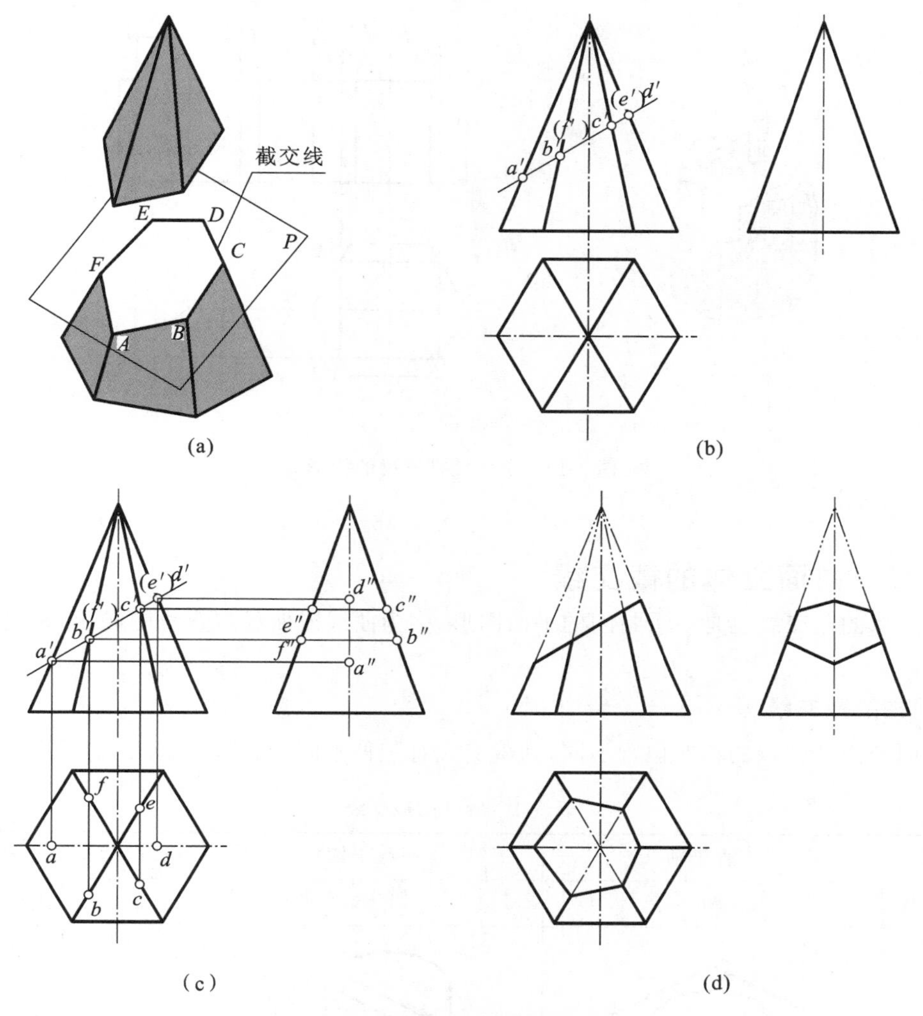

图 3-12　截交线的作图步骤

例 3-4　如图 3-13 所示，求棱柱开槽的三视图。

分析　图 3-13(a)所示的是一个在上部对称地开了通槽的正六棱柱，通槽是被两个左右对称的侧平面和一个水平面切割而成的。由于侧平面和水平面都与 V 面垂直，投影积聚为三条直线，显现了槽的形状特征，故应先从正面投影入手。

作图　(1) 如图 3-13(b)所示，先在 H 面上作出正六边形，然后按六棱柱给定的高度，完成整个正六棱柱的三视图。

(2) 根据通槽的尺寸，即槽宽和槽深，画出通槽的正面投影和水平投影。

(3) 根据正面投影和水平投影，运用点的投影规律，求出通槽的侧面投影。

注意：左视图中，上部被开槽的部分投影变窄，变窄的程度与槽宽有关；槽底为水平面，它在侧面的投影积聚为直线，其被遮挡的部分画成虚线。

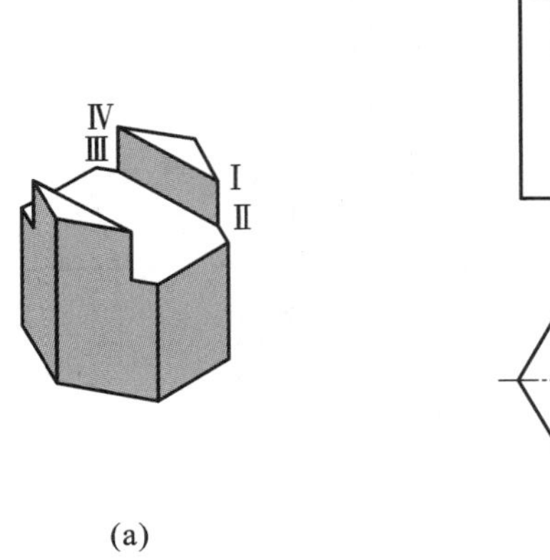

(a)

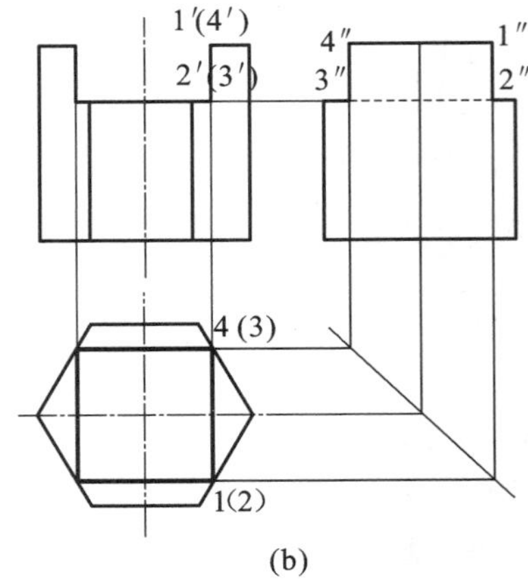

(b)

图 3-13　正六棱柱开槽的投影

3.3.2　曲面立体的截交线

曲面立体的截交线也是一个封闭的平面图形，多为曲线或曲线与直线围成，有时也为直线与直线围成。

1. 圆柱的截交线

截平面与圆柱轴线的相对位置不同，其截交线有三种不同的形状，如表 3-1 所示。

表 3-1　圆柱的截交线

截平面位置	垂直于轴	平行于轴	倾斜于轴
截交线形状	圆	矩形	椭圆
轴测图			
投影图			

例 3-5　如图 3-14 所示，已知斜截圆柱的正面投影和侧面投影，求其水平投影。

分析　圆柱的轴线与 W 面垂直，圆柱水平放置被正垂面截切，截平面与轴线倾斜，截交线的水平投影是椭圆。

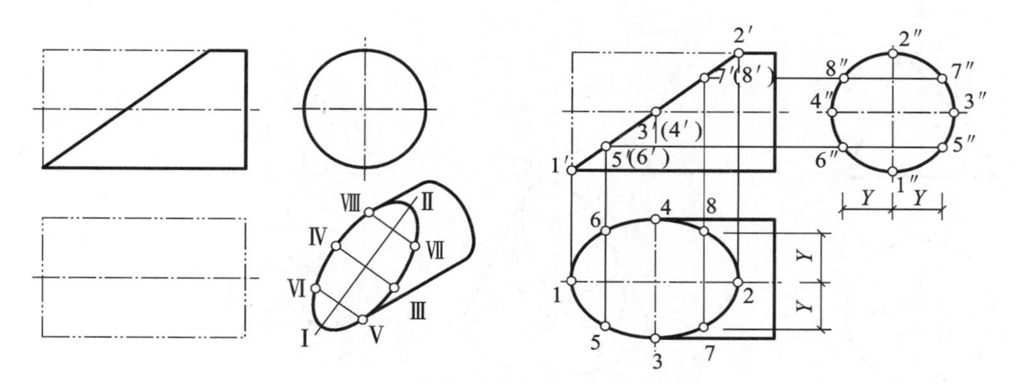

图 3-14 圆柱的截交线

作图 (1) 画出圆柱完整的水平投影。

(2) 求截交线的水平投影。先求轮廓素线上的特殊点的投影,再在适当位置取截交线上的一般点,一般点可以对称取,最后用光滑曲线连接各点,求得截交线的水平投影。

(3) 判断可见性,整理图线。

2. 圆锥的截交线

由于截平面与圆锥轴线的相对位置不同,故其截交线有五种不同的形状,见表 3-2。

表 3-2 圆锥的截交线

截平面位置	垂直于轴	倾斜于轴且与圆锥面上所有素线相交	平行于圆锥面上的一条素线	平行于圆锥面上的两条素线	通过锥顶
截交线形状	圆	椭圆	抛物线	双曲线	过锥顶的两条相交素线
轴测图					
投影图					

例 3-6 如图 3-15 所示,已知圆锥被正平面截切,补画其水平投影和侧面投影。

分析 切割圆锥的正垂面与圆锥面的所有素线都相交,截交线为椭圆。

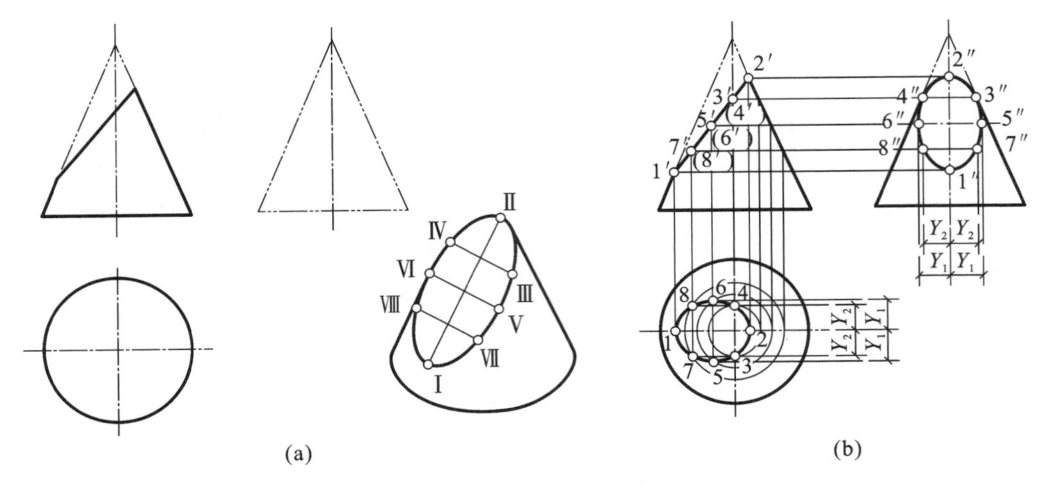

图 3-15　圆锥的截交线

作图　(1) 画出圆锥完整的侧面投影。

(2) 求截交线水平投影和侧面投影。先求轮廓素线上的特殊点的投影，再在适当位置取截交线上的一般点，最后用光滑曲线连接各点，求得截交线的水平投影和侧面投影。

(3) 判断可见性，整理图线。

3.3.3　圆球的截交线

圆球被任意方向的平面截切，截交线都是圆。由于截平面与投影面的相对位置不同，截交线圆的投影可能是圆、椭圆或直线段，如表 3-3 所示。

表 3-3　圆球的截交线

截平面位置	投影面的平行面	投影面的垂直面
截交线形状	圆	圆
轴测图		
投影图		

例 3-7　如图 3-16 所示，已知被切割的半圆球的正面投影，补画其水平投影和侧面投影。

分析　用正垂面截切圆球，截交线为圆，其 H、W 面投影为椭圆。

作图　(1) 画出圆球完整的水平投影和侧面投影。

(2) 求截交线水平投影和侧面投影。求截交线上特殊点的投影，这些点都是直径最大的纬

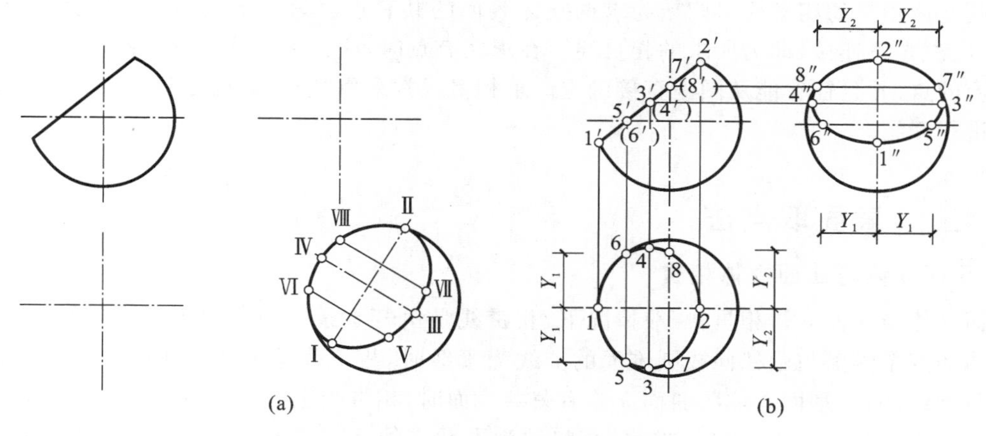

图 3-16　圆球的截交线

圆上的点。用光滑曲线连接各点,求得截交线的水平投影和侧面投影。

(3) 判断可见性,整理图线。

3.4 立体的相贯

两立体相交又称为两立体相贯。相交的两立体成为一个整体,称为相贯体。它们表面的交线称为相贯线,相贯线是两立体表面的共有点,相贯线是由贯穿点连接而成的。贯穿点是两立体表面的共有点,如图 3-17 所示。

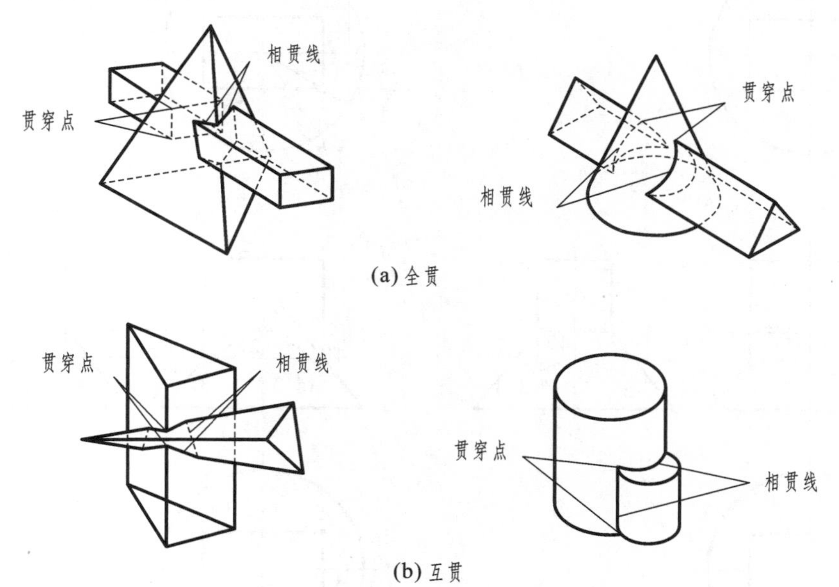

图 3-17　相贯线的形成

相贯线的形状随立体形状和两立体的相对位置的不同而异,一般分为全贯和互贯两种类型。当一个立体全部穿过另一个立体时,产生两组相贯线,称为全贯,如图 3-17(a)所示;当两个立体相互贯穿时,产生一组相贯线,称为互贯,如图 3-17(b)所示。

求两立体相贯的相贯线可归结为求两立体表面的共有点。只要求出一系列的共有点，判别可见性，依次光滑连接，即为所求的相贯线。在求共有点时，应先求出特殊点，特殊点一般是投影轮廓线上的点，并且往往能从图上直接确定。求相贯线常采用“表面取点法”和“辅助平面法”，下面分别进行介绍。

3.4.1 表面取点法

1. 平面立体与曲面立体相贯

平面立体与曲面立体相贯，一般情况下，相贯线是由若干条平面曲线组成的空间封闭线环。平面立体的某个侧面与圆柱面或圆锥面的交线为素线时，相贯线是由平面曲线和直线组合而成的空间封闭线环；当平面立体与曲面立体有公共表面时，相贯线也可以不封闭。

求平面立体与曲面立体的相贯线，可归纳为求截交线和贯穿点的问题。作图时，先求贯穿点，再根据求曲面立体上截交线的方法，求出每段曲线或直线。

例 3-8 如图 3-18(a)所示，求四棱柱与圆锥的相贯线。

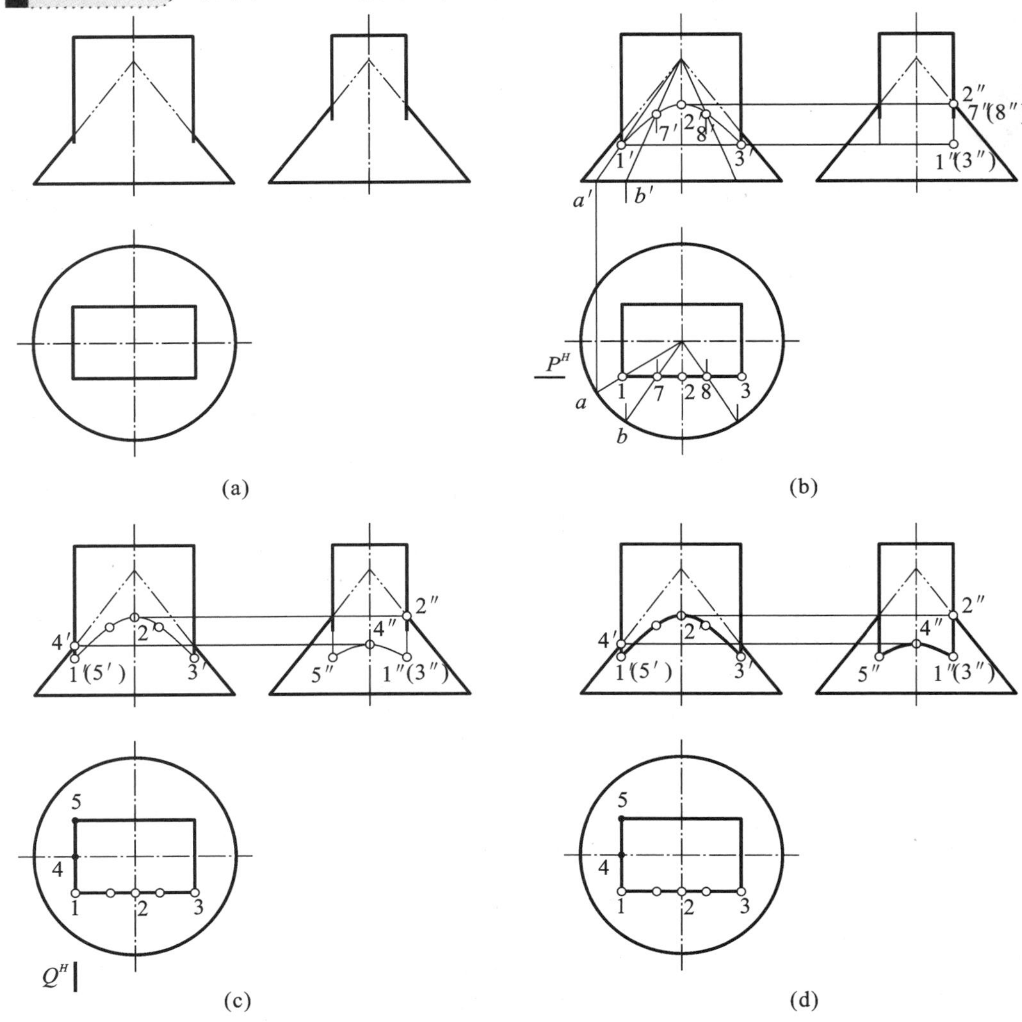

图 3-18 四棱柱与圆锥相贯线的画法

分析 四棱柱与圆锥相贯，如图 3-18(a)所示。相当于用四棱柱的四个棱面切割圆锥，其中两个为正平面，两个为侧平面，其截交线均为双曲线。平面 P 所得的相贯线 V 面投影反映双曲线的实形，侧平面 Q 所得的相贯线 W 面投影反映双曲线的实形，且所得的图形前后、左右对称。

作图 (1) 求贯穿点及棱面 P 的相贯线。

如图 3-18(b)所示，利用圆锥表面取点的方法，求贯穿点Ⅰ、Ⅲ的正面投影 1′、3′。求双曲线最高点Ⅱ的侧面投影 2″，利用高平齐求得正面投影 2′。求曲线上一般点的投影，在双曲线水平投影上对称地取两点Ⅶ、Ⅷ，采用素线法求出该两点的正面投影。依次连接 1′—7′—2′—8′—3′，得相贯线的正面投影；依次连接 1″—7″—2″—8″—3″，得相贯线的侧面投影。然后求出前后对称的另一条相贯线。

(2) 求棱面 Q 的相贯线。

如图 3-18(c)所示，求双曲线最高点Ⅳ的侧面投影 4″，利用高平齐求得侧面投影 4″。依次连接 1′—4′—5′和 1″—4″—5″，得相贯线的正面和侧面投影，然后求出左右对称的另一条相贯线。

(3) 整理图形，完成正面和侧面投影。

2. 曲面立体与曲面立体相贯

两曲面立体相贯，其相贯线一般情况下是封闭的空间曲线。组成相贯线的所有点，均为两曲面立体表面的共有点。

若两相贯体中有圆柱体，且圆柱体轴线垂直于某一投影面，则在该投影面的投影积聚为圆，相贯线的该面投影与圆重合。可利用圆柱投影的积聚性求出相贯线的其他面投影。

例 3-9 如图 3-19 所示，求作两圆柱正交的相贯线。

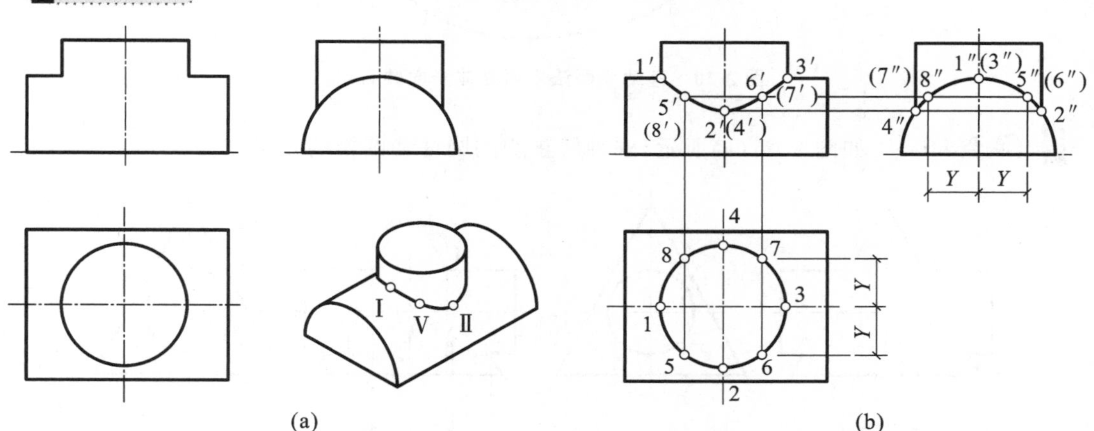

图 3-19 两圆柱正交的相贯线画法

分析 两圆柱正交，大小圆柱轴线分别垂直于侧立投影面和水平投影面，大圆柱侧面投影积聚为圆，小圆柱的水平投影积聚为圆。相贯线的水平投影为圆，侧面投影为圆的一部分，因此只需求出相贯线的正面投影。由于两个圆柱相贯线位置前后对称，故相贯线正面投影的前部分与后部分重合为一段曲线。可利用已知点的两个投影求其另一个投影的方法来求得。

作图 (1) 求特殊点。相贯线上的特殊点位于圆柱回转轮廓素线上。最高点Ⅰ、Ⅲ是最左、最右点，其正面投影可直接作出；最低点Ⅱ、Ⅳ是最前、最后点，其正面投影 2′、(4′)由侧面投影 2″、4″作出，如 3-19(b)所示。

(2) 求一般点。利用积聚性和点的投影规律，根据水平投影 5、8、6、7 和侧面投影 5″(6″)、8″(7″)，求出正面投影 5′(8′)、6′(7′)，如图 3-19(b)所示。

(3) 依次光滑连接各点，即为相贯线正面投影，如图 3-19(b)所示。

3.4.2 辅助平面法

辅助平面法求相贯线，关键是求共有点，即用一个辅助平面去截切两相贯体，与两相贯体表面各产生一条截交线，两截交线同处于一个辅助平面内，故其交点即为两相贯体表面的共有点。

如图 3-20 所示，圆柱与圆锥相贯，用垂直于圆锥轴线的辅助平面去截切两相贯体，与圆锥得截交线圆，与圆柱得截交线矩形。截交线圆与矩形有四个交点，为两回转体表面的共有点，即相贯线上的点。

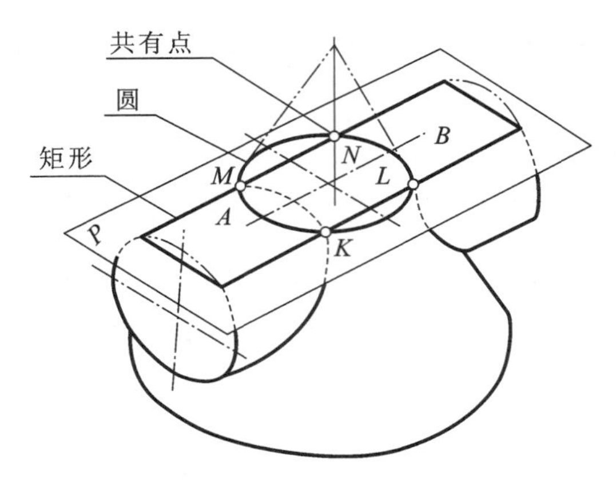

图 3-20 辅助平面法求两立体表面共有点

例 3-10 如图 3-21(a)所示，求轴线正交的圆柱和圆锥的相贯线。

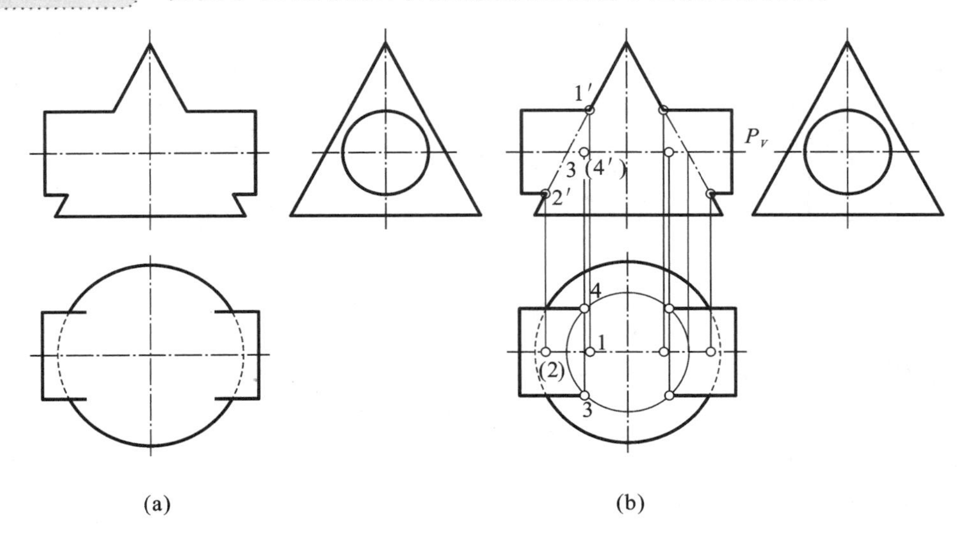

图 3-21 圆柱与圆锥的相贯线

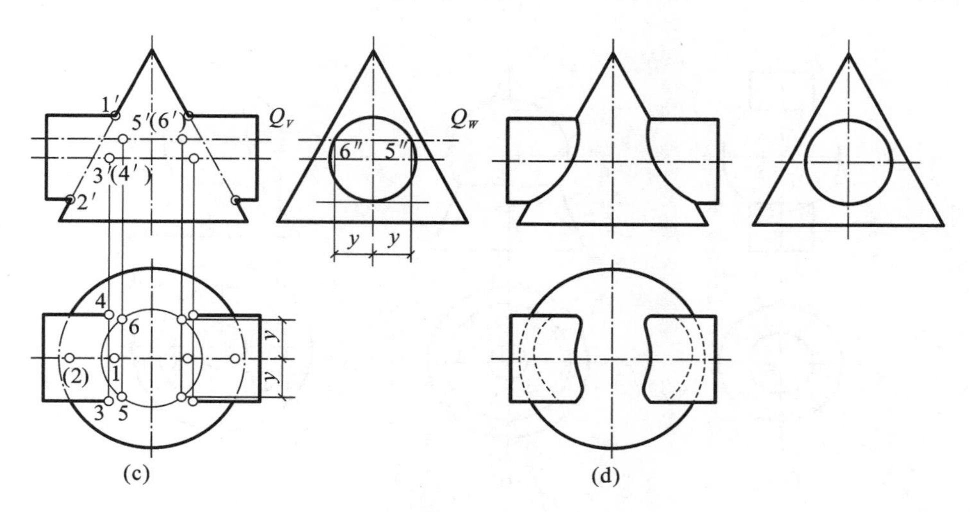

续图 3-21

分析 由 W 面投影可知，圆柱完全穿过圆锥，并且它们的轴线在同一个正平面内，因此相贯线是两条左右对称的封闭空间曲线。其 W 投影与圆柱的积聚投影重合。

作图 (1) 求最高点及最低点。由于圆柱和圆锥 V 面投影轮廓在同一个正平面内，故其 V 面投影的交点 1′、2′为最高点、最低点的 V 面投影，如图 3-21(b)所示。

(2) 求最前点及最后点。过圆柱的轴线作水平辅助平面 P，求出与圆锥截交线圆的 H 面投影，它与圆柱水平投影轮廓线的交点 3 及 4，即为最前、最后点的水平投影。3′4′在 P_V 上，如图 3-21(b)所示。

(3) 求一般点。作水平辅助面 Q，求出 Q 面与圆锥相交的纬圆及与圆柱相交的素线的水平投影，它们的交点 5 和 6 即为一般点的水平投影。5′、6′应在 Q_V 上，如图 3-21(c)所示。

(4) 连接相贯线的各投影并判断可见性。依次光滑地连接所求各点的同面投影，即得相贯线的投影。相贯线的 H 面投影上 3、4 是可见与不可见的分界点，圆柱面的上半部分上的交线 3-5-1-6-4 为可见，下半部的交线 3-2-4 为不可见。可见者画实线，不可见者画虚线，如图 3-21(d)所示。

3.4.3 两曲面立体相贯的特殊情况

在一般情况下，两回转体的相贯线是空间曲线；但在特殊情况下，也可能是平面曲线或直线。

如图 3-22 所示，当两个回转体具有公共轴线时，其相贯线为圆，该圆的正面投影为一直线段，水平投影为圆。

当圆柱与圆柱、圆柱与圆锥相交，且公切于一个球面时，图中相贯线为两个垂直于 V 面的椭圆，椭圆的正面投影积聚为直线段，如图 3-23 所示。

3.5 组合体的投影

工程建筑物都是由一些基本形体如棱柱、棱锥、圆柱、圆锥、圆球等组成的。由基本形体通过

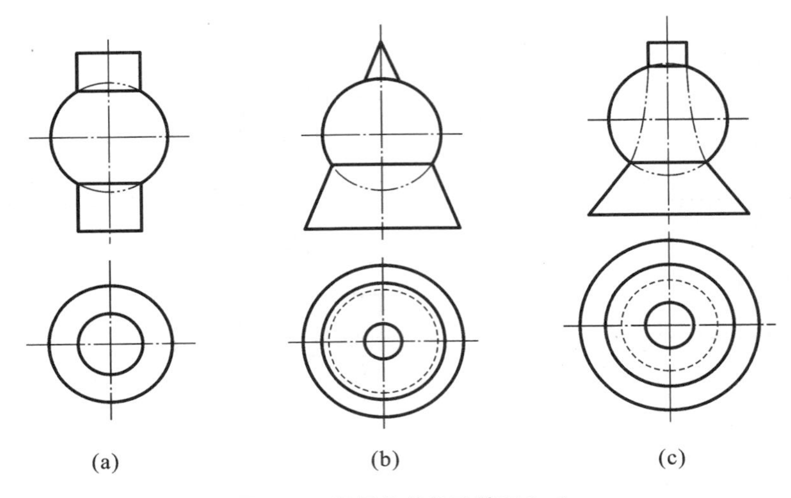

(a) (b) (c)

图 3-22 相贯线的特殊情况(一)

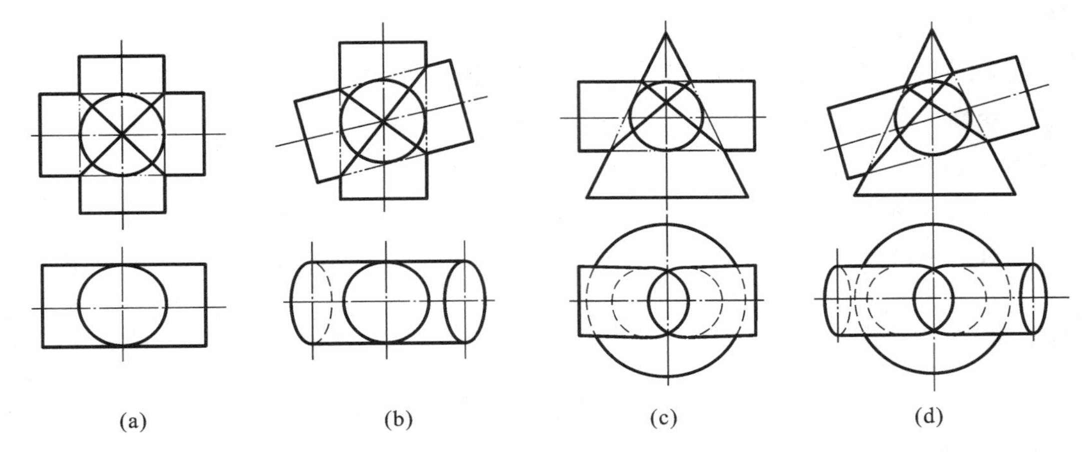

(a) (b) (c) (d)

图 3-23 相贯线的特殊情况(二)

叠加、切割或相交等不同的形式组合而成的立体称为组合体。根据组合体各部分间的组合方式的不同,组合体通常可分成以下几类。

(1) 叠加型组合体:由若干个基本体叠加而成,如图 3-24(a)所示。

(2) 切割型组合体:由一个大的基本体经过若干次切割而成,如图 3-24(d)所示。

(3) 混合型组合体:既有叠加又有切割的组合形式形成的组合体,如图 3-24(c)所示。

3.5.1 组合体投影图的画法

建筑工程图中常将组合体的水平投影称为平面图,正面投影称为正立面图,侧面投影称为左侧立面图,称为组合体的三面投影图。正确画出组合体的投影图,应遵循以下三点。

1. 形体分析

分析组合体是由哪些基本体组成的,对组合体中基本体的组合方式、表面连接关系及相互位置等进行分析,弄清各部分的形状特征,这种分析过程称为形体分析。如图 3-25 所示组合体,对其进行形体分析,可得出其由五个基本体(四个四棱柱和一个五棱柱)叠加而成,为叠加型组合体。

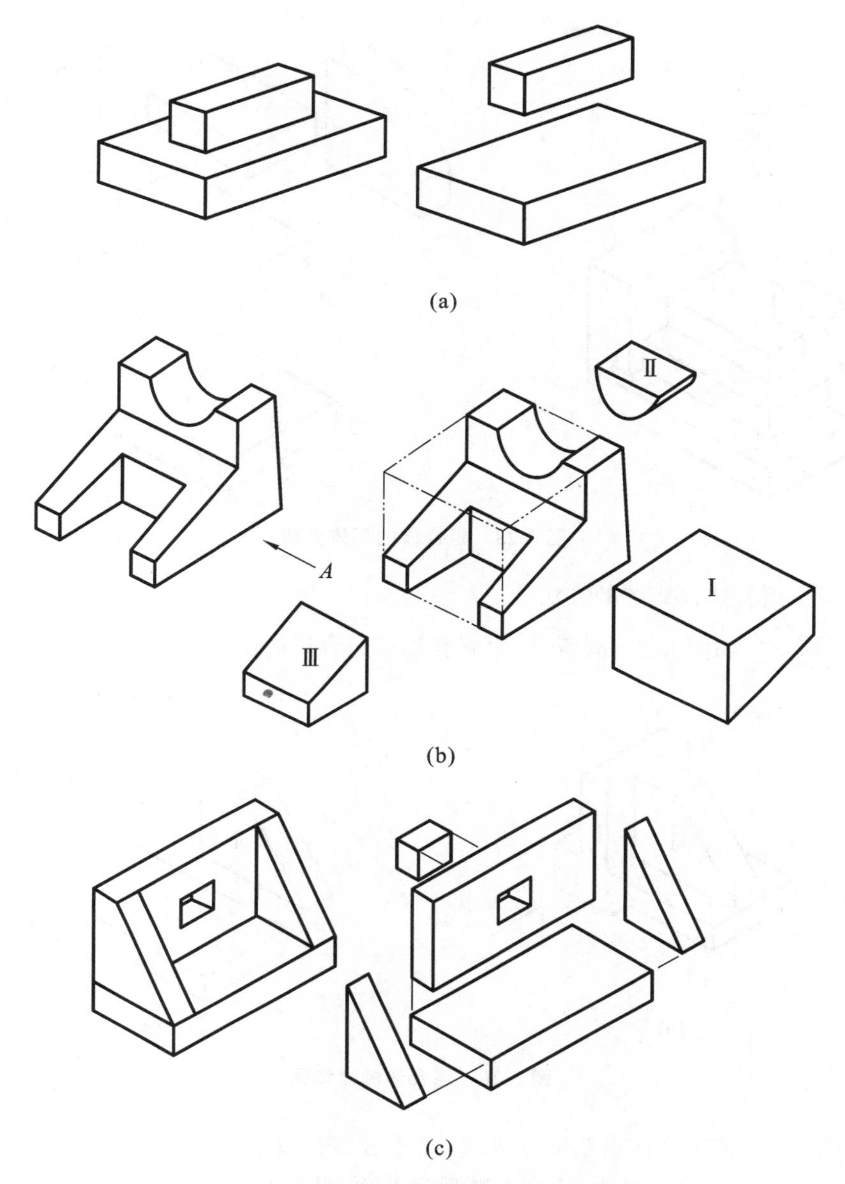

图 3-24 组合体的构成方式

2. 投影图的选择

画组合体的投影图，一般应使组合体处于自然安放位置，然后由前、后、左、右四个方向投影所得的投影图进行比较，选择合理的投影图有助于清楚的描述组合体。

正立面图是一组投影图中最重要的投影图，一般情况下，应先确定正立面图，根据组合体形状特点，再考虑其他投影图。

3. 正确的画图方法和步骤

与组合体的组合方式相配合，画组合体投影图的方法有叠加法、切割法、混合法等。

1）叠加法

叠加法是根据叠加型组合体中基本体的叠加顺序，由下而上或由上而下的画出各基本体的

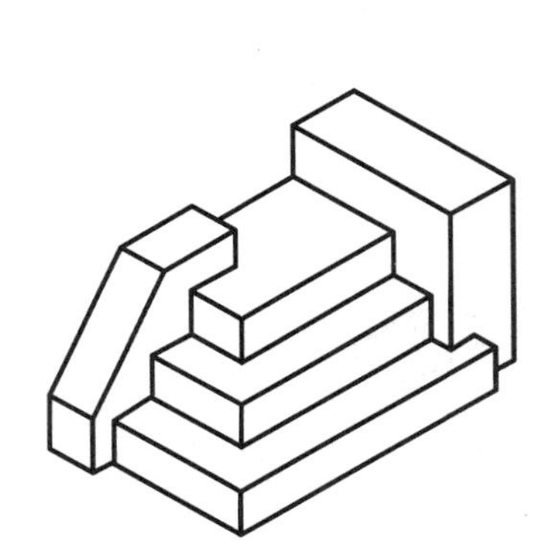

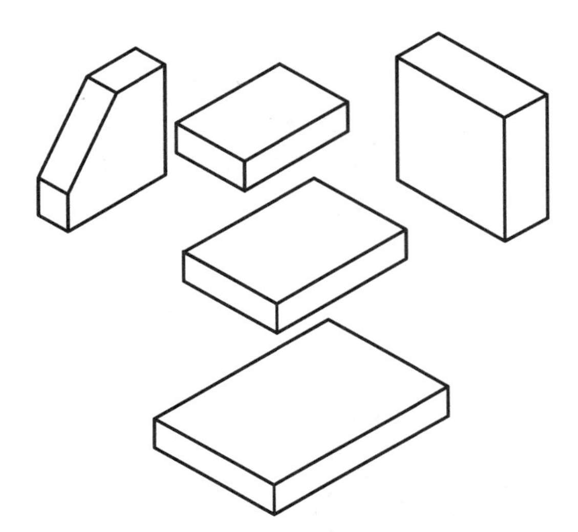

图 3-25　组合体的形体分析

投影图，从而画出组合体投影图的方法。

例 3-10　如图 3-26(a)所示，绘制叠加型组合体的三面投影图。

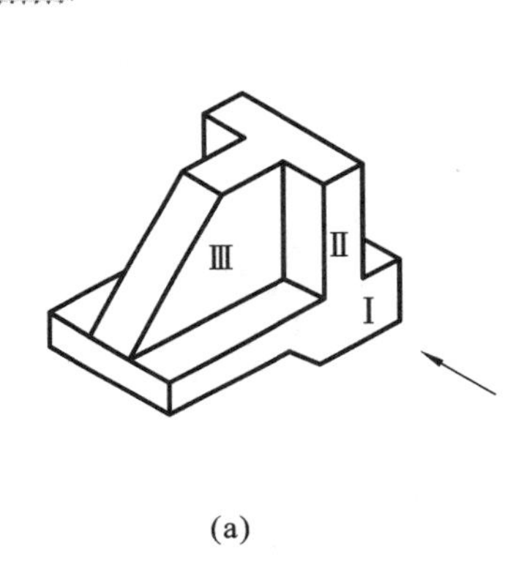

(a)

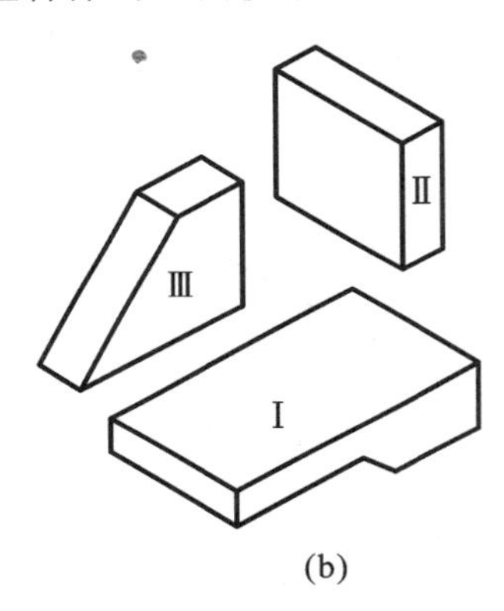

(b)

图 3-26　组合体的立体图

分析　该组合体由三部分组成：水平放置的底板Ⅰ，侧平放置的竖板Ⅱ和支撑板Ⅲ，三部分以叠加方式组合。其中，Ⅰ和Ⅱ前后面共面，Ⅱ和Ⅲ顶面共面，主视方向如图 3-26(a)所示。

作图　① 确定各投影图的位置，绘制基准线，如图 3-27(a)所示。

② 绘制水平放置的底板Ⅰ的三面投影图，如图 3-27(b)所示。

③ 绘制侧平放置的竖版Ⅱ的三面投影图，如图 3-27(c)所示。

④ 绘制支撑板Ⅲ的三面投影图，如图 3-27(d)所示。

⑤ 去掉投影图中多余的图线，补画虚线，如图 3-27(e)所示。

⑥ 加深图线，完成投影图，如图 3-27(f)所示。

2) *切割法*

切割型组合体投影图的画法，应先画出组合体未被切割前的投影图，然后按切割顺序，依次画出切去部分的投影，从而画出组合体投影图的方法。

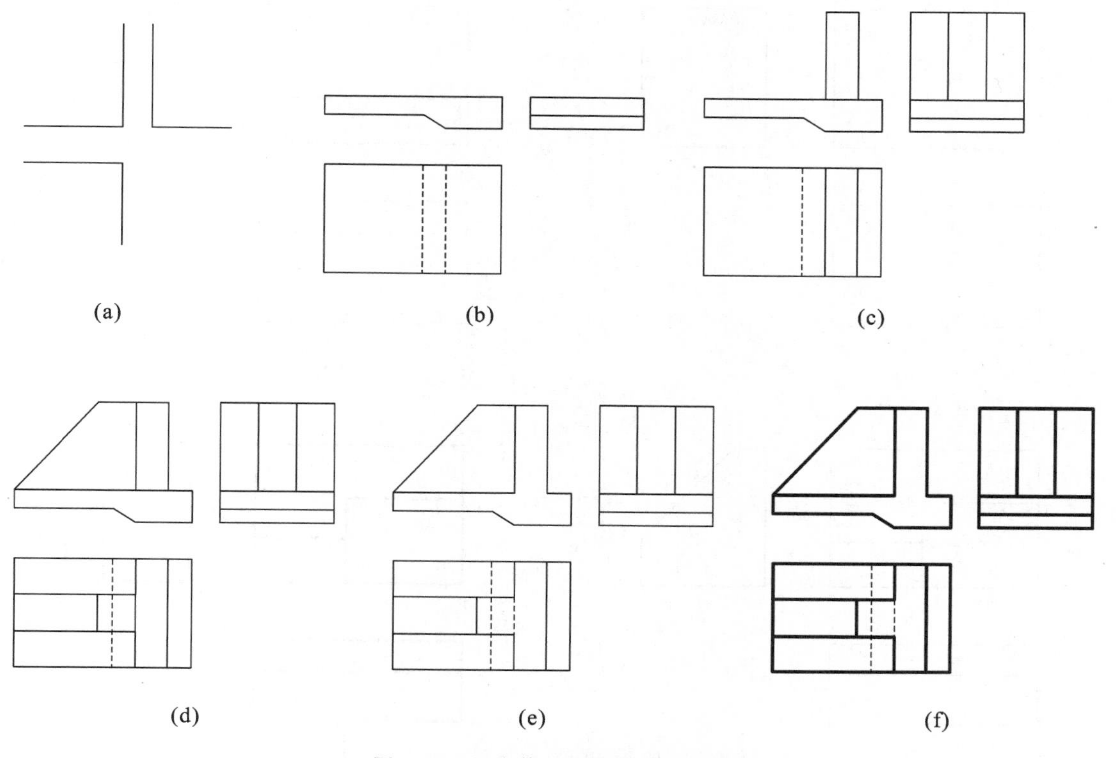

图 3-27 组合体三面投影图的画法

例 3-11 如图 3-28(a)所示，绘制切割型组合体的三面投影图。

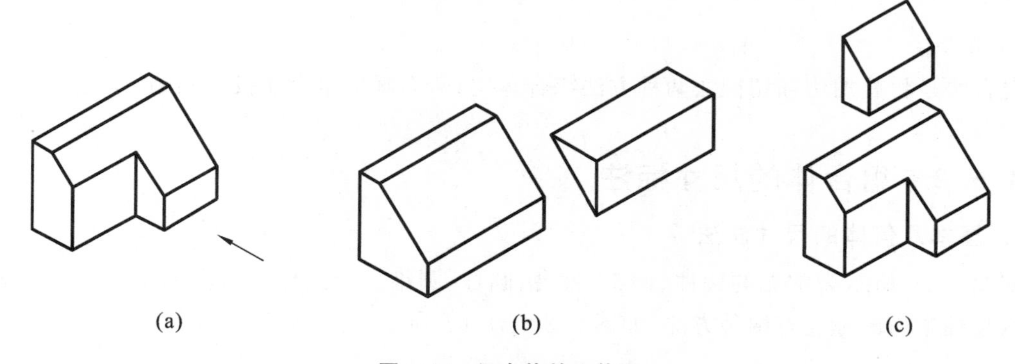

图 3-28 组合体的立体图

分析 该组合体是切割型组合体，是通过两次切割四棱柱的方法得到的。首先用侧垂面切割四棱柱，如图 3-28(b)所示；再用正平面和侧平面切割，如图所示 3-28(c)所示。

作图 ① 确定各投影图的位置，完整的绘制出切割前基本体：四棱柱的三面投影图，如图 3-29(a)所示。

② 完成形体第一次被侧垂面切割后的三面投影图，如图 3-29(b)所示。

③ 完成形体第二次被正平面和侧平面切割后的三面投影图，如图 3-29(c)所示。

④ 整理图线，加深，完成组合体的三面投影图，如图 3-29(d)所示。

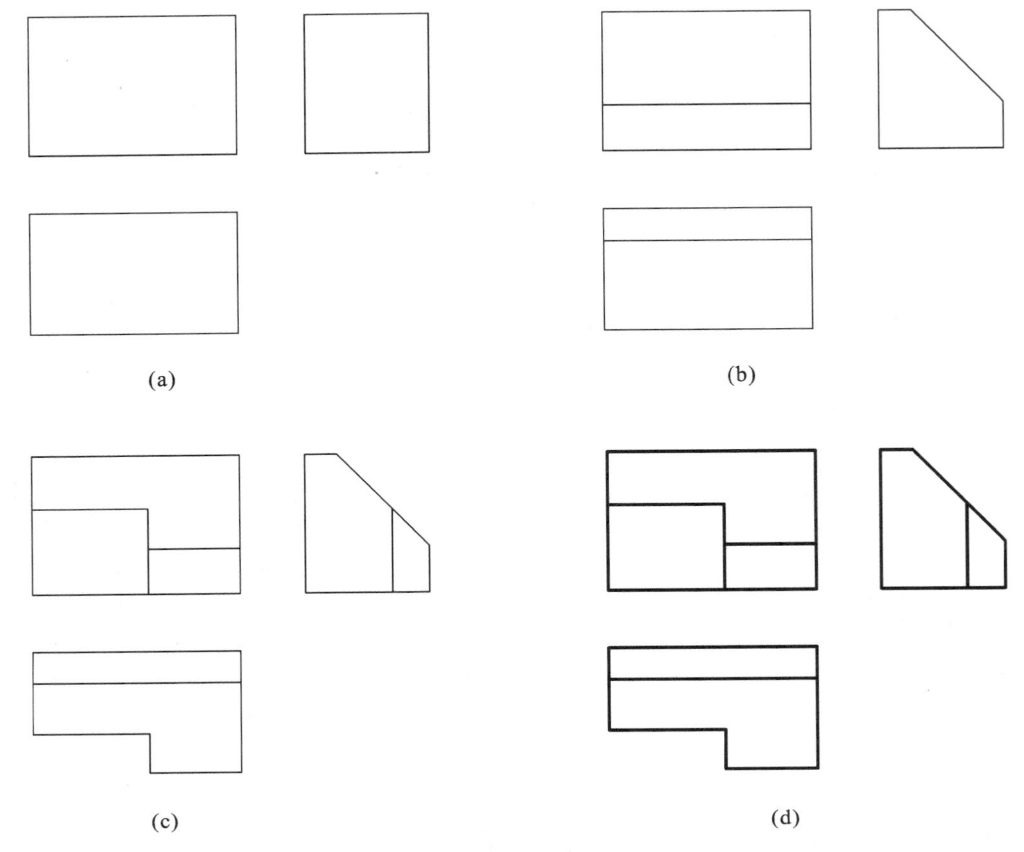

图 3-29　组合体三面投影图的画法

3）混合法

混合法是将叠加法和切割法两种方法综合运用，从而画出组合体投影图的方法。

3.5.2　组合体的尺寸标注

1. 基本几何体的尺寸注法

如图 3-30 所示为常见的棱柱、棱锥、棱台、圆柱、圆锥、圆台、球等基本形体尺寸的注法。其中正六棱柱常用的标注有两种方法，如图 3-30(b)、(c)所示。

2. 尺寸的种类

要完整地确定一个组合体的大小，应标注如下三种尺寸。

(1) 定形尺寸　确定组合体各组成部分形体大小的尺寸称为定形尺寸，如图 3-31(b)所示。

(2) 定位尺寸　确定各组合体各组成部分相对位置的尺寸称为定位尺寸，如图 3-31(b)所示。

(3) 总体尺寸　确定组合体外形总长、总宽、总高的尺寸称为总体尺寸。如图 3-31(b)所示的组合体总长为 351 mm，总宽为 320 mm，总高为 480 mm。

以上三类尺寸的划分并非绝对，如某些尺寸既是定形尺寸又是总尺寸，某些尺寸既是定位尺寸又是定形尺寸，这完全是与建筑形体的具体情况相关的。

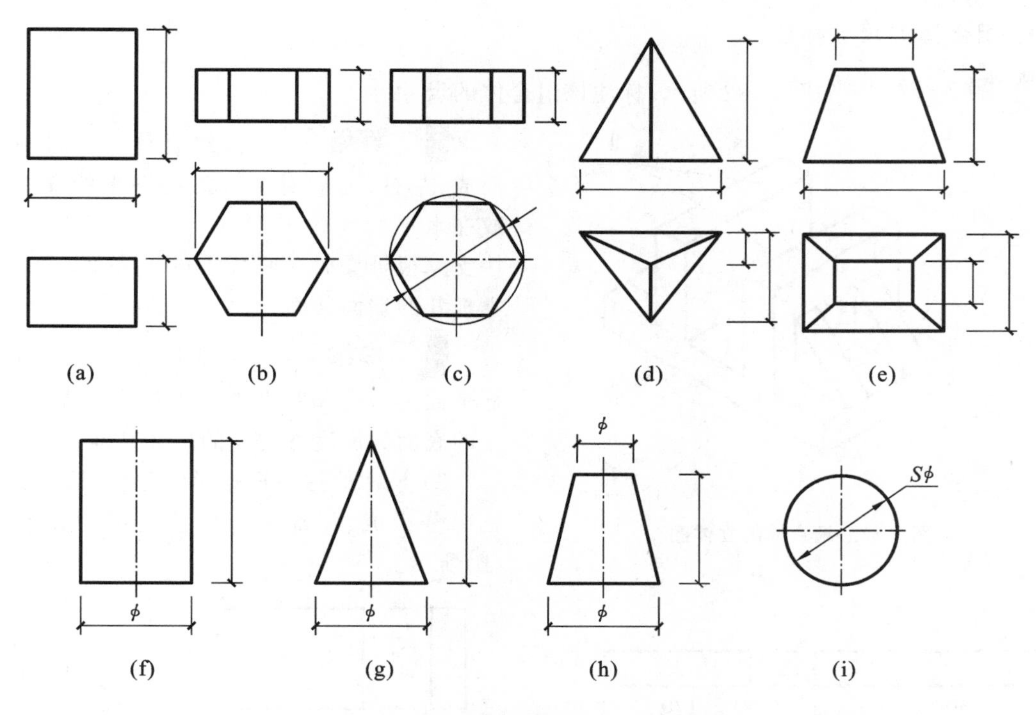

图 3-30　基本形体的尺寸标注

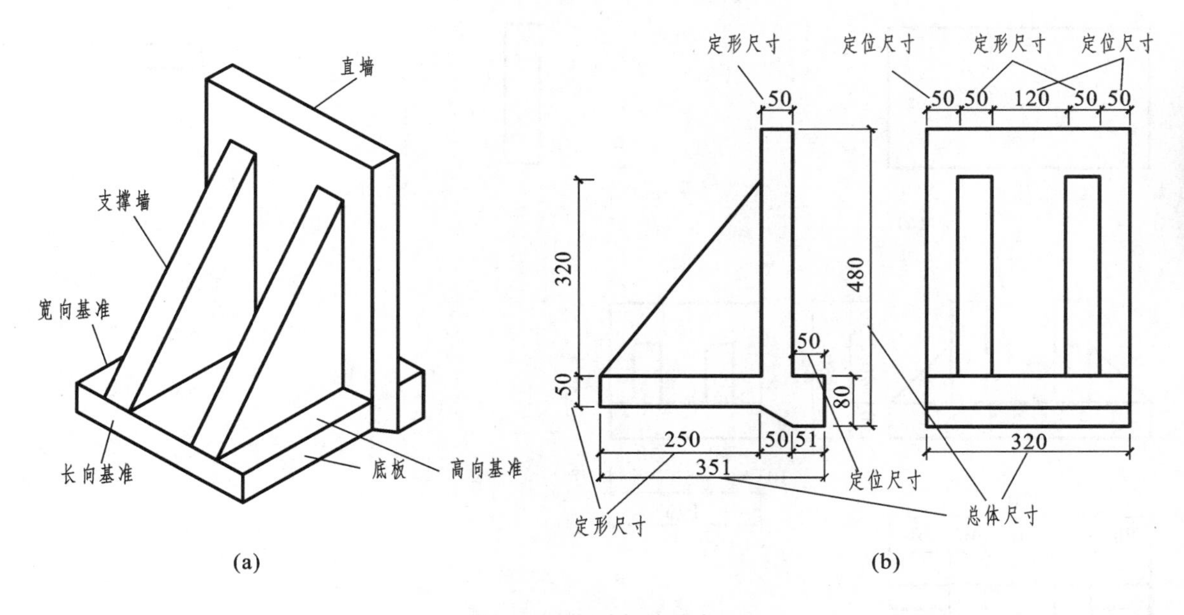

图 3-31　尺寸标注种类

标注组合体尺寸时，在某一方向确定各组成部分的相对位置，需要有一个相对的基准作为标注尺寸的起点，这个起点称为尺寸基准。由于组合体有长、宽、高三个方向的尺寸，所以每个方向至少有一个尺寸基准，如图所示 3-31(a)所示，尺寸基准一般选在组合体底面、重要端面、对称面及回转体的轴线上。

3. 组合体的尺寸标注

例 3-12 如图 3-32 所示，标注该组合体的尺寸。

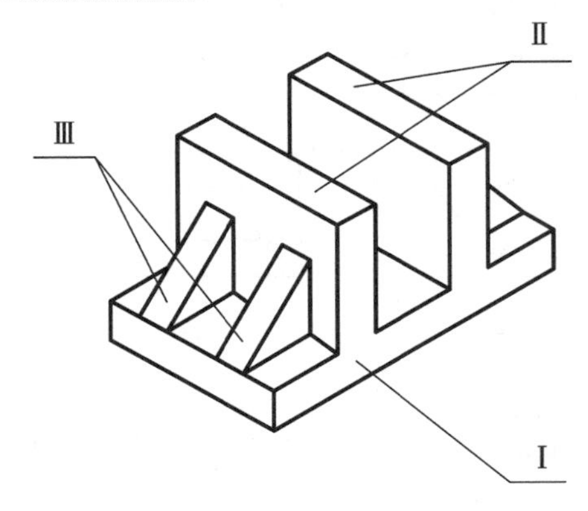

图 3-32 组合体的立体图

分析 该组合体由三部分叠加而成，左右、前后对称。两块侧平的立板Ⅱ叠放在水平的底板Ⅰ上，而且与底板Ⅰ等宽，四块支撑板Ⅲ叠放在底板Ⅰ的上表面，另一面与立板Ⅱ的端面共面。

作图 ①选尺寸基准。选择对称平面为长度和宽度方向上的尺寸基准，底板Ⅰ的底面为高度方向上的尺寸基准。

② 尺寸标注。根据形体分析，该组合体由三部分组成，每部分应标注的尺寸如图 3-33(b)所示。

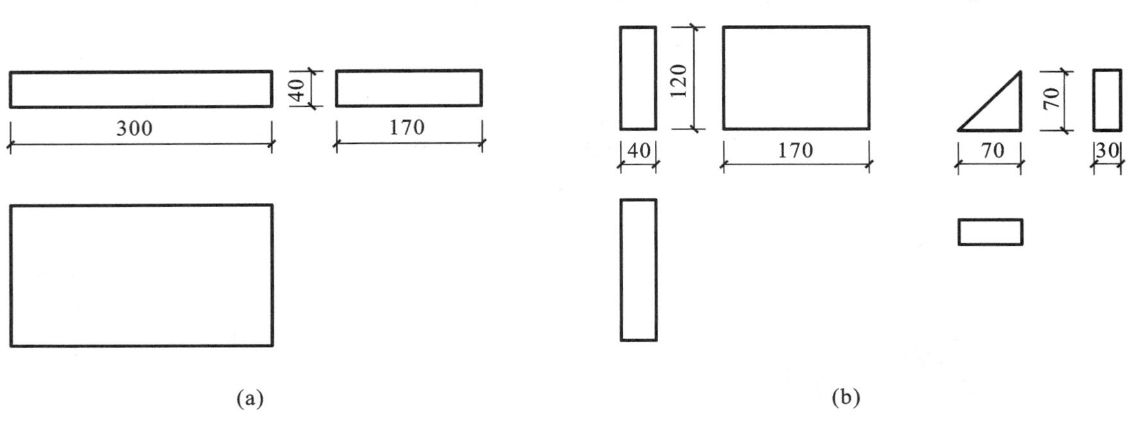

(a)　　(b)

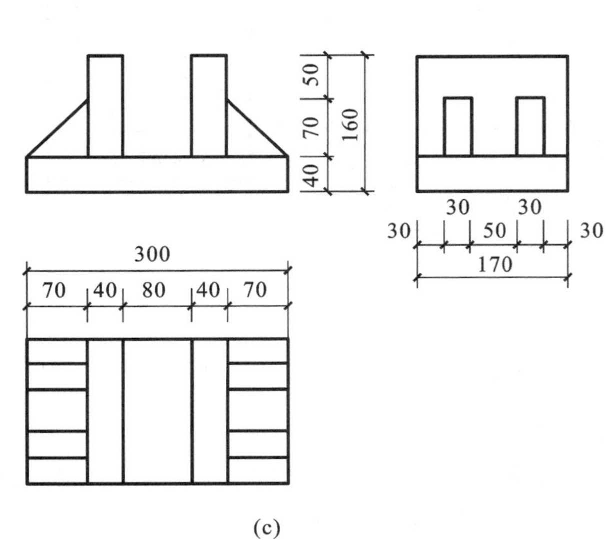

(c)

图 3-33 组合体的尺寸标注

● 底板Ⅰ：定形尺寸有 300、180 和 40。

● 立板Ⅱ：定形尺寸有 40、180 和 40。

● 支撑板Ⅲ：定形尺寸有：80、80 和 30。

③ 标注并整理组合体三面投影图的尺寸，如图 3-33(c)所示。由于选择对称平面、底板Ⅰ的底面为整体的尺寸基准，因此在标注组合体各个部分尺寸的时候，需要对某些尺寸进行调整。立板Ⅱ高度方向上的定形尺寸可以省略。最后标注总体尺寸。总长与总宽与底板的定形尺寸重合，总高为 160。

4. 尺寸标注应注意的问题

尺寸的标注除了尺寸要齐全、正确和合理外，还应清晰、整齐和便于阅读，应注意以下原则。

(1) 尺寸标注要齐全　不能漏注尺寸，否则就无法按图施工。运用形体分析方法，首先标注出各组成部分的定形尺寸，然后标注出表示它们之间相对位置的定位尺寸，最后再标注形体的总体尺寸。按上述步骤来标注尺寸，就能做到尺寸齐全。

(2) 尺寸标注要明显　尽可能把尺寸标注在反映形体形状特征的视图上，一般可布置在图形轮廓线之外，并靠近被标注的轮廓线，某些细部尺寸允许标注在图形内。与两个视图有关的尺寸，以标注在两视图之间的一个视图上为好。此外，还要尽可能避免将尺寸标注在虚线上。

(3) 尺寸标注要集中　同一个形体的定形和定位尺寸尽量集中，不宜分散。

(4) 尺寸布置要整齐　可把长、宽、高三个方向的定形、定位尺寸组合起来排成几道尺寸，从被注的图形轮廓线由近向远整齐排列，小尺寸应离轮廓线较近，大尺寸应离轮廓线较远。平行排列的尺寸线的间距应相等，尺寸数字应写在尺寸线的中间位置，每一方向的细部尺寸的总和应等于总体尺寸。标注定位尺寸时，对圆弧形通常要标注出圆心的位置。

思考与练习

1. 常用的平面立体有哪些？各有什么投影特性？
2. 常用的曲面立体有哪些？各有什么投影特性？
3. 圆柱的截交线有几种不同的形状？
4. 圆锥的截交线有几种不同的形状？
5. 求立体的相贯线常采用哪两种方法？
6. 组合体的组合方式通常可分成几种？
7. 画组合体投影的方法有几种？

Chapter 4

第 4 章　轴测投影

学习目标

- 了解轴测投影的形成过程。
- 掌握正等测轴测投影的画法。
- 掌握斜二测轴测投影的画法。

4.1 轴测投影的基本知识

轴测投影图是用平行投影的方法，画出来的一种富有立体感的图形。它接近于人们的视觉习惯，在生产和学习中，常用于辅助图样。如图 4-1 所示，用三面投影图来描述形体，制图方便，度量性好，但直观性差，读图时必须将三个投影图结合起来想象形体的空间形状，需具备一定的投影知识基础。为了辅助看图，工程上常采用轴测投影图与三面投影图相结合的方式共同描述形体。轴测投影图度量性差，作图步骤复杂，但直观性好，有较强的立体感，通常作为辅助图样。

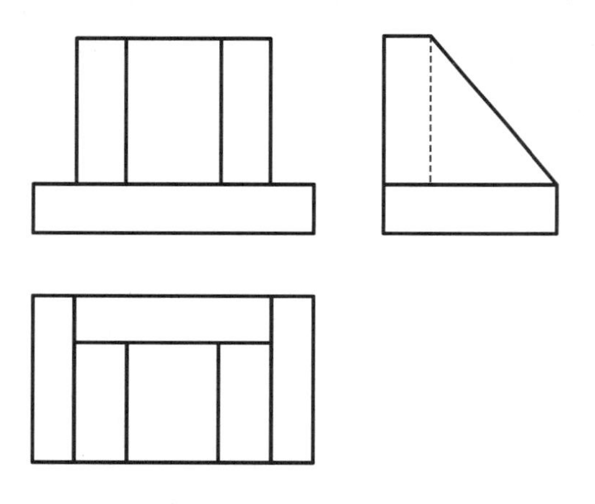

(a) 形体的三面投影图

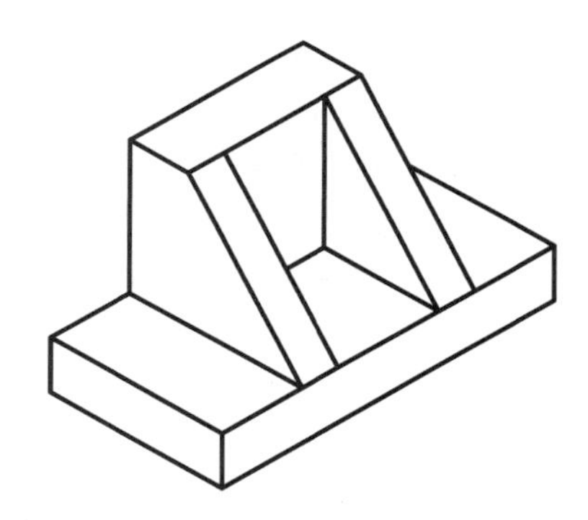

(b) 形体的轴测投影图

图 4-1　三面投影图与轴测投影图

4.1.1　轴测投影图的形成

将物体连同确定物体的直角坐标系，沿不平行于任一坐标平面的方向，用平行投影法将其投射在单一投影面上所得到的图形称为轴测投影图,简称轴测图。

如图 4-2(a)所示,P 为轴测投影面,用正投影法将形体向 P 面投射,而得到的轴测投影,称为正轴测投影。

在图 4-2(b)中,用斜投影法将形体向轴测投影面 P 投射,得到的投影称为斜轴测投影。

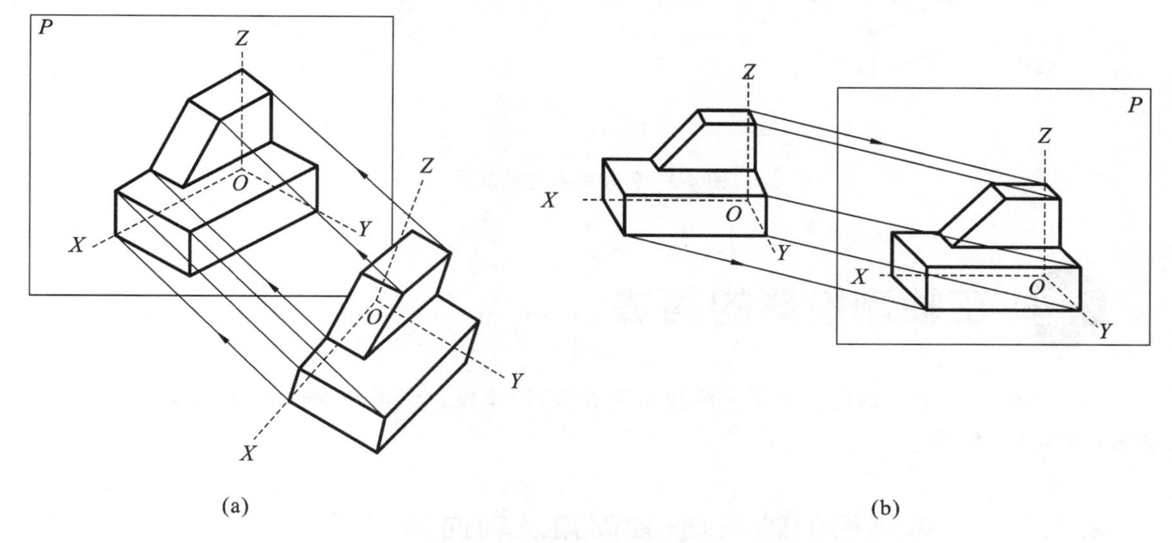

图 4-2 轴测投影的形成

4.1.2 轴测投影的基本概念

(1) 轴测轴。空间直角坐标轴在轴测投影面上的投影 OX、OY、OZ 称为轴测轴。

(2) 轴间角。两根轴测轴之间的夹角($\angle XOY$、$\angle XOZ$、$\angle YOZ$)称为轴间角。

(3) 轴向伸缩系数。空间直角坐标轴上单位长度的轴测投影与其原长的比值称为轴向伸缩系数。OX、OY、OZ 轴上的伸缩系数分别用 p、q、r 表示。

(4) 轴向线段。形体上与某一直角坐标轴互相平行的线段称为轴向线段。

4.1.3 轴测投影的基本性质

(1) 空间物体上互相平行的直线,它们在轴测图上仍然互相平行。

(2) 空间与某一直角坐标轴互相平行的直线(即轴向线段),它的轴测投影与相应的轴测轴互相平行。

(3) 在轴测图中,只有轴向线段才具有与其相平行的轴测轴相同的轴向伸缩系数。因此,画轴向线段时,其轴测投影的长度,等于其原来的长度与相应轴测轴的轴向伸缩系数的乘积。

4.1.4 轴测图的种类

轴测图的种类很多,常用的轴测图有正等测图和正面斜二测图,分别如图 4-3(a)和 4-3(b)所示;房屋建筑的轴测图有时也用水平斜等测图。

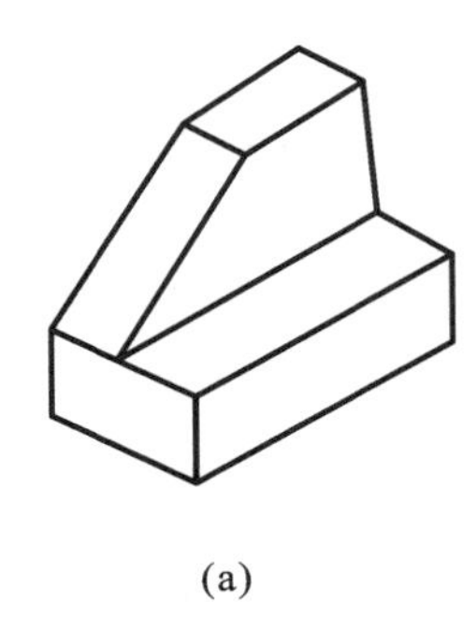

(a)

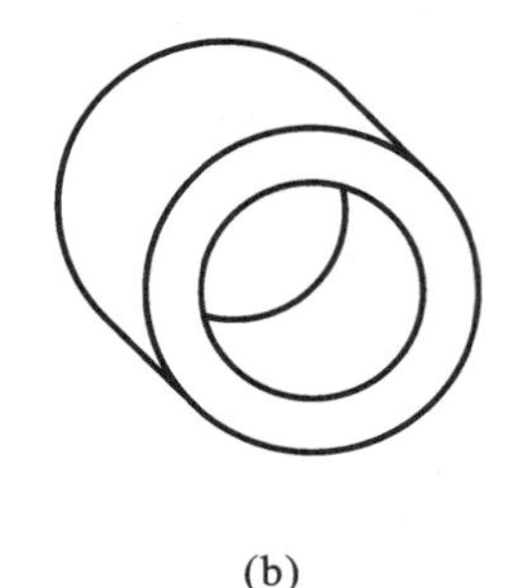

(b)

图 4-3　常用的两种轴测图

4.2 正轴测投影的画法

将物体的三个坐标轴均倾斜于轴测投影面放置，用正投影法得到的轴测图，称为正等轴测投影图，简称正等测图。

4.2.1　正等测图的轴测轴、轴间角及轴向伸缩系数

1. 轴测轴与轴间角

轴测轴之间的轴间角互为 120°，如图 4-4(a)所示。

2. 轴向伸缩系数

在正等测中，确定空间物体的三条直角坐标轴都与轴测投影面的倾角相等(约为 35°16′)，所以，三个轴向伸缩系数也相等，即 $p=q=r=0.82$。在实际应用中为了作图方便起见，常取简化的轴向伸缩系数 $p=q=r=1$。这样画出的正等测图比实物约大 22%，但这不影响物体形状的表达，如图 4-4(b)所示。

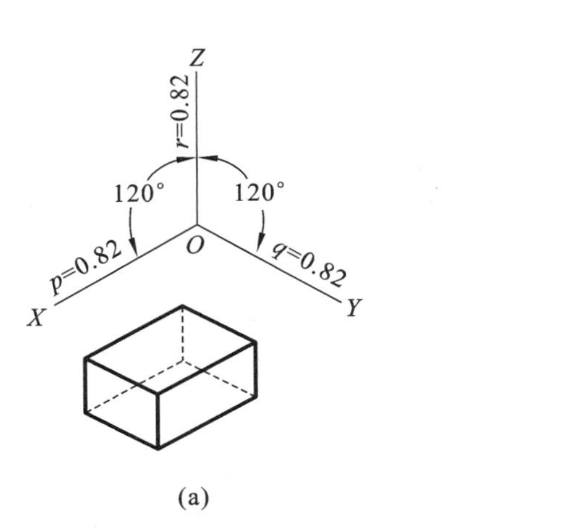

(a)

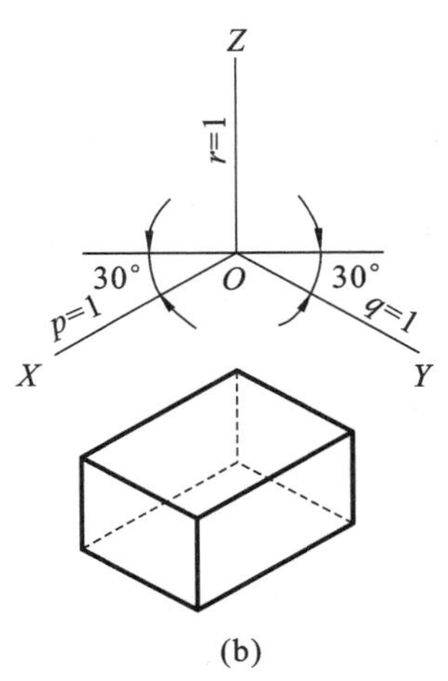

(b)

图 4-4　正等测图的轴测轴、轴间角和轴向伸缩系数

4.2.2 平面立体的正等测图画法

画平面立体的正等测图常用的方法是坐标法和切割法，其中坐标法一般是按物体各顶点的坐标画出各顶点的轴测图并连成线和面，从而形成物体的轴测图。这是画轴测图的基本方法。

例 4-1 已知正六棱柱的正立面图和平面图，如图 4-5(a)所示，试用坐标法画出其正等测图。

作图 (1) 选坐标轴。选好坐标轴，可以方便作图。如在图 4-5(a)中，原点选在六棱柱上底面的中心 O 上，X 轴选择通过顶面正六边形左右的对角线，Y 轴选择过 O 点且与 X 轴垂直，Z 轴则定在正六棱柱左右和前后的对称中心面的交线(中心线)上。

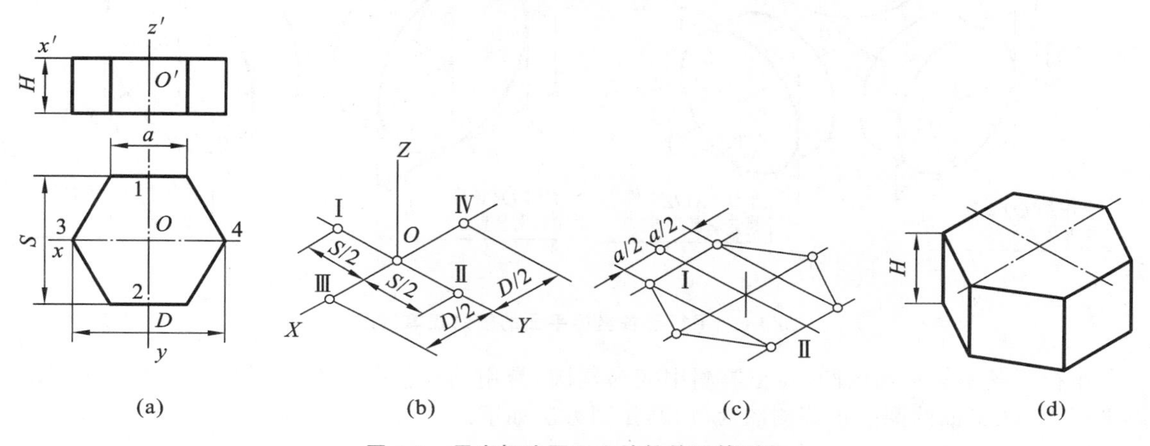

图 4-5 用坐标法画正六棱柱的正等测图

(2) 画轴测轴。如图 4-5(b)所示。

(3) 画出上底面的正等测图。在 X 轴上以 $D/2$ 确定出Ⅲ，Ⅳ两点，在 Y 轴上以 $S/2$ 确定出Ⅰ，Ⅱ两点，如图 4-5(b)所示。过Ⅰ，Ⅱ分别作 X 轴的平行线，在这两条平行线上以Ⅰ及Ⅱ为中心，以 $a/2$ 长确定正六边形的另外四个角点。至此，正六棱柱上底面正六边形的正等测图即可以画出，如图 4-5(c)所示。

(4) 自上底面各顶点向下作 Z 轴的平行线，以 H 长确定各棱线的高，即求出正六棱柱下底面的六个顶点的正等测。依次连接各点并描深，即可完成其正等测图，如图 4-5(d)所示。

注意：作图过程中所用的辅助线，以及在作图过程中由于形体分析而产生的实际上不存在的图线，不可见的轮廓线，都应及时擦掉。

4.2.3 曲面立体的正等测图画法

1. 平行于坐标面的圆的正等测图画法

由于原空间的三个坐标轴都与轴测投影面倾斜，因此，原空间的三个坐标平面也与轴测投影面倾斜，且倾斜角度相等。故原来与三个坐标平面分别平行的三个圆也都倾斜于轴测投影面，则各圆的轴测投影都变成了椭圆，且三个椭圆的形状大小完全相同。

如图 4-6(a)所示，三个椭圆的长轴都等于圆的直径 d，短轴约等于 $0.58d$，与椭圆外切的菱形的对边上的切点的距离约为 $0.82d$。在实际作图中，为简便起见，菱形的对边上的切点的距离可取圆的直径d，则椭圆的长轴约等于1.22d，短轴约为0.7d，如图4-6(b)所示。这样画出的椭圆比实际约大22%。

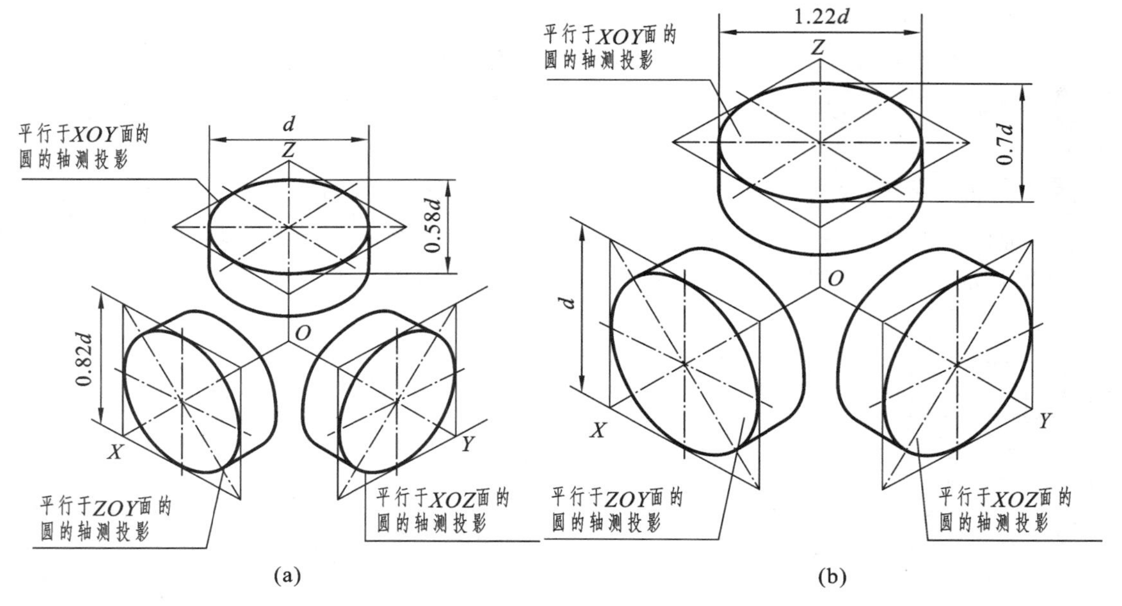

图 4-6　平行于各坐标平面的圆的正等测图

平行于各坐标平面的圆，在正等测中变为椭圆，常用的近似画法是菱形法。如图4-7所示，以平行于XOY面的圆的正等测图为例，其作图方法如下。

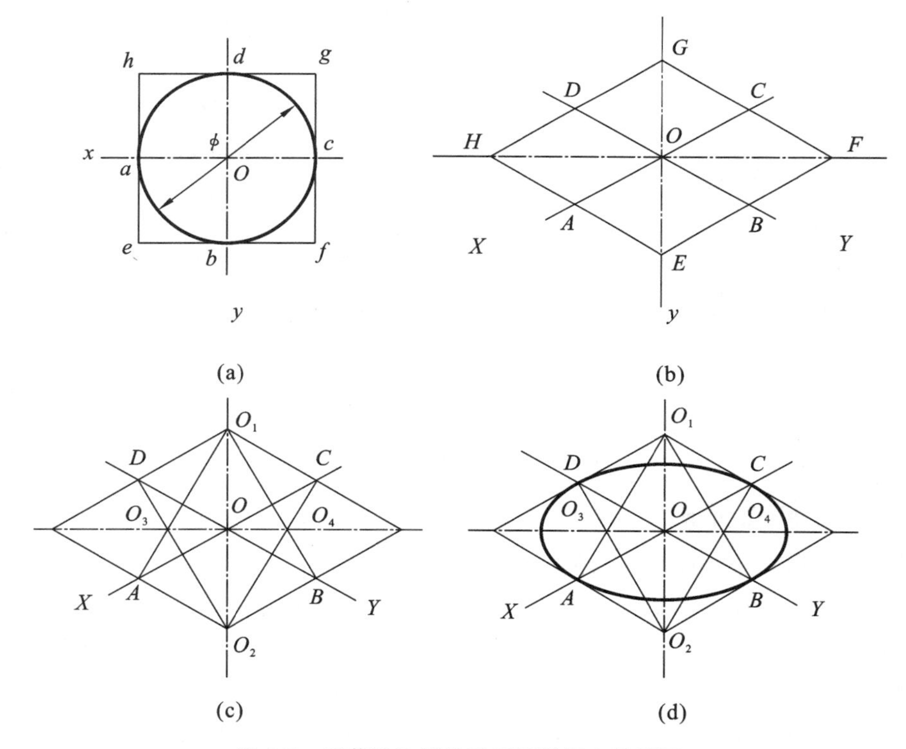

图 4-7　用菱形法近似画正等测图中的椭圆

(1) 选坐标系。如图 4-7(a)所示，设圆心 O 为原点，确定出 X、Y 轴，画圆的外接正方形，则圆与正方形的切点分别为在 x 轴上的 a、c 和在 y 轴上的 b、d。

(2) 画出轴测轴，并作菱形。如图 4-7(b)所示，在 X 轴上以圆的半径量取 OA、OC，在 X 轴上确定出 A、C 两点；同理，在 Y 轴上以圆的半径量取 OB、OD，在 Y 轴上确定出 B、D 两点。然后分别过 A、C 作 Y 轴的平行线，过 B、D 作 X 轴的平行线，并画出菱形的两条对角线，则画出了与椭圆外切的菱形。

(3) 确定构成椭圆的四段圆弧的圆心。如图 4-7(c)所示，O_1、O_2 分别为上下两个大圆弧的圆心。连接 O_1A、O_1B 与菱形的长对角线交于 O_3、O_4，即为画左右两个小圆弧的圆心。

(4) 完成椭圆的绘图。如图 4-7(d)所示，分别以 O_1、O_2 为圆心，以 O_1A、O_2C 为半径，画上下两大圆弧；分别以 O_3、O_4 为圆心，以 O_3A、O_4B 为半径画左右两小圆弧。则四段圆弧相切构成一近似椭圆，完成平行于 XOY 面的圆的正等轴测图绘制。

2. 圆柱的正等测图

圆柱的正等测图的作图方法及步骤如下。

(1) 根据图 4-8(a)所示的圆柱正投影图，按直径 D 及高度 h，画出与圆柱顶面及底面椭圆外切的两个菱形，两菱形的中心距为圆柱的高度 h，用菱形法画出两个椭圆，如图 4-8(b)所示。注意，应先绘制顶面椭圆，再采用移心法绘制底面椭圆，可使得作图更简便。

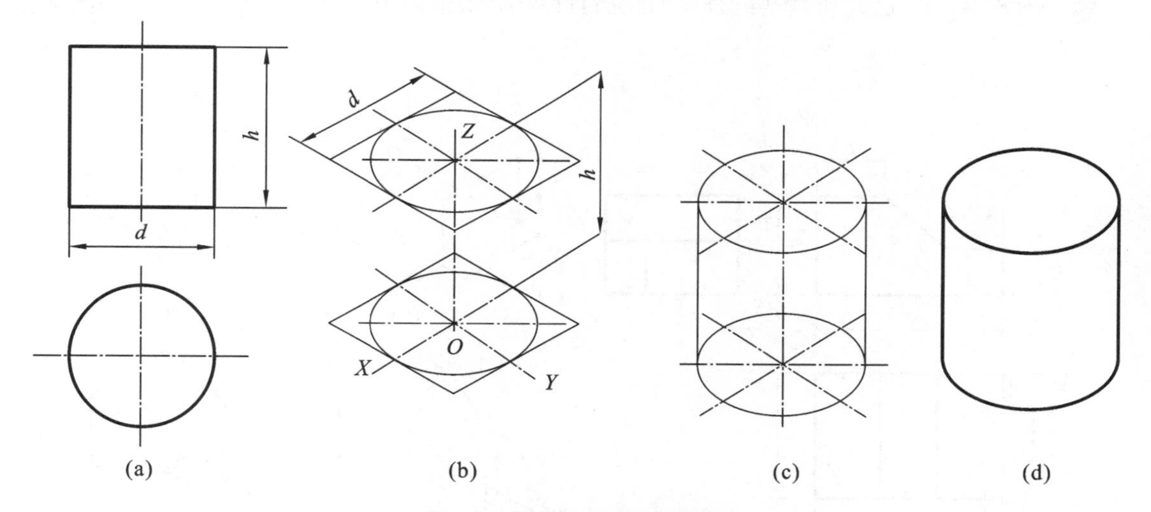

图 4-8 圆柱的正等测图画法

(2) 画出两椭圆两侧的公切线(圆柱轴测图上的轮廓线)，如图 4-8(c)所示。

(3) 判断可见性，擦去多余图线，描深，即画出了圆柱的正等测图，如图 4-8(d)所示。

4.2.3 圆角的正等测画法

圆角的正等测作图的方法及步骤如下。

(1) 作图分析。如图 4-9(a)所示，四棱柱的角为圆角时，圆角的圆弧为 1/4 圆。当 1/4 圆的圆弧平行于投影面时，可采用简化的方法来绘制。

(2) 作图步骤。具体的作图方法及步骤可参照图 4-9(a)～(f)各图来绘制。

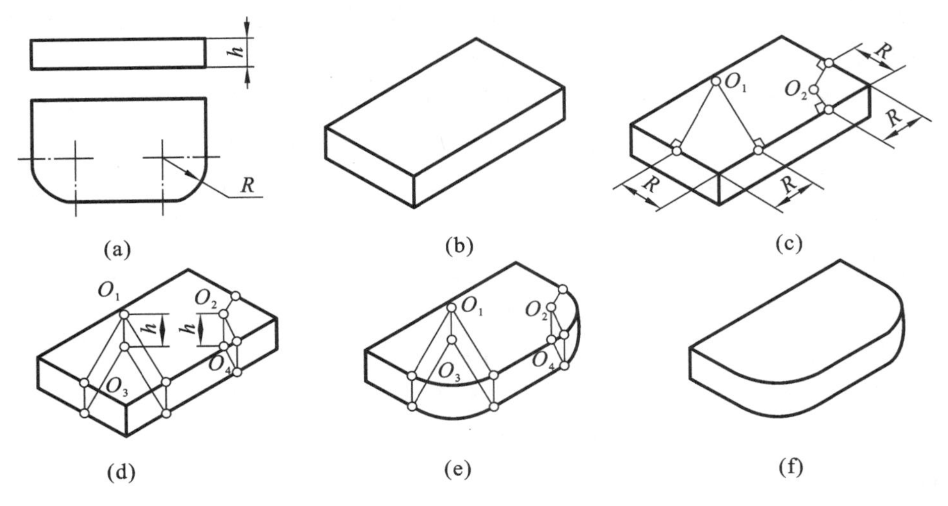

图 4-9　圆角的正等测画法

4.2.5　组合体的正等测画法

例 4-2　已知切割型组合体的三面投影图，如图 4-10(a)所示，试画出其正等测图。

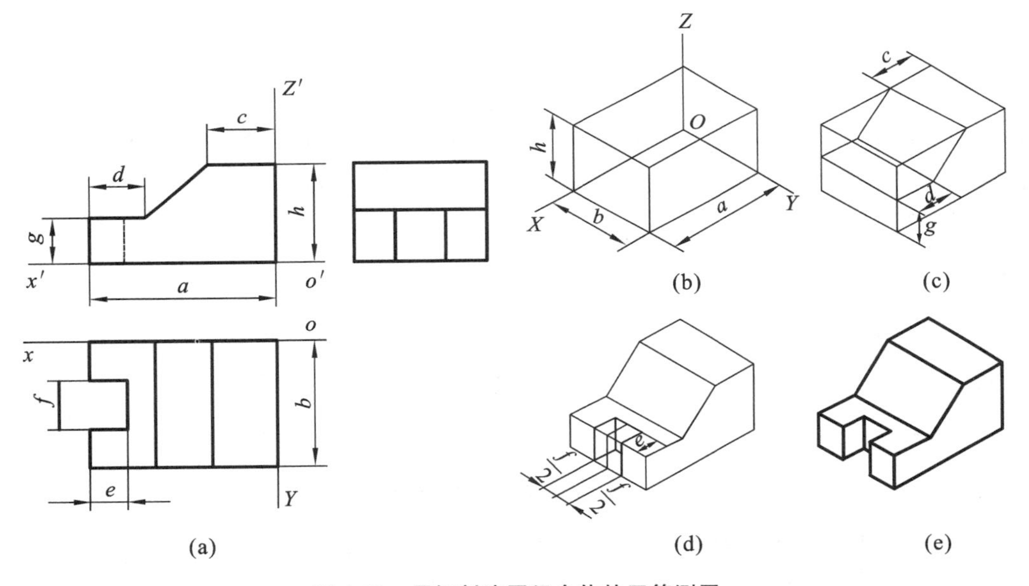

图 4-10　用切割法画组合体的正等测图

作图　(1) 在视图上确定坐标轴的位置。如在图 4-10(a)中，原点设在形体右、后、下方角点 O 的位置上，以此确定出 X、Y、Z 轴的位置。

(2) 画出轴测轴，并按形体的最大尺寸 a、b、h 先画出完整四棱柱的正等测图。如图 4-10(b)所示。

(3) 根据视图中被切割部分的形状、位置及尺寸，在四棱柱上切去外部的切割部分。如图 4-10(c)所示，根据视图中的尺寸 c、g、d，画出四棱柱左上角的被切割部分。

(4) 根据视图中各槽、凹坑及孔等被切割部分的形状、位置及尺寸，完成这些结构的正等测。如图 4-10(d)所示，形体的左方正中开有一个四棱柱形状的槽，按视图中尺寸 e、f 完成其作图。

(5) 擦去多余的图线，描深，即完成该切割型组合体的正等测图，如图 4-10(e)所示。

例 4-3 如图 4-11 所示，已知带有门斗的四坡顶的房屋模型的三面投影图，画出它的正等测图。

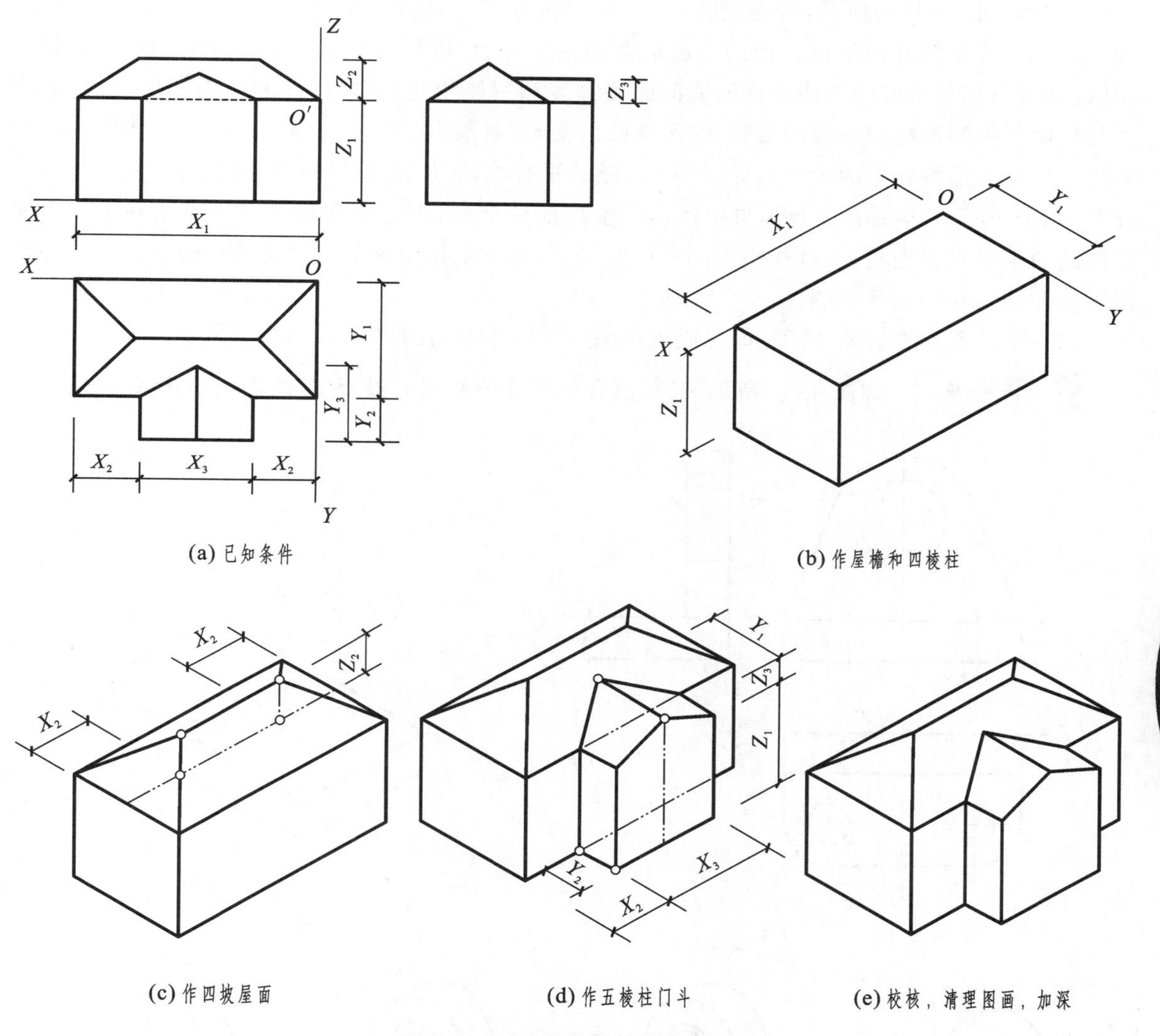

(a) 已知条件　　(b) 作屋檐和四棱柱

(c) 作四坡屋面　　(d) 作五棱柱门斗　　(e) 校核，清理图画，加深

图 4-11　画房屋模型的正等测图

分析 识读该房屋模型的三面投影图可知，这个房屋模型是由屋檐下的四个墙面形成的四棱柱(也就是这幢房屋的主体)、四坡屋面的屋顶和五棱柱门斗组合而成。四棱柱的顶面与四坡屋顶的底面相重合，五棱柱门斗与四棱柱、四坡屋面都相交。

作图 (1) 选定坐标系轴，画出屋檐和下部四棱柱。

如图 4-11(a)所示，选定坐标轴。然后，如图 4-11(b)所示，按简化系数和尺寸 X、Y、Z 作出四棱柱的正等测图。

（2）作四坡屋面。

四坡屋面除了前屋面与门斗的双坡屋面相交外，是左右、前后都对称的。如图 4-11(c)所示，可先用图 4-11(a)中的尺寸 $Y_1/2$、X_2、Z_2，作出屋脊线两个端点的投影，连接起来就是屋脊线；最后再与四棱柱顶面的顶点连成四坡屋面的斜脊。

（3）作五棱柱门斗。

作图如图 4-11(d)所示，可先用图 4-11(a)中尺寸 Y_2、X_2、Y_3、$X_3/2$(因为五棱柱门斗左右对称)、Z_1、Z_3，作出门斗前墙面。由门斗前墙面的左下、左上和右上顶点作 Y 轴方向的可见墙脚线和屋檐线，分别与房屋主体四棱柱前墙面的墙脚线和屋檐相交，连接门斗左墙面的墙脚线、屋檐线与房屋主体四棱柱前墙面的墙脚线、屋檐线的交点，就画出了门斗左墙面与房屋主体前墙面的交线。从门斗前墙面上的屋脊点向后作 OY 轴的平行线，并从图 4-11(a)中量取门斗屋脊线的长度 Y_3，便作出了门斗屋脊线及其与主体房屋前屋面的交点，将这个交点与门斗屋檐和主体房屋屋檐的两个交点分别相连，就作出了门斗的左、右屋面与主体房屋前屋面交得的两条斜沟。即作出了五棱柱门斗的正等测图。

（4）擦去多余的图线，描深，即完成该房屋模型的正等测图，如图 4-11(e)所示。

例 4-4 如图 4-12 所示，已知混合型组合体的三面投影图，画出它的正等测图。

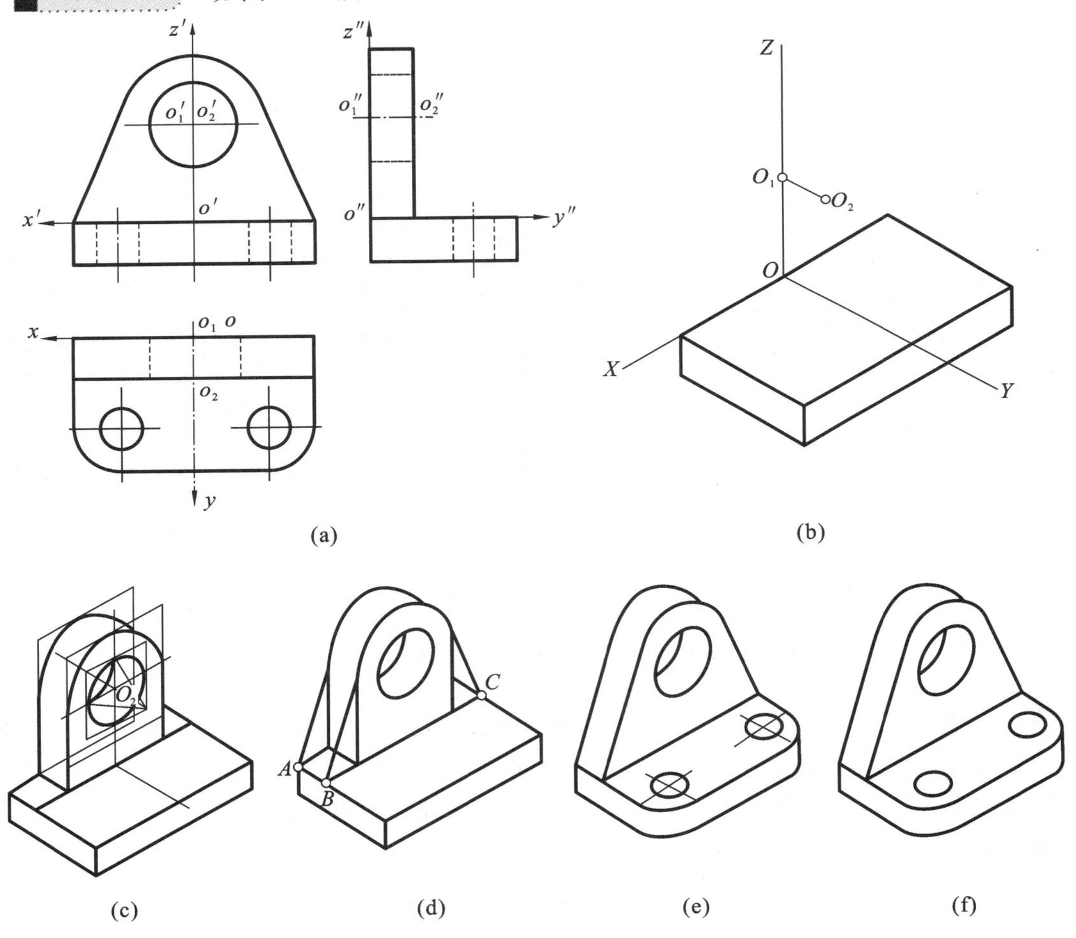

图 4-12 组合体的正等测图画法

分析 如图 4-12(a)所示，该组合体由两个简单形体叠加组成。底板四棱柱带有圆角，立板的两侧面与圆柱相切，并在正平方向和水平方向上有圆孔。

作图 (1) 选坐标轴如图 4-12(a)所示。

(2) 画轴测轴和底板，并确定立板的绘图位置。沿 OZ 轴量取中心高得 O_1 为立板后端面圆心；由 O_1 作 OY 的平行线，量取立板的厚即得前端面圆心 O_2。如图 4-12(b)所示。

(3) 画立板上内外圆柱，作外圆柱切线，如图 4-12(c)、(d)所示，完成立板的正等测图。

(4) 画底板上的圆孔及圆角，描深，完成全图，如图 4-12(e)、(f)所示。

4.3 斜轴测投影的画法

将形体的某一侧面平行于轴测投影面放置，用斜投影法得到的轴测投影图，称为斜轴测投影图。

轴测投影面平行于 V 投影面时，得到的斜轴测为正面斜轴测，常用正面斜二测。

轴测投影面平行于 H 投影面时，得到的斜轴测为水平斜轴测，有时用水平斜等测。

4.3.1 正面斜二测

1. 正面斜二测图的形成

如图 4-13(a)所示，当确定形体的直角坐标平面 XOZ 平行于轴测投影面时，将形体连同确定该形体的直角坐标体系，向轴测投影面倾斜投射即可得到正面斜二测图，简称斜二测。

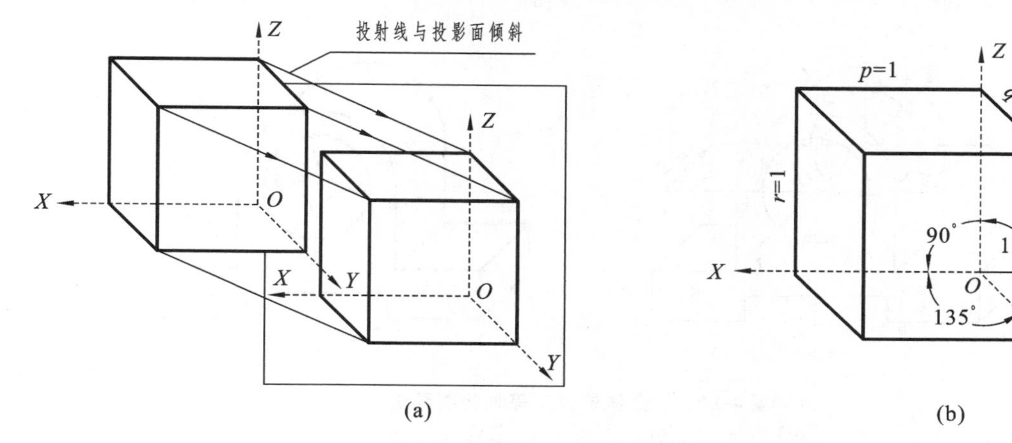

图 4-13 斜二测图的形成及轴间角、轴向伸缩系数

2. 斜二测图的轴间角和轴向伸缩系数

斜二测图的 X 轴与 Z 轴仍互相垂直(因 XOZ 轴测坐标面与轴测投影面平行)，X 轴与 Y 轴，Y 轴与 Z 轴的轴间角为 135°。轴向伸缩系数 $p=r=1, q=0.5$，如图 4-13(b)所示。

3. 斜二测图的特性

由于形体上原来与投影面 $X_1O_1Z_1$ 面平行的平面也与轴测投影面平行。因此，形体上凡是原来平行于 XOZ 面的平面，在斜二测图中都与 $X_1O_1Z_1$ 面的轴测投影 XOZ 面平行，故这些平面在斜二测图中为实形。所以，当物体上有较多的圆或曲线平行于 XOZ 坐标面时，采用斜二测作图比较方便。

斜二测图中，由于 Y 轴的轴向伸缩系数为 0.5，故原平行于 Y 轴的轴向线段，在斜二测图中，它们的长度缩短了 1/2。

4. 斜二测图的画法

例 4-5 已知组合体的正立面图和平面图，如图 4-14(a)所示，画出其斜二等轴测图。

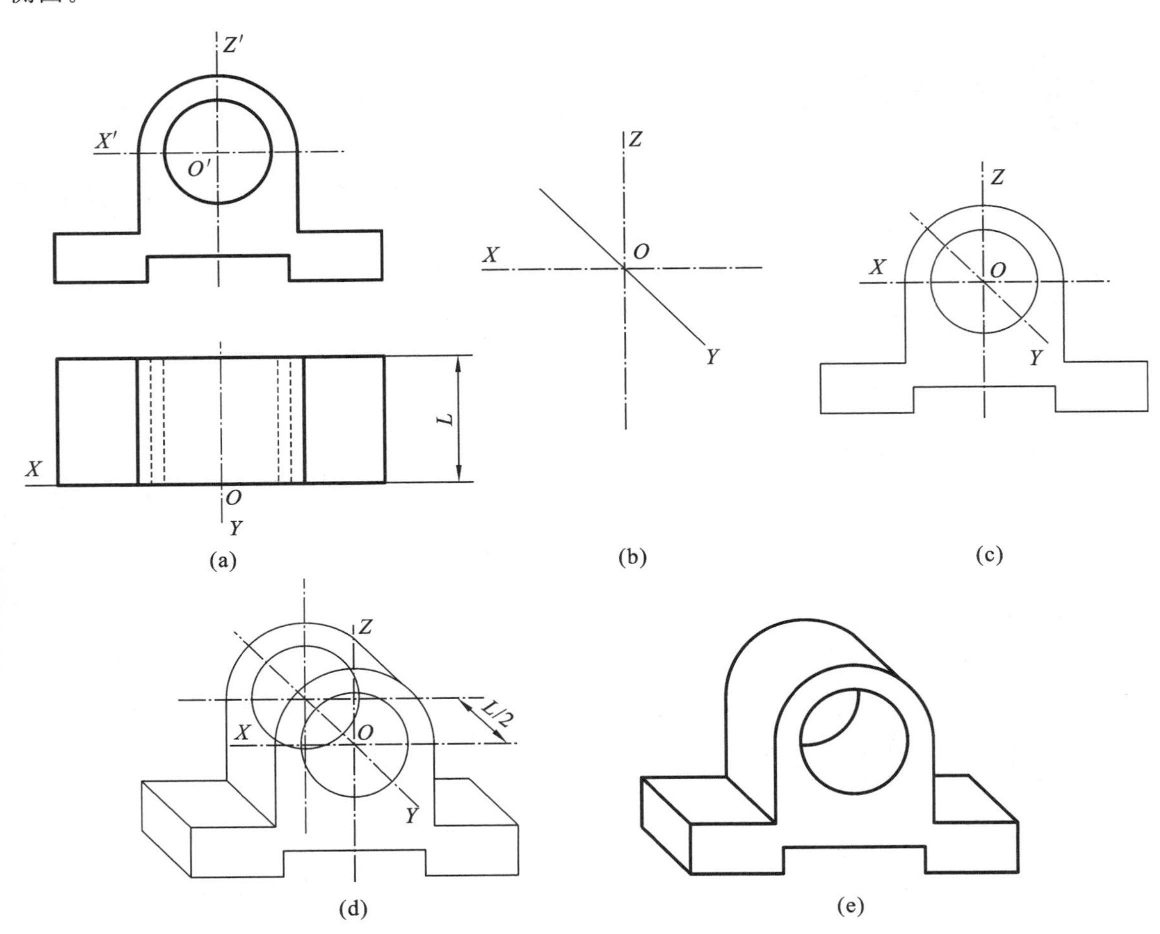

(a) (b) (c) (d) (e)

图 4-14 组合体的斜二等轴测图画法

作图 (1) 选坐标。在已知的组合体视图上确定坐标轴的位置，如图 4-14(a)所示。

(2) 画出轴测轴。确定前面圆心的位置，如图 4-14(b)所示。

(3) 画出前面形体上实形的可见部分的轮廓线，如图 4-14(c)。

(4) 以该组合体总宽 L 的 1/2，定出后端面形体上圆心，画出实形的可见部分的轮廓线，作公切线，如图 4-14(d)所示。

(5) 擦去多余图线，描深。如图 4-14(e)所示。

4.3.2 水平斜等测

水平斜等测，轴间角$\angle X0Y=90°$，形体上水平面的轴测投影反映实形，即$p=q=1$，习惯上仍将OZ轴铅直放置，取$\angle ZOX=120°$，$\angle ZOY=150°$，沿Z轴的轴向变形系数r仍取l，如图4-15所示。

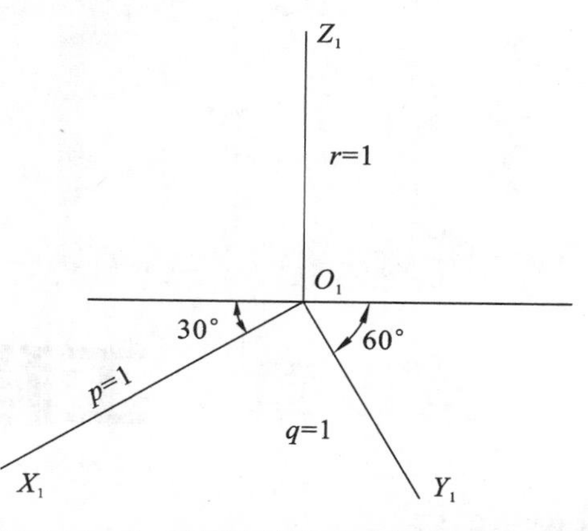

图4-15 水平斜等测轴间角和轴向伸缩系数

水平斜等测，适宜绘制建筑物的水平剖面图或总平面图。它可以反映建筑物的内部布置、总体布局及各部位的实际高度。

例4-6 根据图4-16(a)投影图，作出总平面的水平斜等测图。

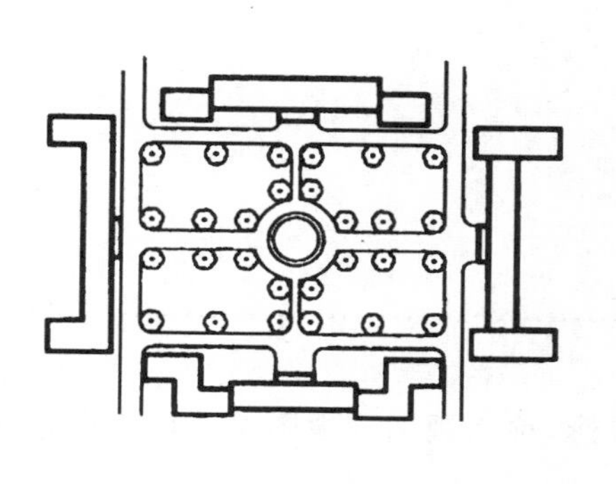

(a) 总平面的投影图

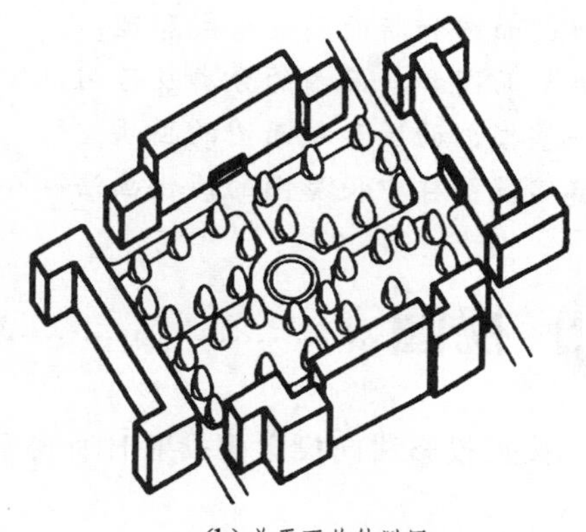

(b) 总平面的轴测图

图4-16 总平面的水平斜等轴测图

作图 先画出轴测轴，在轴测平面内画出总平面的实形，然后沿Z轴方向表达建筑群及树木的高度，完成水平斜等测图，如图4-16(b)所示。

思考与练习

1. 与正投影图相比较，轴测投影图有哪些优点和缺点？
2. 什么是轴向伸缩系数？
3. 正等测图的轴测轴、轴间角及轴向伸缩系数是什么？
4. 斜二测图的轴测轴、轴间角及轴向伸缩系数是什么？
5. 简述轴测投影图的画图方法和步骤。

Chapter 5

第5章　工程形体的表达方法

学习目标

- 了解三面视图和六面视图的形成原理，掌握绘制三面视图和六面视图的方法。
- 了解剖面图和断面图的形成原理。
- 掌握剖面图和断面图的分类及适用范围。
- 熟练掌握剖面图和断面图的画法。
- 了解建筑图样中投影图的简化画法。

5.1　视图

将物体按正投影法向投影面投射时所得到的投影，称为视图。视图主要用于表达形体的外部结构形状。

5.1.1　三面视图和六面视图

1. 三面视图

由于一个投影不能完整的反映空间形体的形状和大小，故设立三个相互垂直的投影面 H、V、W，组成一个三面投影面体系，将空间分为八个分角。房屋建筑的视图应按正投影法并用第一角画法绘制。

在建筑工程图中，通常将正面投影、水平投影、侧面投影分别称为正立面图、平面图和左侧立面图。用正投影法所绘制的组合体三面视图仍然符合投影图中的三等规律：正立面图与平面图长对正；正立面图与左侧立面图高平齐、左侧立面图与平面图宽相等，前后对应，如图 5-1 所示。

2. 六面视图

对于某些复杂的工程形体，画出三视图后还不能完整和清晰的表达其形状时，则要增加新的投影面，画出新的视图来表达。可在原有三个投影面的基础上，再增设三个投影面，组成六面投影，国家标准将这六个面规定为基本投影面，如图 5-2(a)所示。形体向基本投影面投射所得的视图，通常称为基本视图，如图 5-2(b)所示。

在六视图的排列位置中，平面图位于正立面图的下方，底面图位于正立面图的上方，左侧立面图位于正立面图的右方，右侧立面图位于正立面图的左方，背立面图位于左侧立面图的右方，如图 5-2(b)所示。从图中可以看出，平面图与底面图、正立面图与背立面图、左侧立面图与右侧立面图分别成对称图形，仅在图形内的虚实线有所不同。

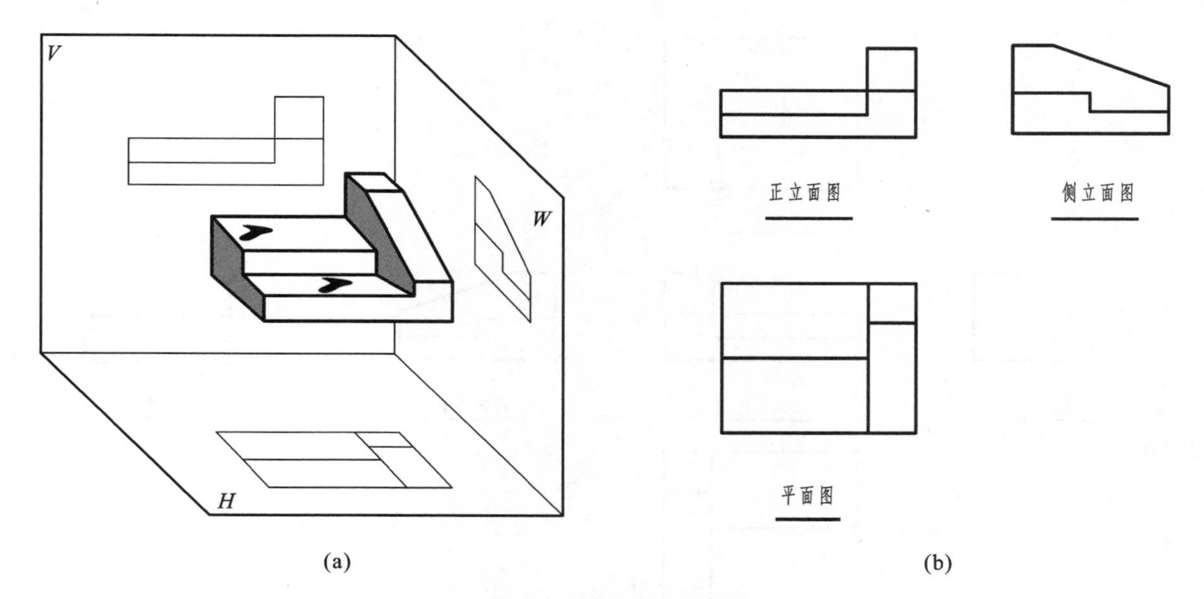

(a) (b)

图 5-1 台阶的三面投影

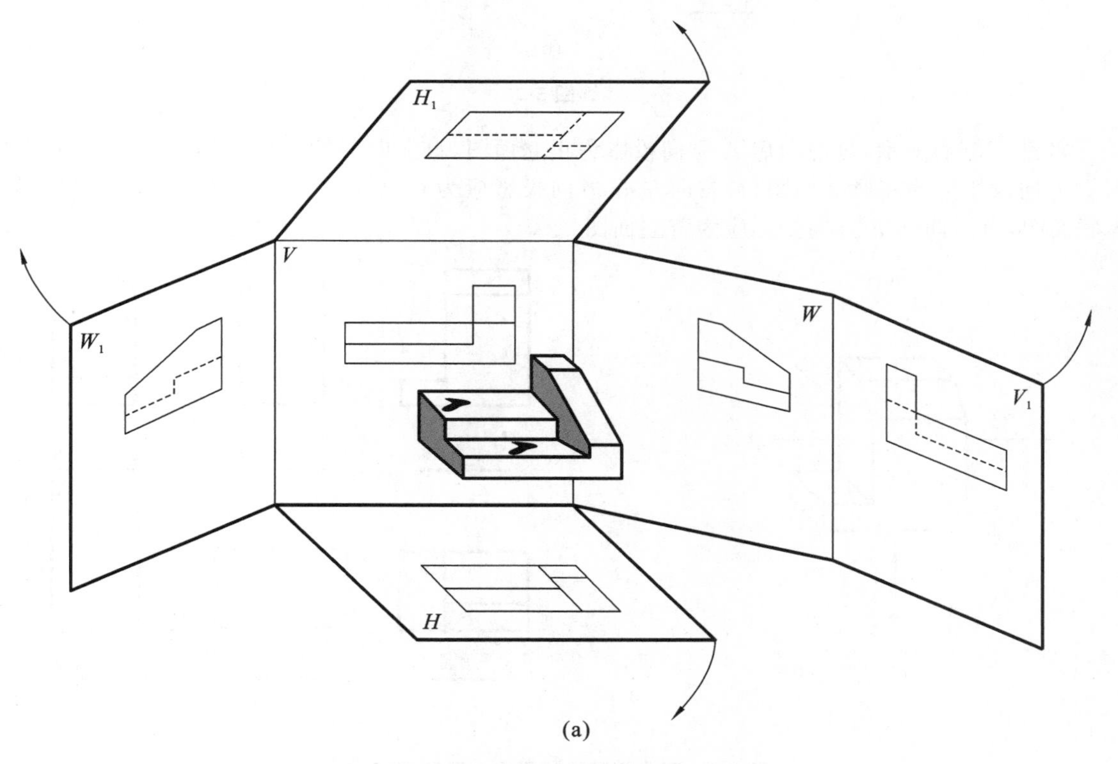

(a)

图 5-2 台阶的六面投影

六面视图之间的投影联系规律如下。

- 正面图、平面图、底面图和背立面图——长对正。
- 平面图、左侧立面图、底面图和右侧立面图——宽相等。
- 正立面图、左侧立面图、右侧立面图和背立面图——高平齐。

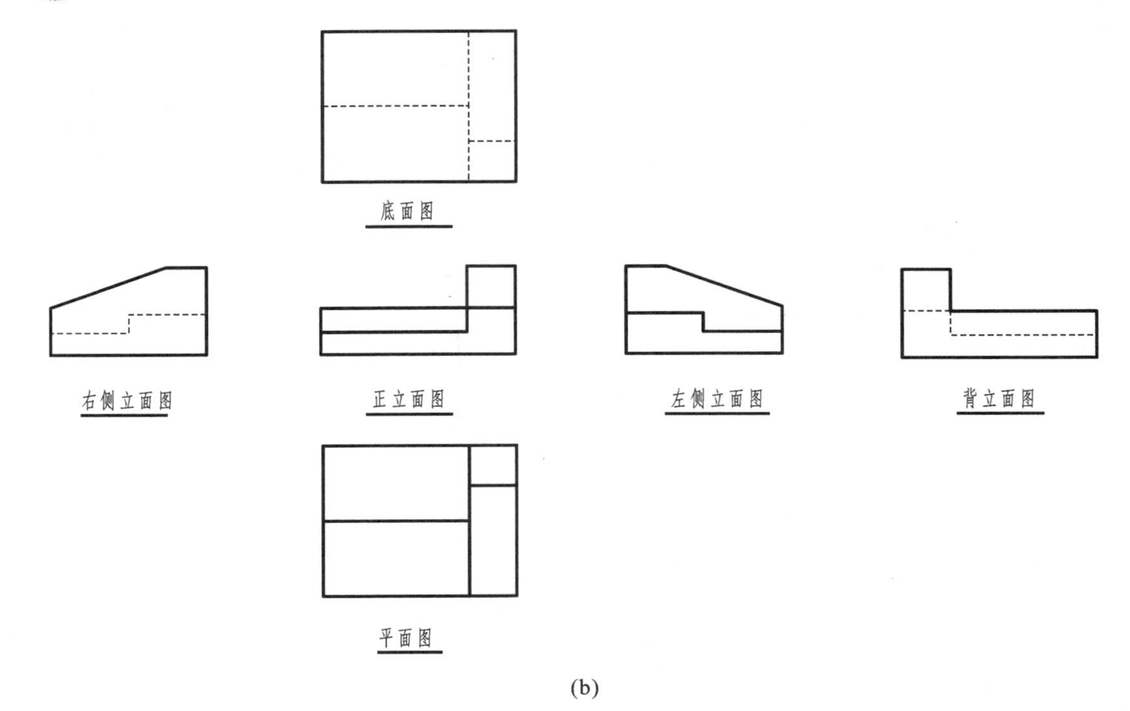

(b)

续图 5-2

如图 5-3(a)所示，自前向后 A 方向投影为正立面图，自上向下 B 方向投影为平面图，自左向右 C 方向投影应为左侧立面图，自右向左 D 方向投影应为右侧立面图，自下向上 E 方向投影应为底面图，自后向前 F 方向投影应为背立面图。

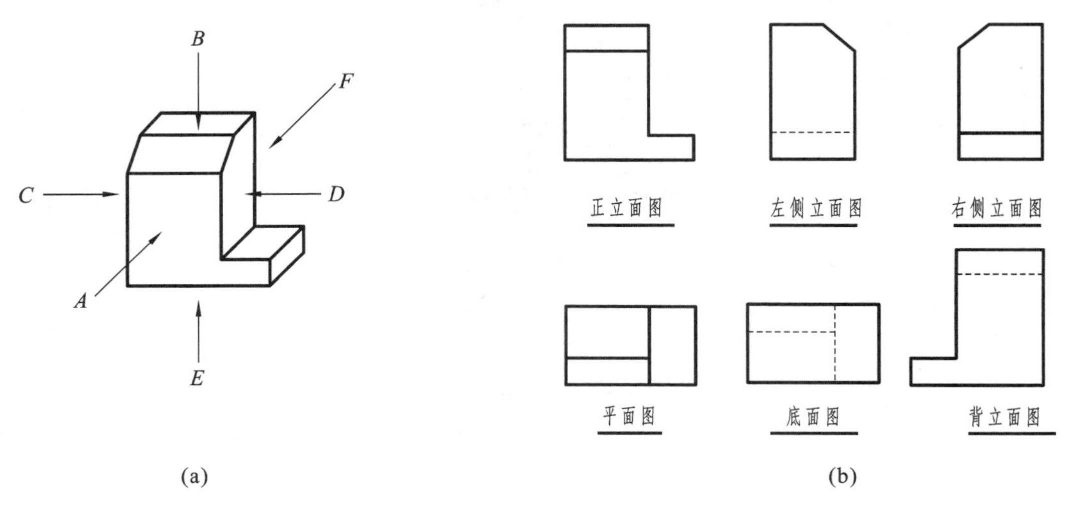

图 5-3　基本视图的投影方向及配置顺序

如果六个视图画在一张图纸内并且按照图 5-2(b)所示的位置排列时，可以省略注写视图的名称。为了明确起见，在工程图中，通常需注写出各视图的名称。不能按照图 5-2(b)所示的排列配置视图时，则必须分别注写出各个视图的名称。图名宜标注在视图的下方，并在图名下绘一粗实线，其长度应以图名所占长度为准，如图 5-3(b)所示。

对于房屋建筑，由于图形较大，一般不可能将所有视图排列在一张图纸上，因此在房屋工程图中需注写出各视图的图名。如图 5-4(a)所示为一幢房屋的轴测图，从图中可看出该房屋四个立面中门、窗及构配件的布置情况都不相同。因此，要完整的表达它的外貌，需要画出四个方向的立面图和一个屋顶平面图。由于房屋建筑通常坐落在地面上，因此一般不需要画出底面图。在房屋建筑工程中，当正立面图和，左、右两侧立面图同时画在一张图纸上时，习惯上常把左侧立面图画在正立面图的左边，而把右侧立面图画在正面图的右边，即对左右侧立面图的排列位置进行对换，如图 5-4(b)所示。

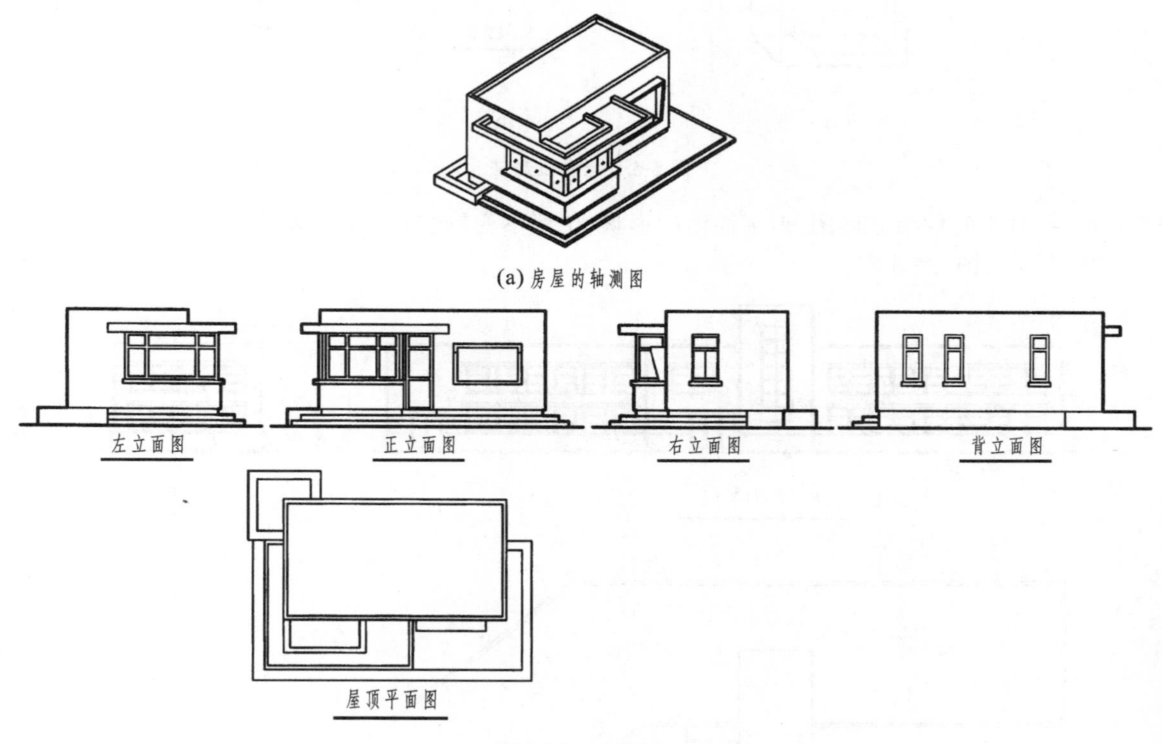

(a) 房屋的轴测图

(b) 房屋的多面视图

图 5-4　房屋的多面视图

5.1.2　镜像视图

当某些工程形体，用正投影法绘制的图样不易表达时，可采用镜像投影法绘制。但应在图名后注写“镜像”二字，如图 5-5(b)所示，或按图 5-5(c)所示画出镜像投影识别符号。

镜像投影，是将镜面放在形体的下面，用以代替水平投影面，在镜面中反射得到的图像称为“平面图(镜像)”。它和通常用正投影法绘制的平面图是有所不同的(虚线变为实线)，如图 5-5所示。在房屋建筑图中，常用这种镜像平面图来表示室内顶棚的装修、灯具、风口或古建筑中殿堂室内房顶上藻井(图案花纹)等构造。

5.1.3　展开视图

平面形状曲折的建筑物，可绘制展开立面图。圆弧形或多边形平面的建筑物，可分段展开绘制立面图，但均应在图名后加注“(展开)”。

如图 5-6 所示，把房屋平面图中右边的倾斜部分，假想绕垂直于 H 面的轴旋转展开到平行

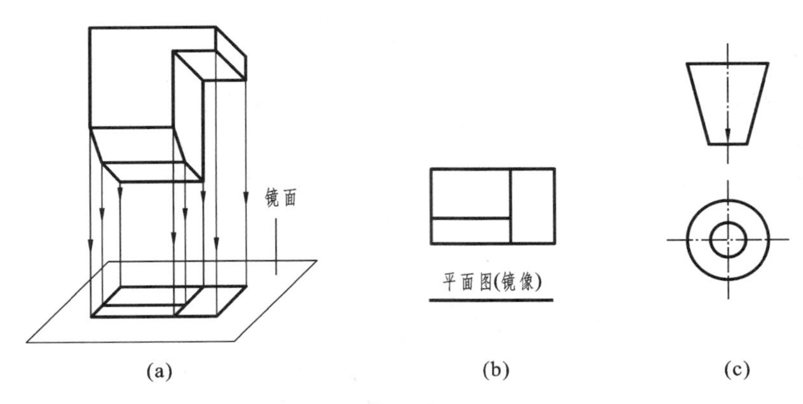

图 5-5　镜像投影法

于 V 面后，画出它的南立面图，但平面图的形状、位置不变，此时的南立面图即为展开视图，将其注写为“南立面图(展开)”。

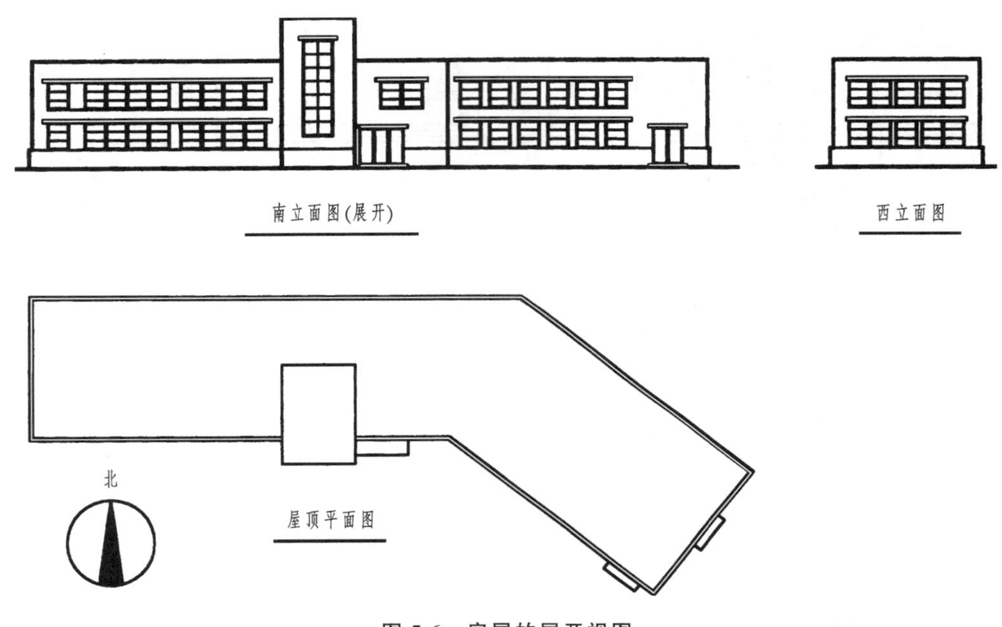

图 5-6　房屋的展开视图

5.1.4　视图选择

一个建筑形体需要选择什么样的视图来表达的过程，称为视图选择。

选择视图，要根据工程形体本身的形状特点和复杂程度来进行，主要体现在以下三个方面。

1. 形体安放位置

形体安放位置实质是形体对水平投影面的相对位置的选择。

(1) 自然位置。画图时形体的位置要与形体通常所处的位置一致。例如，一座房屋总是屋顶向上的，台阶是踏步面向上的。

(2) 工作位置。按生产工艺和安装要求来放置形体。例如，房屋建筑中的梁应水平放，而柱子则应竖放等。

(3) 平稳原则。要使形体能在水平方向放稳且上小下大。例如,锥体应使其锥顶在上,即使其底面呈水平位置安放。

(4) 特征轮廓。要使得形体主要的特征平面平行于基本投影面,不但视图形状能够反映出特征平面的实形,而且还能够得出合适的其他视图,并使视图数量最少,且能合理地使用图幅。

2. 正立面图的选择

正立面图的选择实质是形体对各竖直的基本投影面的选择,一般应使正立投影面平行于形体上最能反映出外貌特征的一个侧面。

(1) 反映立体的主要面。例如,房屋的正面、主要出入口所在的面,或艺术处理最美观的侧面作为正立面。

(2) 反映形体的形状特征。

(3) 反映出形体较多的组成部分。能看到形体较多的部分,可使图中出现的虚线较少。

3. 确定其他视图

工程形体不一定都要全部用三视图或六视图表示,而应在保证形体完整、清晰表达的前提下,尽量采用较少的视图。

5.1.5 视图识读

绘制图样是把空间形体按正投影法表达在图纸上,识读图样则是根据一组视图,通过分析阅读、想象出空间形体的形状。所以绘制与识读,二者相辅相成,为了能够正确而迅速地看懂视图,必须掌握识读图样的基本方法和思维规律。

1. 识读视图的基本知识

1) 明确视图中图线、线框的含义

形体的视图是由各种图线和封闭线框组成。识读时,应根据空间几何元素的投影特性,对其进行正确分析构想,弄清各种图线及线框的投影含义,分析其具体的形状与空间关系,建立起它们的空间形象。

2) 几个视图联系起来识读

工程形体的每一个投影只能反映形体部分形状特征,形状是通过几个视图来表达的,在一般情况下,仅看一个或两个视图不能确定工程形体的形状。如图 5-7 所示,虽然这些形体的平面图完全相同,但通过正立面图反映出它们的空间形状是不同的。在阅读的时候,应该从最能反映形体特征的投影着手,结合其他几个投影来综合分析。如图 5-8 所示,形体的平面图与立面图完全相同,只能通过对侧立面图的阅读,才能想象出它们的空间形状。因此,在阅读图纸时,只有将两个以上的视图联系起来分析,才能准确地想象出物体的空间形状。

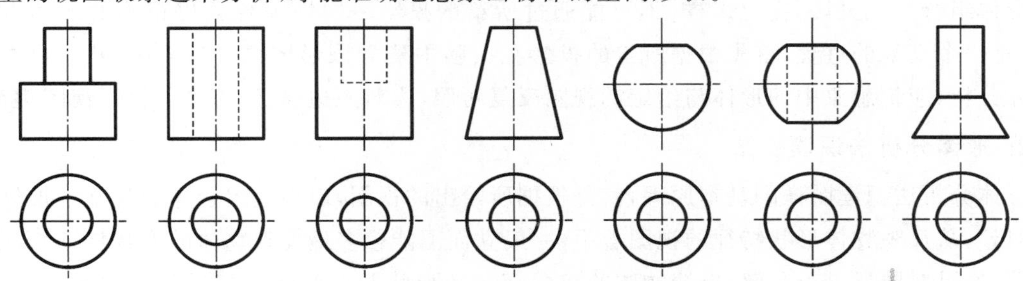

图 5-7 依据单一投影不能确定空间形体

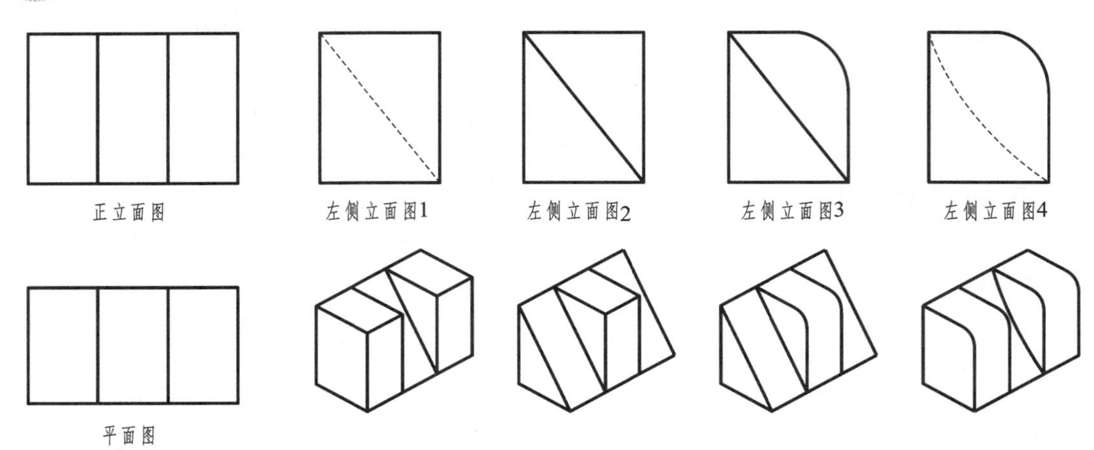

图 5-8　依据两个视图不能确定空间形体

3）抓住形体特征和相对位置

识读视图既要抓住形状特征明显的正立面图，又要认真分析形体间相邻表面的相对位置。如图 5-9 所示，如果只看形体的正立面图和平面图，不能确定其唯一形状，若加画左侧立面图，就可以确定形状，正立面图是反映形状特征的视图，而左侧立面图是反映位置特征的视图。读图时应注意分析视图中反映形体之间有关联的图线，判断各形体间的相对位置。

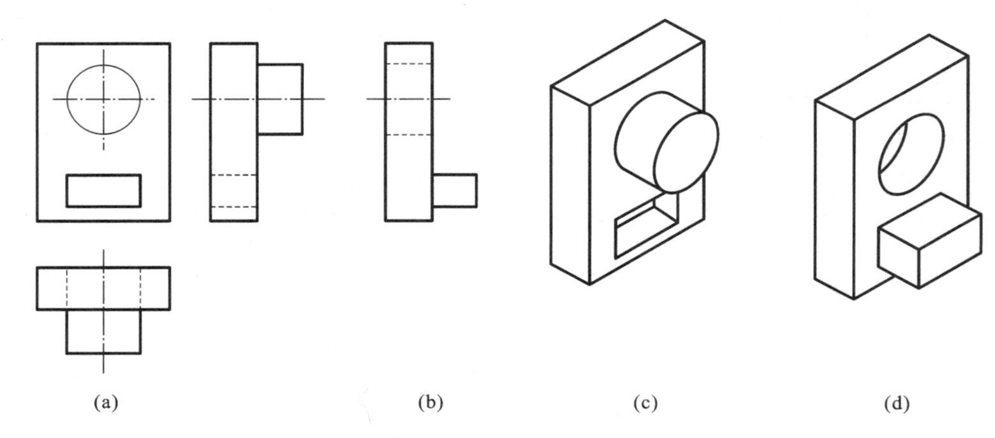

图 5-9　反映位置特征的空间形体的读图示例

4）将想象的形体与给定视图反复对照

形体组合方式灵活，变化多样，不可能通过所给的投影一次性地想象出正确的形体空间形状，这是一个反复的过程，首先根据所给的投影在头脑中建立该形体的大致轮廓，然后再根据投影具体分析，应把想象中的形体与给定的视图反复对照，边对照边修正，直至与投影视图相符合。

2. 形体分析法识读视图

形体分析法识读图样的基本原理，就是根据所给出的视图，以构成组合体的各基本形体作为分析对象，从反映物体形状特征的视图着手（一般立面图能较多地反映物体的形状特征），配合其他视图，通过对图形进行分解，搞清物体的组成部分的形状及彼此间的相对位置和组合形式，最后综合想象出物体的整体形状。

例 5-1 运用形体分析法识读如图 5-10(a)所示的房屋模型组合体的三视图。

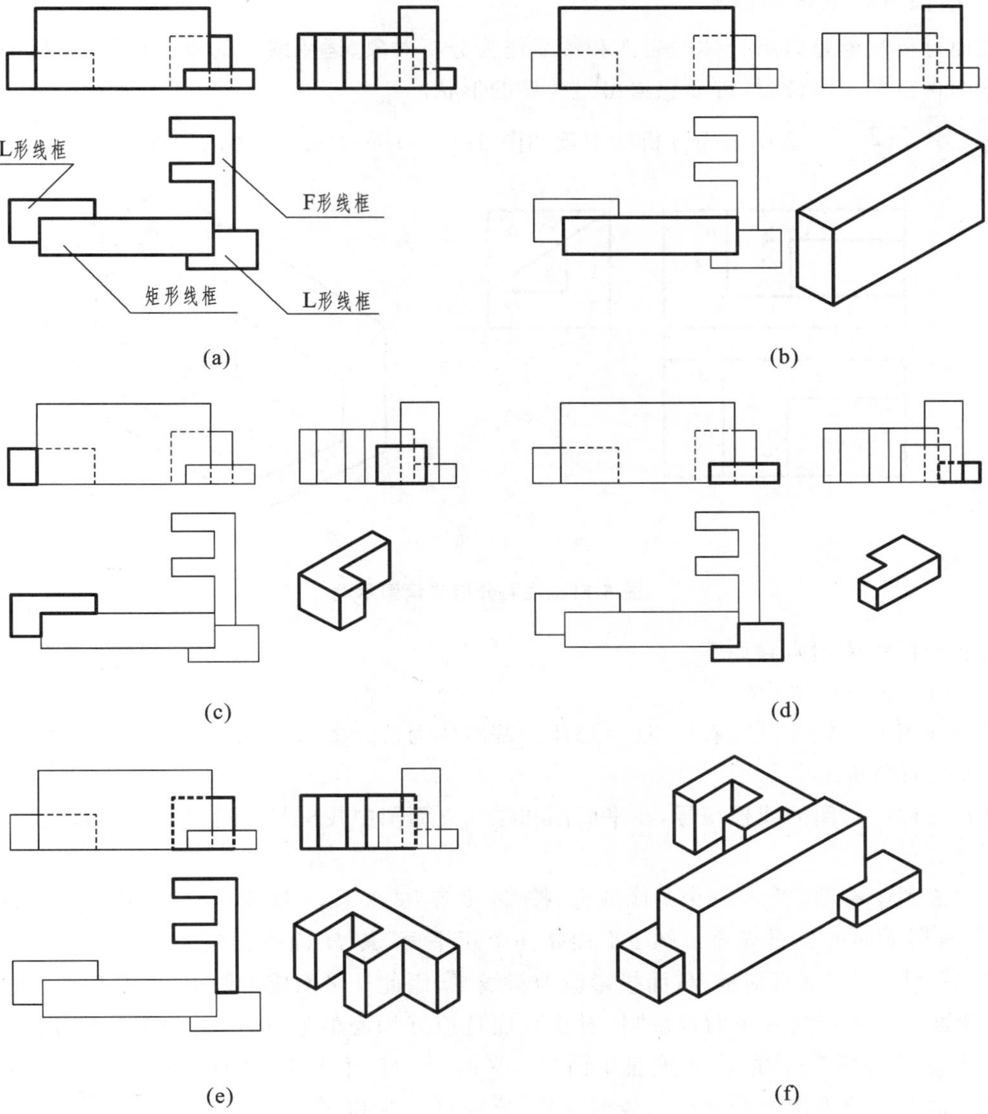

图 5-10 房屋模型组合体读图示例

识读组合体的方法和步骤如下。

(1) 分线框。将工程形体分解成若干个简单体，因此，可以从反映形体特征的平面图入手，划分成四个线框：一个矩形线框，一个 F 形线框和两个 L 形线框。

(2) 对投影。对照其他视图，找出与之对应的投影，确认各基本体并想象出它们的形状。

矩形线框，如图 5-10(b)所示，三个投影都为矩形，该部分为四棱柱(长方体)。左 L 形线框，如图 5-10(c)所示，这部分位于四棱柱左后方，通过分析想象出该部分为 L 形棱柱体。右 L 形线框，如图 5-10(d)所示，也是一个 L 形棱柱体。F 形线框，如图 5-10(e)所示，是一个位于四棱柱右后方、与四棱柱和右前方的 L 形棱柱都相交的 F 形棱柱。

(3) 读懂各简单体之间的相对位置，得出工程形体的整体形状。如图 5-10(f)所示，读懂该组合体的四个组成部分彼此之间的相对位置，想象出这个形体的整体形状。

3. 线面分析法识读视图

线面分析法就是以组合体的表面和棱线作为分析对象，运用线面的投影规律，分析视图中线和线框的含意和空间位置，进而想象出组合体的形状。

例 5-2 运用线面分析法识读如图 5-11(a)所示的组合体的三视图。

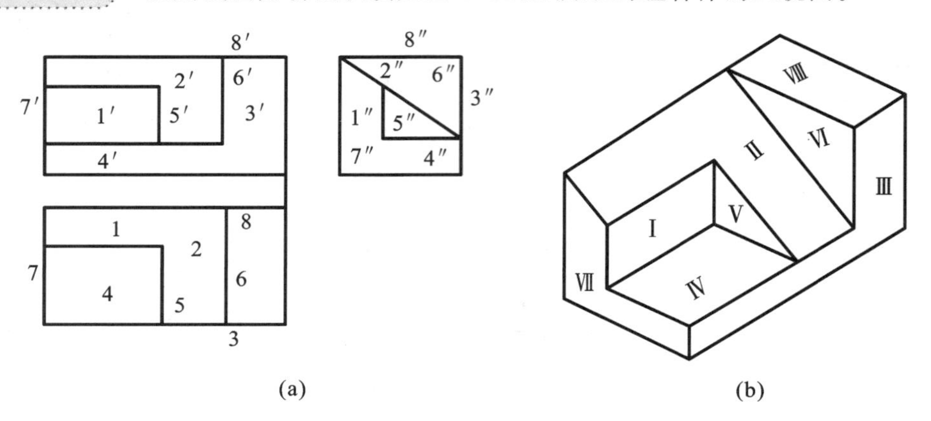

图 5-11　线面分析法读图示例

线面分析法读图步骤如下。

(1) 初步进行形体分析。

从三视图的外轮廓可以看出，这个形体的基本体为长方体，是一个切割型的组合体。

(2) 线面分析。

将正立面中封闭的线框编号，在平面图和左侧立面图中找出与之对应的线框或线段，确定其空间形状。

正立面图中有 1′、2′、3′三个封闭线框，按“高平齐”的关系，1′线框对应 *W* 面投影上的一条竖直线 1″，根据平面的投影规律可知Ⅰ平面是一个正平面，其 *H* 面投影应为与之“长对正”的平面图中的水平线 1。2′线框对应 *W* 面投影应为斜线 2″，因此Ⅱ平面应为侧垂面，根据平面的投影规律，其 *H* 面投影不仅与其正面投影“长对正”，而且应互为类似形，即为平面图中封闭的 2 线框。3′线框对应 *W* 投影为竖线 3″，说明Ⅲ平面为正平面，其 *H* 面投影为横向线段 3。

将平面图和侧面图中剩余封闭线框编号，分别有 4、8 和 5″、6″、8″。其中，4 线框对应投影为线段 4′和 4″，此为矩形的水平面；8 线框对应投影为线段 8′和 8″，其亦为矩形的水平面；5″线框的对应投影为竖向线 5′和 5，可确定为形状是直角三角形的侧平面；同理，6″线框及竖线 6′和 6 亦为侧平面；8″线框对应投影为竖线 8′和 8，可确定它亦为侧平面。

(3) 综合想象工程形体的整体形状。

识读这个组合体的三视图，经初步形体分析和比较细致的线面分析后所得的整体形状，如图 5-11(b)所示。

4. 综合分析法识读视图

综合分析法，就是将形体分析法与线面分析法综合起来，分析形体的整体情况。对应一个工程形体，先是进行形体分析，拆分成若干个基本形体，研究基本形体的投影，对不清楚的部分，再进行线面分析，想象出形体空间形状。

5.2 剖面图

5.2.1 基本概念与画法

在绘制建筑形体的视图时，形体上不可见的轮廓线需用虚线画出。对于内形复杂的建筑物，如一幢房屋，内部有各种房间、走廊、楼梯、门窗、基础等，如果都用虚线来表示这些看不见的部分，必然会造成图面虚实线交错，混淆不清，既不便于标注尺寸，也容易产生混乱。一些构配件也存在同样的问题。

为了能直接表达形体内部的形状，假想用剖切面剖开形体，将处于观察者和剖切面之间的部分移去，把剩下部分向投影面投射，所得的图形称为剖面图。剖面图将形体内部构造显露出来，使看不见的形体部分变成了看得见的部分，清晰直观的描述形体的内部构造。

以钢筋混凝土双柱杯形基础为例，如图 5-12 所示。这个基础安装柱子用的两个杯口，在正立面图和侧立面图上投影都为虚线，图面不清晰。可假想用一个通过基础前后对称平面的剖切平面 P 将基础剖开，然后将剖切平面 P 连同它前面的半个基础移走，将留下来的半个基础投射到与剖切平面 P 平行的投影面 V 上，如图 5-13(a)所示，所得到的视图称为剖面图，如图 5-13(b)所示。比较图 5-12 的 V 面投影和图 5-13(b)的剖面图，可以看到，在剖面图中，基础内部的形状、大小和构造，如杯口的深度和杯底的长度，都表示得一清二楚。

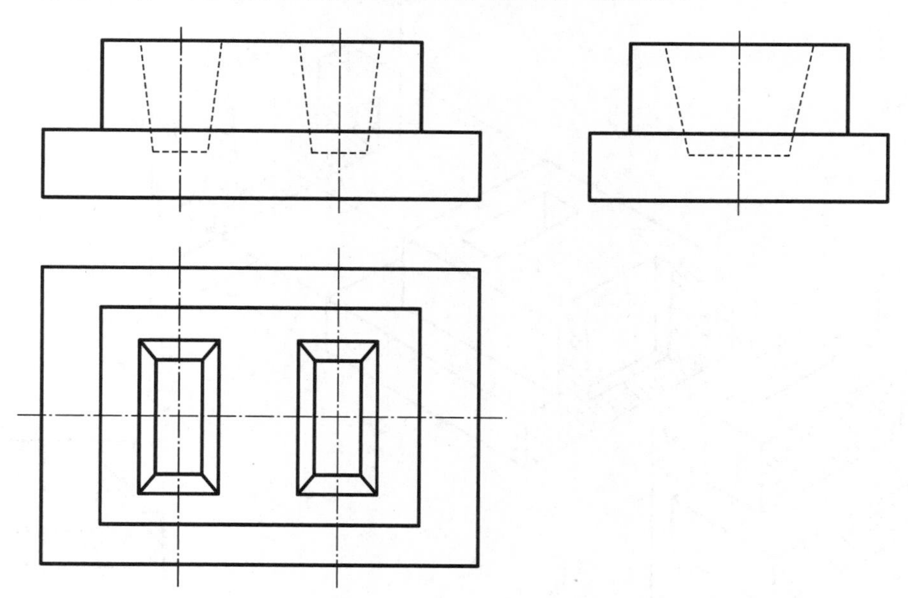

图 5-12　双柱杯形基础投影图

同样，可以用一个通过左侧杯口的中心线并平行于 W 面的剖切平面 Q 将基础剖开，移去剖切平面 Q 和它左边的部分，然后向 W 面进行投射，如图 5-14(a)所示，得到基础的另一个方向的剖面图，如图 5-14(b)所示。

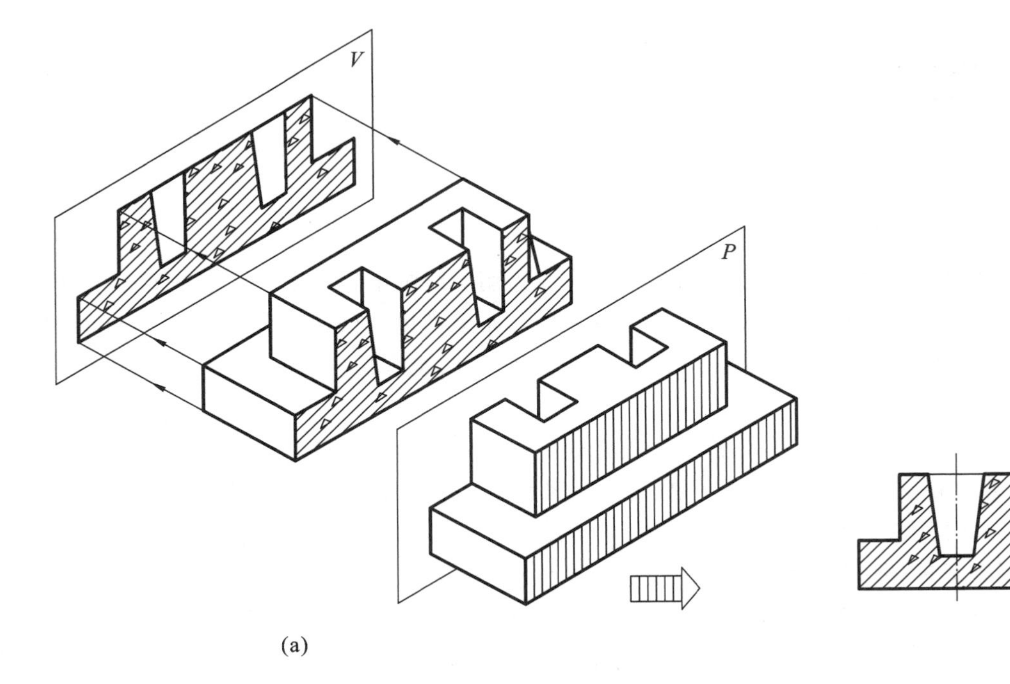

(a)　　(b)

图 5-13　*V* 向剖面图的产生

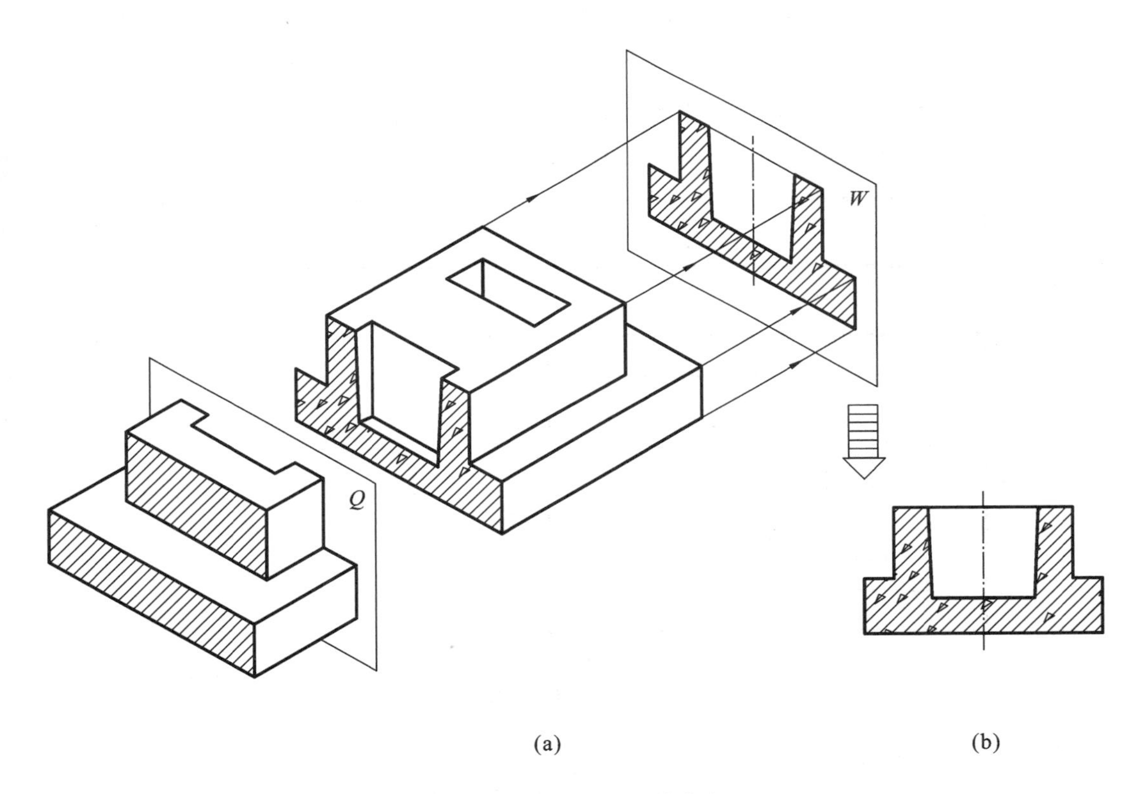

(a)　　(b)

图 5-14　*W* 向剖面图的产生

注意：由于剖切是假想的，所以只在画剖面图时才能假想将形体被切去一部分。形体始终是完整的，在画其他视图时，仍按完整的形体画出。如图 5-15 所示，在画 V 向的剖面图时，虽然已将基础"剖去"了前半部，但在画 W 向的剖面图时，则仍按完整的基础剖开。平面图也按完整的基础画出。

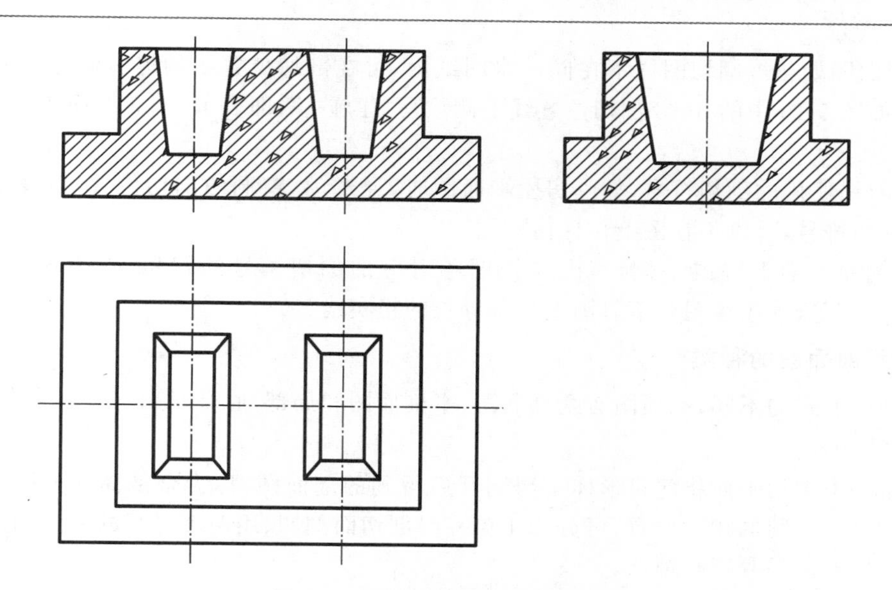

图 5-15　用剖面图表示的投影图

形体剖开之后都有一个截口，即截交线围成的平面图形，称为断面。在剖面图中，应根据不同材料画出相应的建筑材料图例。当不需要表明材料时，通常可按习惯画间隔均匀的 45°细实线。图 5-13 至图 5-15 所示的断面上所画的是钢筋混凝土图例。

5.2.2　剖面图的画法规定

1. 图线

剖面图除应画出剖切面切到部分的图形外，还应画出沿投射方向看到的其余部分，被剖切面切到部分的轮廓线用粗实线绘制，剖切面没有切到、但沿投射方向可以看到的部分，用中实线绘制。

在剖面图中，应根据不同材料画出相应的建筑材料图例。当不需要表明材料时，通常可按习惯画间隔均匀、同方向的 45°细实线。

2. 剖面图标注

为了读图方便，需要用剖切符号把所画的剖面图的剖切位置和剖视方向在投影图上表示出来，同时，还要给每一个剖面图加上编号，以免产生混乱。对剖面图的标注方法有如下规定。

(1) 用剖切位置线表示剖切平面的剖切位置。剖切位置线实质上就是剖切平面的积聚投影。不过规定它只用两小段粗实线(长度为 6～8 mm)来表示，并且不应与其他图线相接触，如图 5-16 所示。

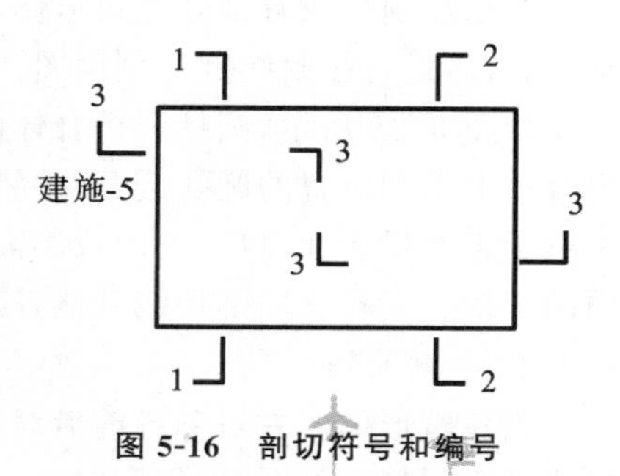

图 5-16　剖切符号和编号

（2）剖切后的剖视方向用垂直于剖切位置线的短粗实线（长度为 4～6 mm）来表示，如画在剖切位置线的左面表示向左投射。

（3）剖切符号的编号，应采用阿拉伯数字，按顺序由左至右，由下至上连续编排，并注写在剖视方向线的端部。剖切位置线需转折时，应在转角的外侧加注与该符号相同的编号，如图 5-15 中的“3—3”所示。

（4）剖面图如与被剖切图样不在同一张图纸内，可在剖切位置线的另一侧注明其所在图纸的图纸号，如图 5-16 中的 3—3 剖切位置线下侧注写“建施-5”，即表示 3—3 剖面图在“建施”第 5 号图纸上。

（5）对习惯使用的剖切符号（如画房屋平面图时，通过门、窗洞的剖切位置）以及通过构件对称平面的剖切符号，可以不在图上作任何标注。

（6）在剖面图的下方或一侧，写上与该图相对应的剖切符号的编号，作为该图的图名，如“1—1”、“2—2”等，并应在图名下方画上一条等长的粗实线。

3. 常用剖面图的种类

根据剖切方式的不同，剖面图有全剖面图、半剖面图和局部剖面图等。

1）全剖面图

假想用一个剖切平面将建筑形体全部剖开后得到的剖面图，称为全剖面图。根据剖切平面的数量和剖切平面间的相对位置，可分为用单一的剖切面剖切、用两个平行的剖切面剖切和用两个相交的剖切面剖切等三种情况。

（1）一个剖切面剖切。

如图 5-17 所示的房屋，为了表现它的内部布置，假想用一个水平的剖切平面，通过门、窗洞将整幢房屋剖开，如图 5-17(a)所示，然后画出其整体的剖面图。这种水平剖切的剖面图，在房屋建筑图中称为平面图，如图 5-17(b)所示。

（2）用两个平行的剖切面剖切。

若一个剖切平面不能将形体上需要表达的内部构造一齐剖开时，可将剖切平面转折成两个或两个以上互相平行的平面，将形体沿着需要表达的部分剖开，然后画出剖面图。

如图 5-17 所示的房屋，如果只用一个平行于 W 面的剖切平面，就不能同时剖开房屋前墙的窗和后墙的窗，这时可将剖切平面转折一次，如图 5-17(b)所示，使用一个平面剖开前墙的窗，另一个与其平行的平面剖开后墙的窗，如图 5-17(b)中的 1—1 剖面图。由于剖切是假想的，因此在剖面图中不应画出两个剖切平面的分界交线。需要转折的剖切线，应在转角的外侧加注与该符号相同的编号。

（3）用两个相交的剖切面剖切。

假想按剖切位置剖开建筑形体，然后将被倾斜剖切平面剖开的部分旋转到与选定的投影面平行后，再进行投射得到的剖面图。用此方法剖切时，应在该剖面图的图名后加注“展开”两字。

如图 5-18 所示，圆柱形组合体的正立面图，是用两个相交的铅垂剖切平面，沿 1—1 位置将组合体上不同位置的圆孔剖开，并将其中一个剖面绕两剖切平面的交线旋转展开，使两个剖面都平行于正立投影面，再一起向投影面投射得到的剖面图。在剖面图中不应画出两个相交剖切平面的交线。在相交的剖切线外侧，应加注与该剖切符号相同的编号。

2）半剖面图

当建筑形体左右对称或前后对称而外形又比较复杂时，可以画出由半个外形正面投影图和半个剖面图拼成的图形，以同时表示形体的外形和内部构造。这种剖面图称为半剖面图。

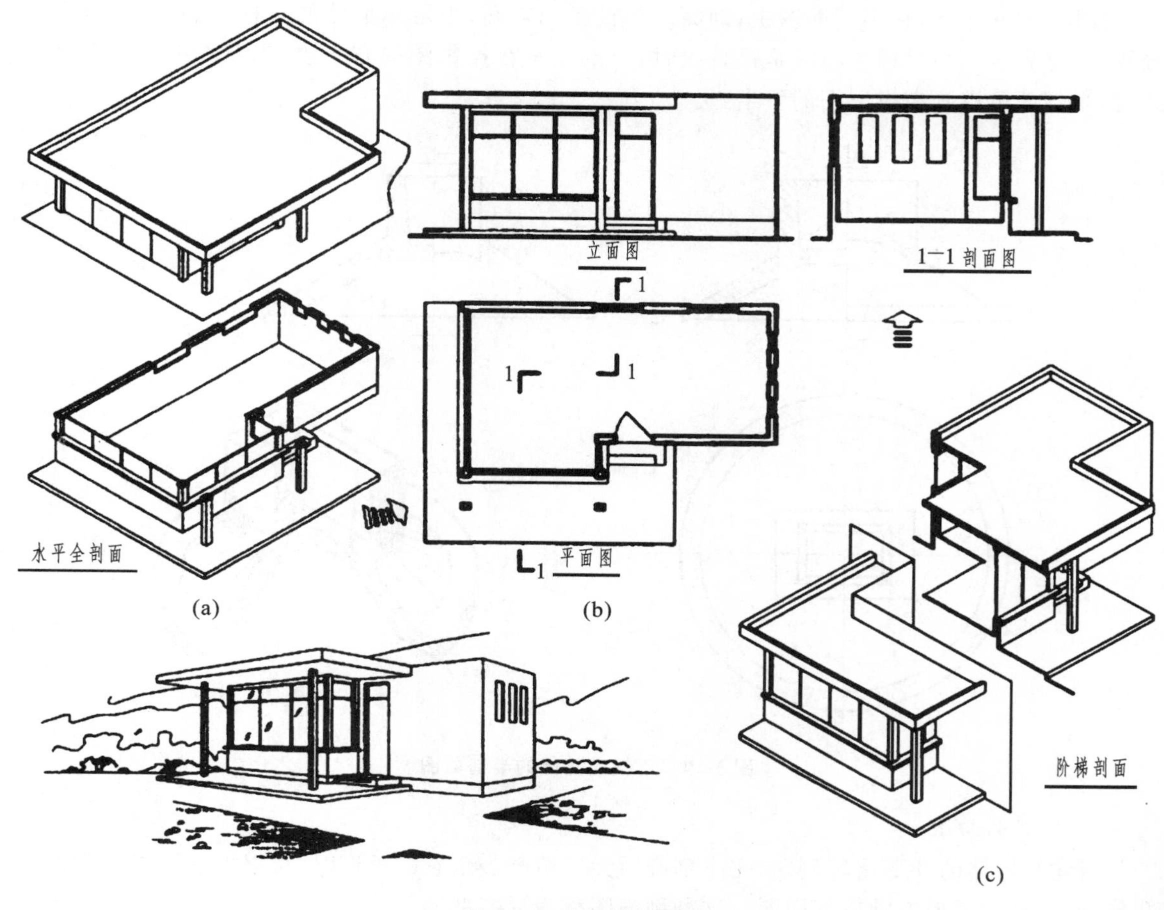

图 5-17　房屋的剖面图

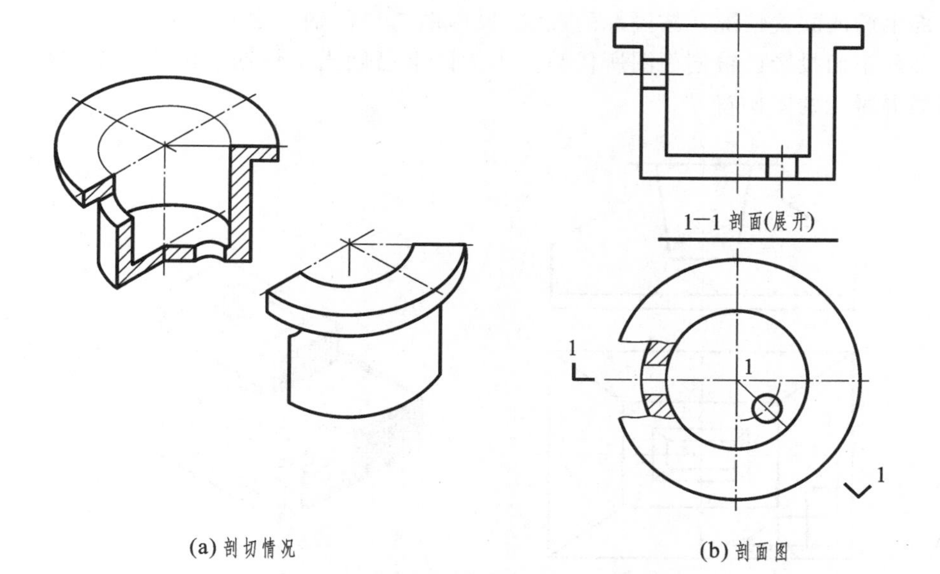

图 5-18　用两个相交的剖切面剖切

如图 5-19 所示，在半剖面图中，剖面图和投影图之间，规定用形体的对称中心线（细单点长画线）为分界线。当对称中心线是铅直线时，半剖面画在投影图的右半边；当对称中心线是水平线时，半剖面可以画在投影图的下半边。

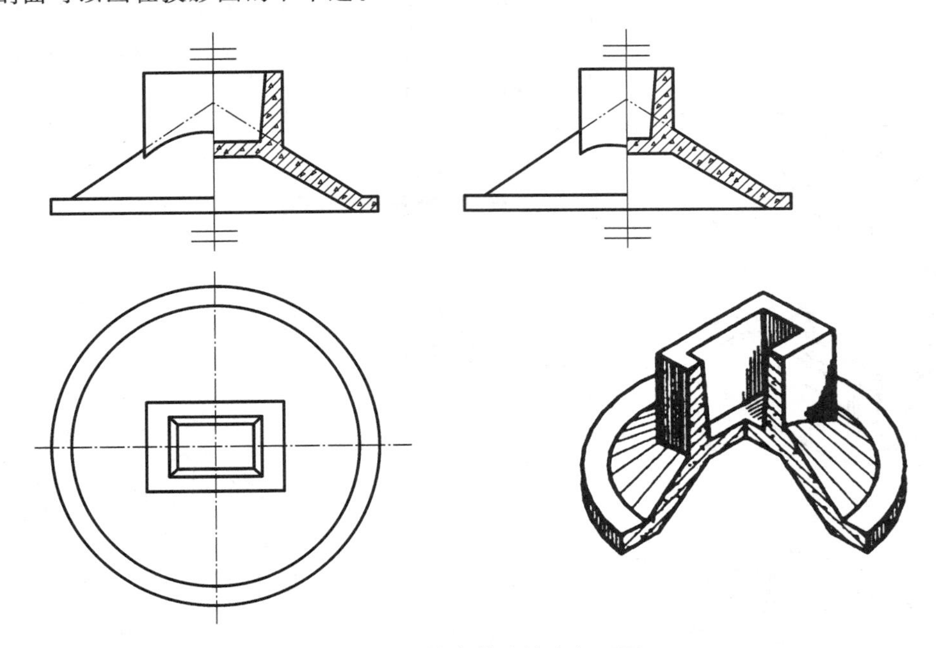

图 5-19　正锥壳基础的半剖面图

3）局部剖面图

当建筑形体的外形比较复杂，完全剖开后无法清楚表示它的外形时，可以保留原投影图的一部分，而只将局部地方画成剖面图。这种剖面图称为局部剖面。

如图 5-20 所示，在不影响外形表达的情况下，将杯形基础水平投影的一部分画成剖面图，表示基础内部钢筋的配置情况。按国标的规定，投影图与局部剖面之间应使用徒手画的波浪线分界。该基础的正面投影已被剖面图所代替。因为图上已画出了钢筋的配置情况，故在断面上便不再画钢筋混凝土的图例符号。

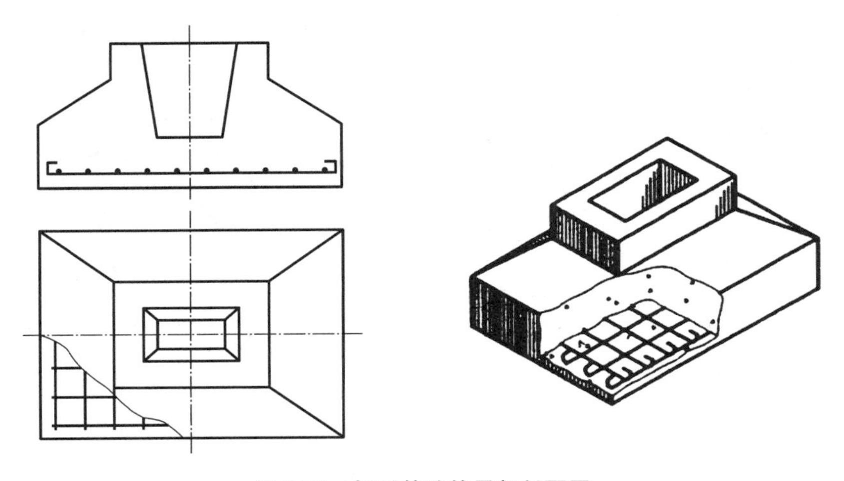

图 5-20　杯形基础的局部剖面图

若局部剖面的层次较丰富，可应用分层局部剖切的方法，画出分层剖切剖面图，这种剖面图多用于表达楼面、地面和屋面的构造。

如图 5-21 所示，分层局部剖面图可反映楼面各层所用的材料和构造的做法，用波浪线将各层隔开，注意波浪线不应与任何图线重合。

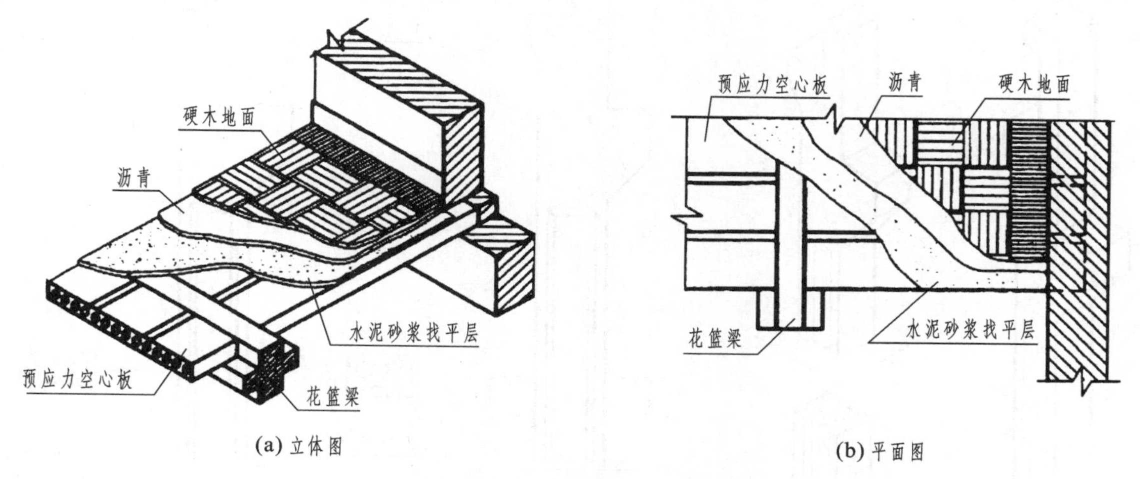

图 5-21　分层局部剖面图

5.3 断面图

5.3.1　断面图的基本概念

前面介绍过，当剖切平面将形体剖开之后，形体上的截口，即截交线所围成的平面图形称为断面。如果只把这个断面投射到与它平行的投影面上，所得的投影是断面的实形，称为断面图。与剖面图一样，断面图也是用来表示形体（如梁、板、柱等构件）的内部形状的。剖面图与断面图的区别有以下几点。

(1) 断面图只画出形体被剖开后断面的实形，如图 5-22(d)所示。而剖面图要画出形体被剖开后整个余下部分的投影，如图 5-22(c)所示，除画出了断面外，还画出了牛腿的投影（1—1 剖面图）和柱脚部分投影（2—2 剖面图）。

(2) 剖面图是被剖开的形体的投影，是体的投影，而断面图只是一个截口的投影，是面的投影。被剖开的形体必有一个截口，所以剖面图必然包含断面图在内，而断面图虽属于剖面图中的一部分，但一般单独画出。

(3) 剖切符号的标注不同。断面图的剖切符号只画剖切位置线，不画投影方向线，用编号的注写位置来表示投影方向，如图 5-22(d)所示。编号写在剖切位置线下侧，表示向下投射；注写在左侧，表示向左投射。

5.3.2　常用断面图的种类

1. 移出断面图

当一个形体构造比较复杂，需要有多个断面图时，通常将断面图画在视图轮廓线之外，排列

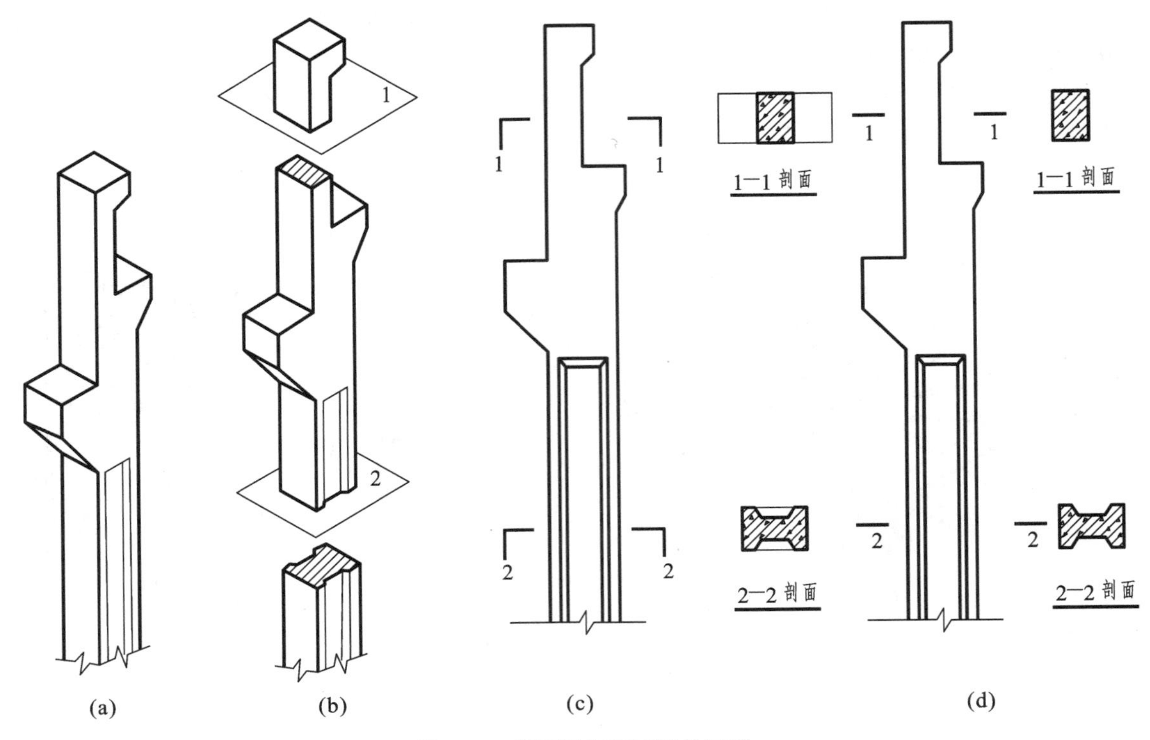

图 5-22　剖面图与断面图的区别

整齐，这样的断面图称为移出断面图。移出断面图是表达建筑构件时常用的一种图样，如结构施工图中的基础详图、配筋图中的断面图等都属于移出断面图。如图 5-23 所示为梁的移出断面图。

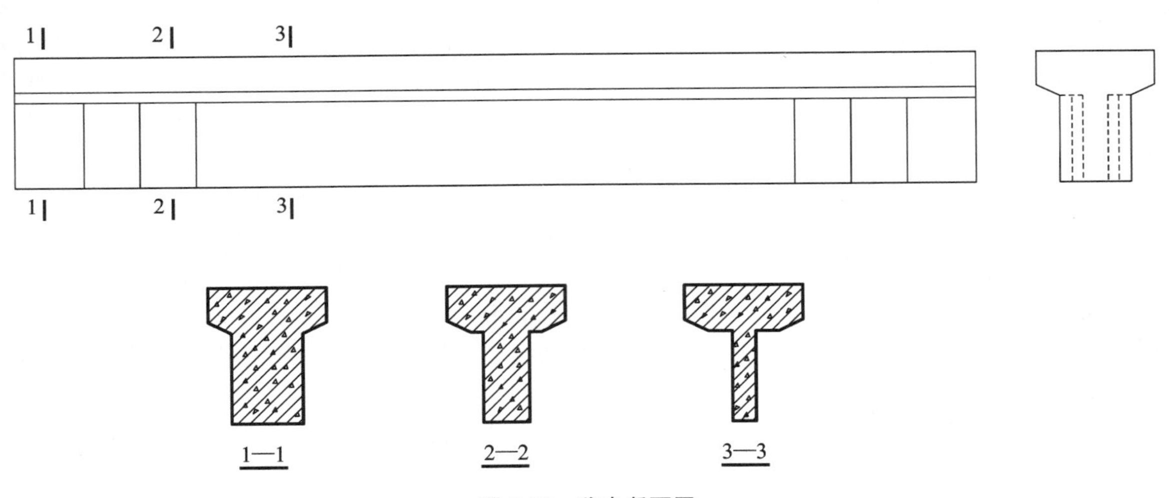

图 5-23　移出断面图

2. 重合断面图

在表达一些比较简单的断面形状时，可以将断面图画在原视图之内，比例与原视图一致，这样的断面图称为重合断面图。

重合断面图经常用来表示墙壁立面的装饰，如图 5-24 所示，用重合断面表示出墙壁装饰板的凹凸变化。此断面图的形成是用一个水平剖切平面，将装饰板剖开后，得到断面图，然后再将断面图向下翻转 90°与立面图重合在一起。

结构梁板的断面图可画在结构布置图上，如图 5-25 所示。

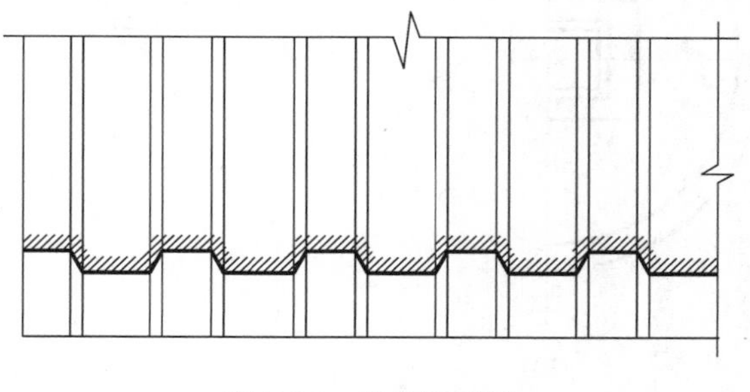

图 5-24　重合断面图

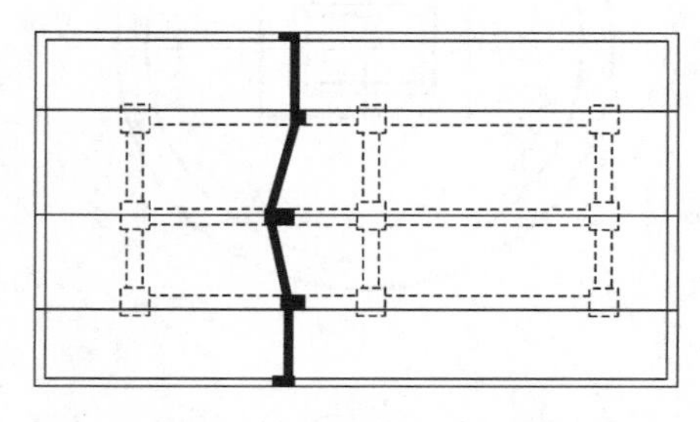

图 5-25　断面图画在布置图上

3. 中断断面图

在表达较长而只有单一断面的杆件时，可以将杆件的视图在某一处打断，而在断开处画出其断面图，这种断面图称为中断断面图。中断断面不需要标注剖切符号，也不需任何说明。中断断面经常用在钢结构图中来表示型钢的断面形状，如图 5-26 所示。

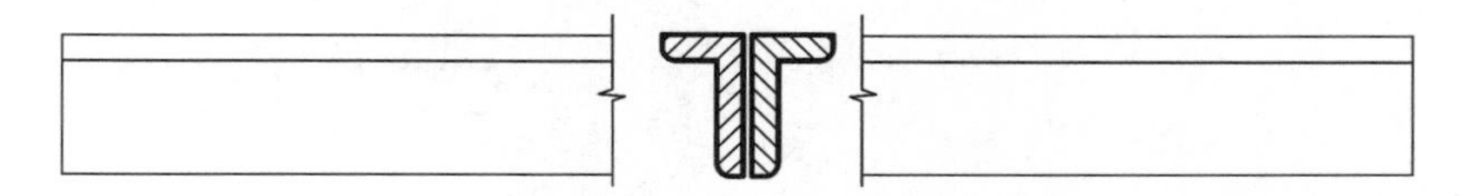

图 5-26　中断断面图

5.4 简化画法

为减少画图工作量，提高工作效率，或由于绘图位置不够，建筑制图国家标准允许在必要时采用下列简化画法。

5.4.1　对称简化画法

构配件的视图有一条对称线，可只画该视图的一半，并画出对称符号。如图 5-27(a)所示的锥壳基础平面图。由于该视图左右对称，可以只画左半部视图，并在对称轴线的两端画出对称符号，如图 5-27(b)所示。对称线用细单点长画线来表示。对称符号用一对平行的短细实线来表示，其长度为 6～10 mm，间距为 2～3 mm。两端的对称符号到图形的距离应相等。

构配件的视图有两条对称线，可只画该视图的 1/4，并画出对称符号。圆锥壳基础的平面图不仅左右对称，而且上下对称，因此还可以进一步简化，只画出其 1/4，但同时要增加一条水平的对称线和对称符号，如图 5-27(c)所示。

对称构配件图形也可稍超出其对称线，此时可不画对称符号，如图 5-28(a)所示的屋架图。

对称形体需要画剖面图或断面图时，可以以对称符号为界，一半画视图(外形图)，一半画剖面图或断面图，如图 5-28(b)所示。

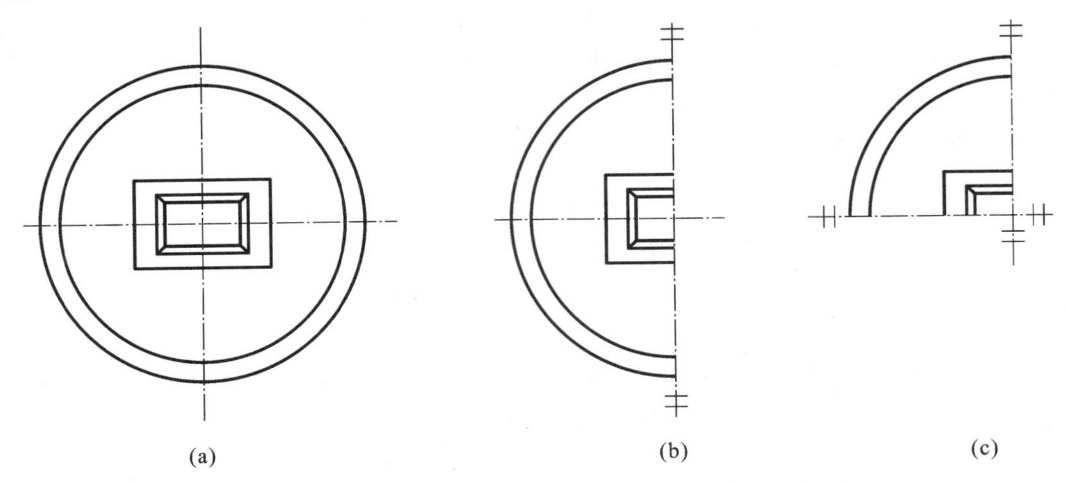

图 5-27　对称画法（一）

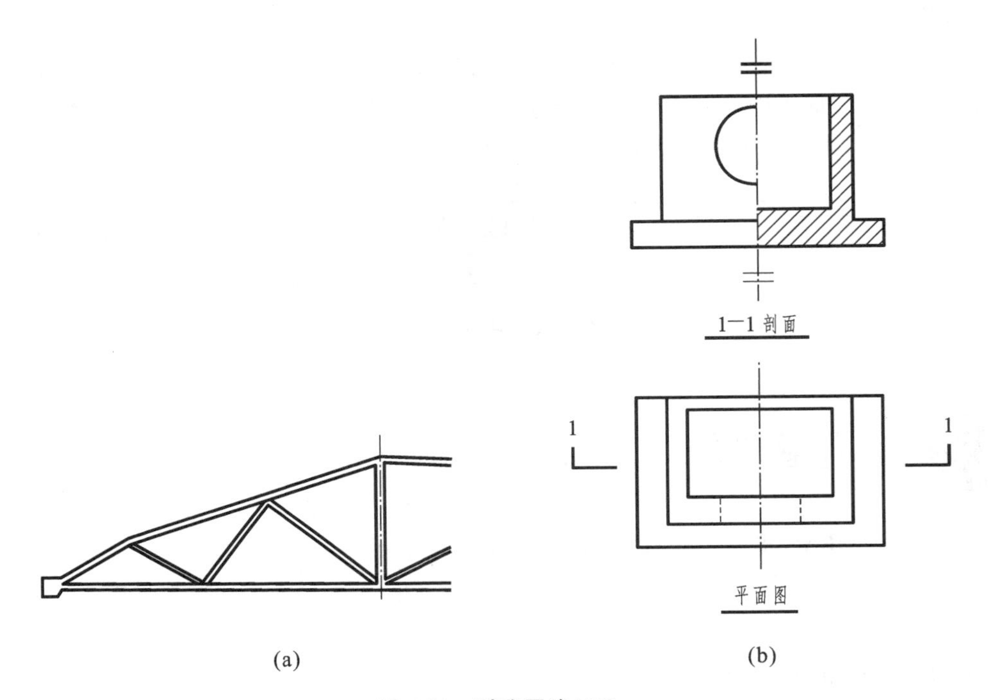

图 5-28　对称画法（二）

5.4.2　相同要素的简化画法

构配件内多个完全相同而连续排列的构造要素，可以在排列两端或适当位置画出其完整形状，其余部分以中心线或中心线交点表示，如图 5-29(a)所示。

当相同构造要素少于中心线交点，则其余部分应在相同构造要素位置的中心线交点处用小圆点表示，如图 5-29(b)所示。

另外，如图 5-30 所示，一段砌上 8 件琉璃花格的围墙，只需画出其中一个花格，其余明确其位置即可。

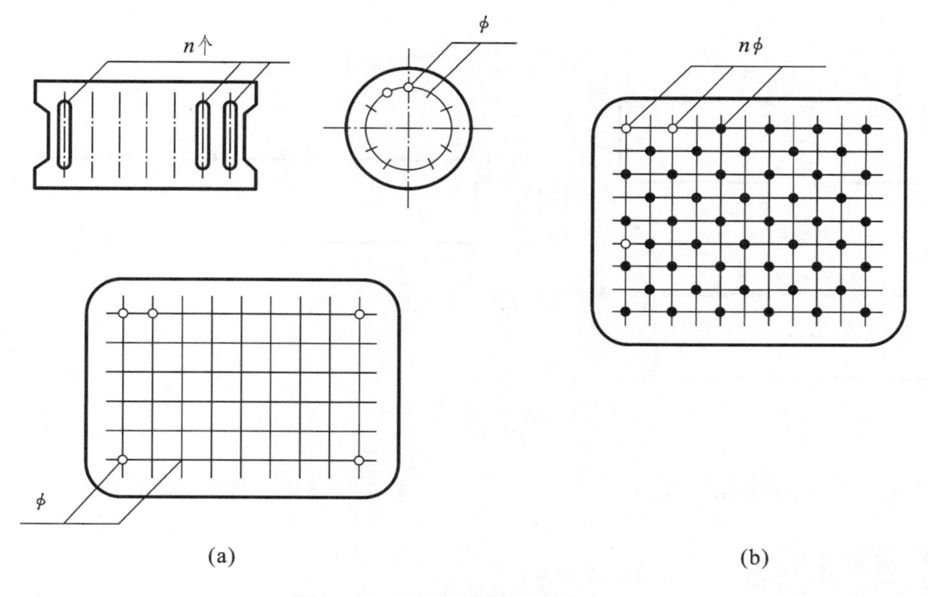

图 5-29 相同要素简化画法(一)

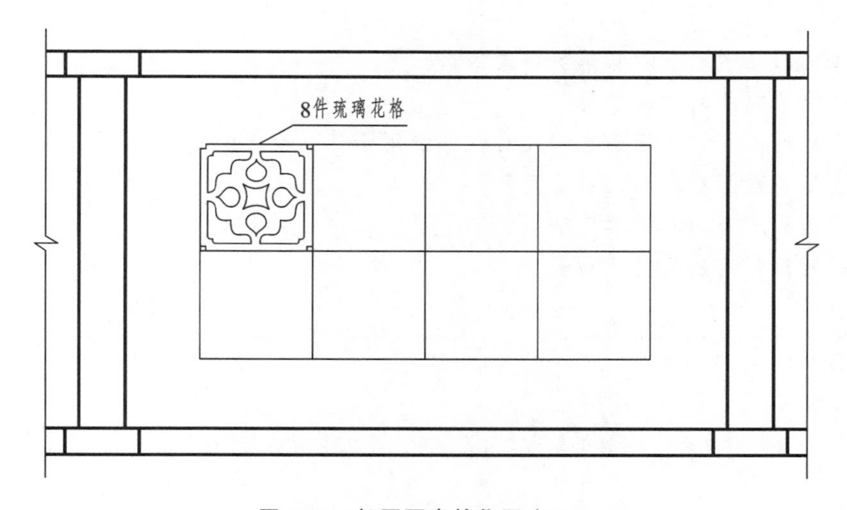

图 5-30 相同要素简化画法(二)

5.4.3 折断简化画法

较长的构件,当沿长度方向的形状相同或按一定规律变化时,可断开省略绘制,断开处应以折断线表示,如图 5-31(a)所示。

一个构配件,如果绘制位置不够,可分成几个部分绘制,并应以连接符号表示相连。连接符号应以折断线表示需连接的部位。两部位相距过远时,折断线两端靠图样一侧应标注大写拉丁字母以表示连接编号。两个被连接的图样应使用相同的字母编号,如图 5-31(b)所示。

一个构配件如与另一个构配件仅部分不相同,该构配件可只画不同部分,但应在两个构配件的相同部分与不同部分的分界线处,分别绘制连接符号,如图 5-32 所示。

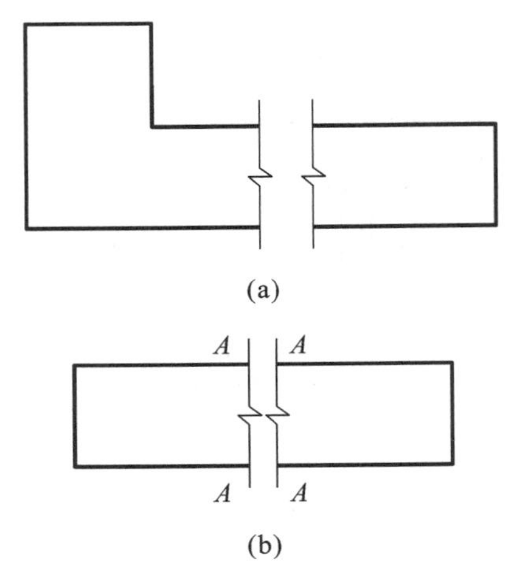

图 5-31　折断简化画法（一）

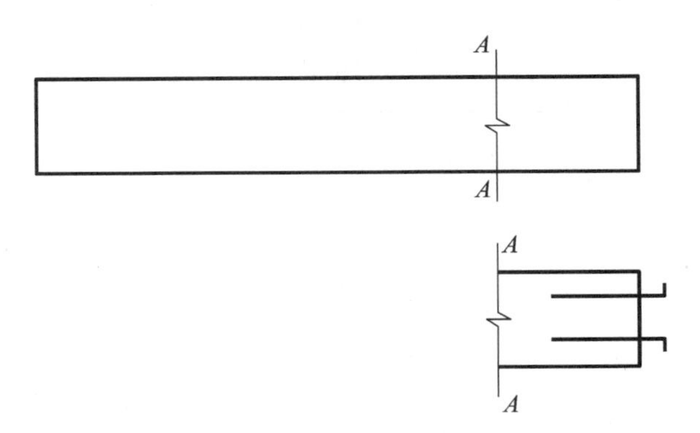

图 5-32　折断简化画法（二）

思考与练习

1. 六面视图之间的投影联系规律是什么？
2. 简述镜像视图的形成原理。
3. 什么是剖面图？剖面图有哪几种？分别用于什么情况？
4. 什么是断面图？断面图有哪几种？
5. 剖面图和断面图有哪些区别？
6. 常用的简化画法有哪几种？

Chapter 6

第 6 章 建筑施工图

学习目标

- 了解建筑施工图的分类、建筑施工图的组成及常用图例和符号。
- 掌握识读总平面图、平面图、立面图、剖面图及建筑详图的方法。
- 掌握绘制总平面图、平面图、立面图、剖面图及建筑详图的方法。

6.1 建筑施工图概述

建筑施工图是表示建筑物的总体布局、外部造型、内部布置、细部构造、内外装饰、固定设施和施工要求的图纸，是建筑设计师向施工等合作单位表达其设计意图的语言，是指导建筑施工、编制工程预决算的指导性文件。

6.1.1 施工图的产生

建筑工程设计人员把建筑物的形状与大小、结构与构造、设备与装修等，按照相关国家标准的规定，分别用正投影法准确绘制的图样，称为房屋建筑工程施工图，其主要用于指导施工。房屋建筑工程施工图的设计一般分为两个阶段，即初步设计阶段和施工图设计阶段。对于规模较大、功能复杂的建筑，为了使工程技术问题和各专业工种之间能很好地衔接，还需要在初步设计阶段和施工图设计阶段之间插入一个技术设计阶段，形成三阶段设计。

(1) 初步设计阶段。该阶段提出若干种设计方案供选用，待方案确定后，按比例绘制初步设计图，确定工程概算，报送有关部门审批，是技术设计和施工图设计的依据。初步设计一般包括简略的总平面布置，房屋的平面图、立面图及剖面图，有关技术和构造说明等。

(2) 技术设计阶段，又称扩大初步设计阶段。是在初步设计的基础上，进一步确定建筑设计各工种之间的技术问题。技术设计的图纸和设计文件，要求建筑工种的图纸标明与技术工种有关的详细尺寸，并编制建筑部分的技术说明书，结构工种应有建筑结构布置方案图，并附初步计算说明，设备工种也应提供相应的设备图纸及说明书。

(3) 施工图设计阶段。通过反复协调、修改与完善，最终产生一套能够满足施工要求，反映房屋整体和细部全部内容的图样，即为施工图。它是在已经批准的初步设计的基础上完成建筑、结构、设备各专业施工图的设计，是房屋施工的重要依据。

6.1.2 房屋的类型及组成

房屋是供人们日常生产、生活或进行其他活动的主要场所。房屋按使用功能可以分为以下几种。

(1) 民用建筑:如住宅、学校宿舍、医院、车站、旅馆、剧院等。

(2) 工业建筑:如厂房、仓库、动力站等。

(3) 农业建筑:如粮仓、饲养场、拖拉机站等。

各种具有不同功能的房屋,一般都是由基础、墙、柱、梁、楼板层、地面、楼梯、屋顶、门、窗等基本部分组成;此外,还有阳台、雨篷、台阶、窗台、雨水管、明沟或散水,以及其他一些构配件。房屋的组成如图 6-1 所示。

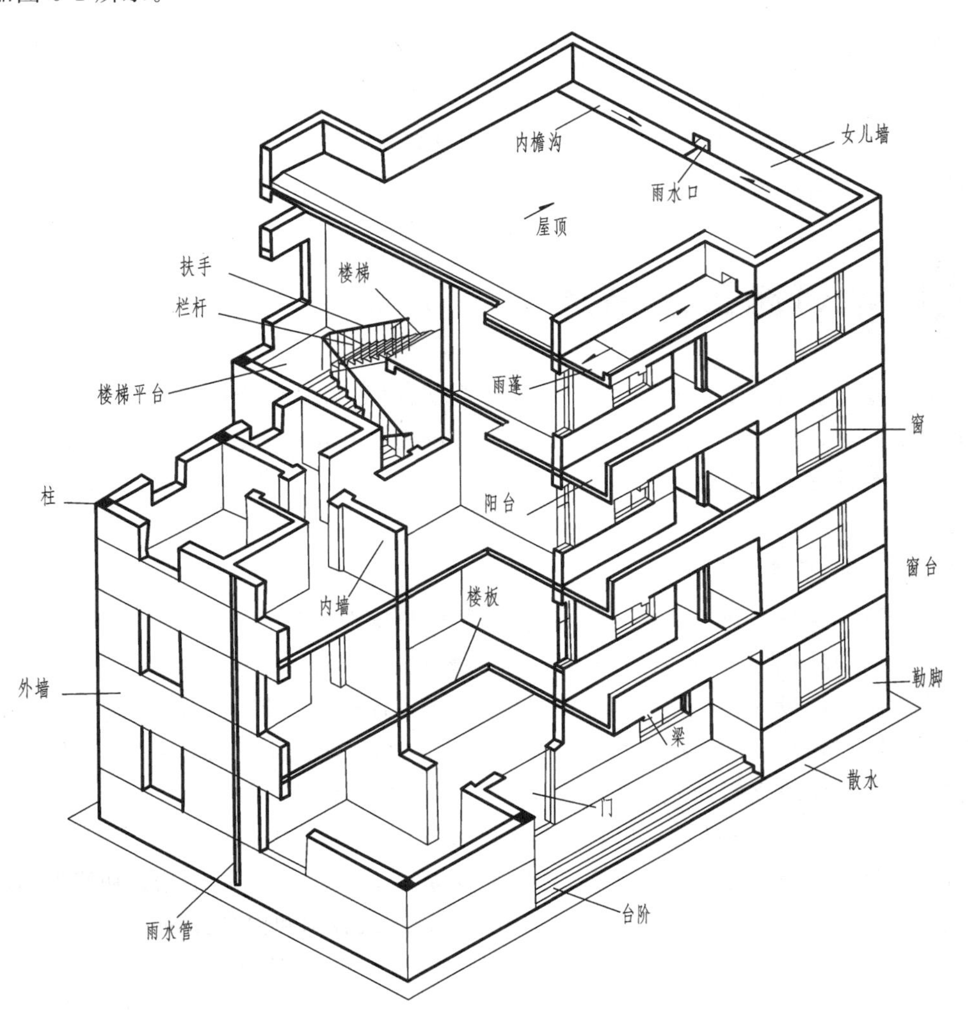

图 6-1 房屋的组成

6.1.3 房屋的施工图分类

房屋建筑工程图是用正投影的方法把所设计房屋的大小、外部形状、内部布置、室内外装修、各部分的结构、构造、设备等的做法，按照国家建筑制图标准的规定，用建筑专业的习惯画法详尽、准确地表达出来，并注写尺寸和文字说明的一类图纸。它是指导房屋施工、设备安装的重要技术文件。一幢房屋建筑需要许多张工程图表达，这些工程图一般分为以下几种。

(1) 施工首页图（简称首页图）：包括图纸目录、设计总说明、工程做法、门窗设计表、标准图统计表等。

(2) 建筑施工图（简称建施）：表达建筑的平面形状、内部布置、外部造型、构造做法、装修做法的图样，一般包括总平面图、平面图、立面图、剖面图和详图等。

(3) 结构施工图（简称结施）：表达建筑的结构类型，结构构件的布置、形状、连接、大小及详细做法的图样。一般包括结构设计说明、结构布置平面图和各种结构构件的详图等。

(4) 设备施工图（简称设施）：表达建筑工程各专业设备、管道及埋线的布置和安装要求的图样，一般包括给水排水施工图（简称水施）、采暖通风施工图（简称暖施）、电气施工图（简称电施）等。它们一般都由首页、平面图、系统图、详图等组成。

一套完整的房屋建筑工程图在装订时要按专业顺序排列，一般顺序为首页图、总平面图、建筑施工图、结构施工图、给水排水施工图、采暖通风施工图和电气施工图。

6.1.4 房屋建筑施工图的识读

房屋建筑施工图是用投影原理的各种图示方法和规定画法综合绘制的，识读房屋建筑施工图必须具备相关的知识，按照正确的方法和步骤进行识读。

1. 施工图识读的一般要求

(1) 具备基本的投影知识。

(2) 了解房屋的组成与构造。

(3) 掌握形体的各种图示方法及制图标准的规定。

(4) 熟记常用的比例、线型、符号、图例等，做到认真、细致，全面、准确。

2. 施工图识读的一般方法与步骤

识读施工图的一般方法是：先看首页图（图纸目录和设计说明），按图纸顺序通读一遍，按专业次序仔细识读，先基本图，后详图，分专业对照识读。

识读施工图的一般步骤如下。

(1) 对于全套图样来说，先看说明书、首页图，后看建施、结施和设施。

(2) 对于每一张图样来说，先看图标、文字，后看图样。

(3) 对于建施、结施和设施来说，先看建施，后看结施、设施。

(4) 对于建筑施工图来说，先看平面图、立面图、剖面图，后看详图。

(5) 对于结构施工图来说，先看基础施工图、结构布置平面图，后看构件详图。

在识读施工图的过程中，上述步骤并不是孤立的，而是要与图样相互联系、反复对照进行识读。

6.1.5 施工图的相关规定

绘制和阅读房屋的建筑施工图，应依据正投影原理和遵守《房屋建筑制图统一标准》(GB/T 50001—2010)；在绘制和阅读总平面图时，还应遵守《总图制图标准》(GB/T 50103—2010)；绘制和阅读建筑平面图、建筑立面图、建筑剖面图和建筑详图时，则还应遵守《建筑制图标准》(GB/T 50104—2010)。应用标准绘制房屋施工图，不仅便于统一制图规则，提高制图效率，保证制图质量，还便于阅读和技术交流，适应工程建设的需要。

有关建筑施工图的标准规定现摘要如下。

1. 图线

建筑施工图采用的各种图线，应符合《建筑制图标准》中的规定，如表6-1所示，线宽b应根据图幅的大小，图形的复杂程度，从1.4 mm、1.0 mm、0.7 mm、0.5 mm、0.35 mm、0.25 mm、0.18 mm、0.13 mm的线宽系列中选取。图线宽度不应小于0.1 mm。

表 6-1　图线

名称		线型	线宽	用途
实线	粗		b	(1) 平、剖面图中被剖切的主要建筑构造(包括构配件)的轮廓线； (2) 建筑立面图或室内立面图的外轮廓线； (3) 建筑构造详图中被剖切的主要部分的轮廓线； (4) 建筑构配件详图中的外轮廓线； (5) 平面、立面、剖面的剖切符号
	中粗		$0.7b$	(1) 平面图、剖面图中被剖切的主要建筑构造(包括构配件)的轮廓线； (2) 建筑平面图、立面图、剖面图中建筑构配件的轮廓线； (3) 建筑构造详图及建筑构配件详图中的一般轮廓线
	中		$0.5b$	小于$0.7b$的图形线、尺寸线、尺寸界线、索引符号、标高符号、详图材料做法引出线、粉刷线、保温层线、地面、墙面的高差分界线等
	细		$0.25b$	图例填充线、家具线、纹样线等
虚线	中粗		$0.7b$	(1) 建筑构造详图及建筑构配件中不可见的轮廓线； (2) 平面图中的起重机(吊车)轮廓线； (3) 拟建、扩建建筑物轮廓线
	中		$0.5b$	投影线、小于$0.5b$的不可见轮廓线
	细		$0.25b$	图例填充线、家具线等
单点长画线	粗		b	起重机(吊车)轨道线
	细		$0.25b$	中心线、对称线、定位轴线等
折断线	细		$0.25b$	部分省略表示时的断开界线
波浪线	细		$0.25b$	(1) 部分省略表示时的断开界线； (2) 曲线形结构间的断开界线； (3) 构造层次的断开界线

2. 比例

建筑专业制图选用的比例，按《建筑制图标准》宜符合表6-2的规定。

表 6-2　常用比例

图　名	比　例
总平面图、管线图、土方图	1∶500、1∶1000、1∶2000
建筑物或构筑物的平面图、立面图、剖面图	1∶50、1∶100、1∶150、1∶200、1∶300
建筑物或构筑物的局部放大图	1∶10、1∶20、1∶25、1∶30、1∶50
配件及构造详图	1∶1、1∶2、1∶5、1∶10、1∶15、1∶20、1∶25、1∶30、1∶50

3. 构造及配件图例

由于建筑平面图、立面图、剖面图常用 1∶100、1∶200 或 1∶50 等较小比例，图样中的一些构造和配件，不可能也不必要按实际投影画出，只需用规定的图例表示。《建筑制图标准》中对不同建筑构配件、建筑材料的图示方法进行了相应的规定，为了便于阅读，建筑工程中部分常用的图例摘录见表 6-3。

表 6-3　建筑构造及配件图例

名　称	图　例	备　注
墙体		(1) 上图为外墙，下图为内墙； (2) 外墙细线表示有保温层或有幕墙； (3) 应加注文字或涂色或图案填充表示各种材料的墙体； (4) 在各层平面图中，防火墙宜着重以特殊图案填充表示
隔断		(1) 加注文字或涂色或图案填充表示各种材料的轻质隔断； (2) 适用于到顶与不到顶隔断
玻璃幕墙		幕墙龙骨是否表示由项目设计决定
栏杆		
楼梯	下 下 上 上	(1) 上图为顶层楼梯平面，中图为中间层楼梯平面，下图为底层楼梯平面； (2) 需设置靠墙扶手或中间扶手时，应在图中表示

续表

名称	图例	备注
电梯	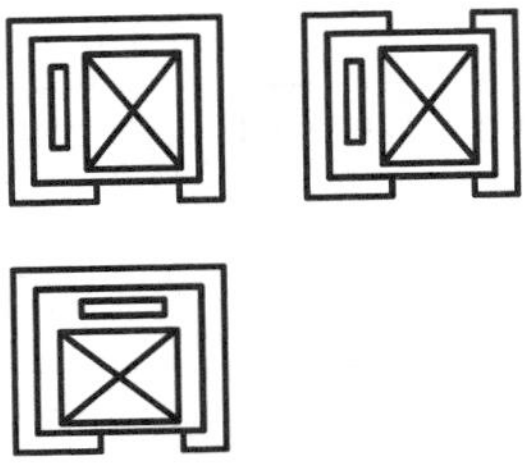	（1）电梯应注明类型，并按实际绘出门和平衡锤或导轨的位置； （2）其他类型电梯应参照本图例按实际情况绘制
自动扶梯	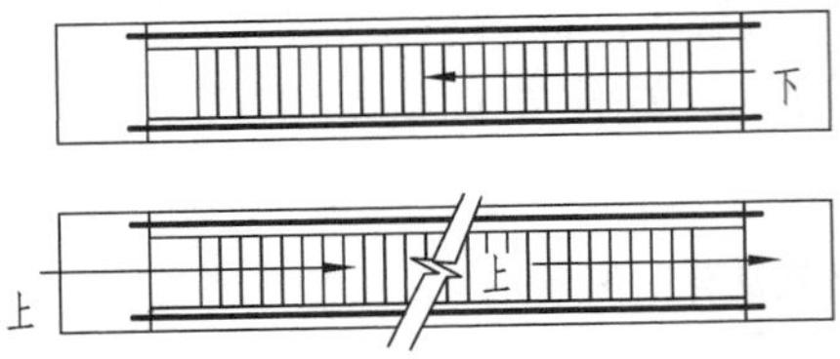 下 上 上	箭头方向为设计运行方向
单面开启单扇门（包括平开或单面弹簧）	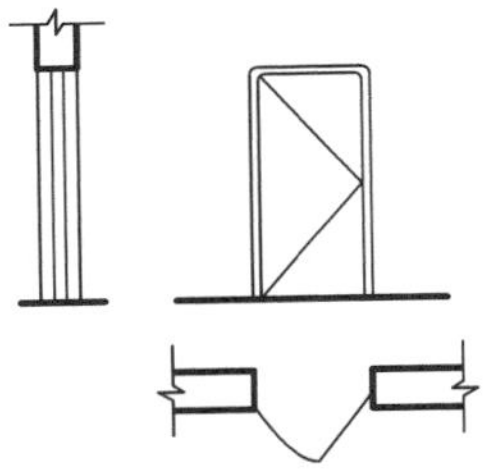	（1）门的名称代号用 M 表示； （2）平面图中，下为外，上为内门，开启线为 90°、60°或 45°，开启弧线宜绘出； （3）立面图中，开启线实线为外开，虚线为内开，开启线交角的一侧为安装合页一侧，开启线在建筑立面图中可不表示，在立面大样图中可根据需要绘出； （4）剖面图中，左为外，右为内； （5）附件纱扇应以文字说明，在平面图、立面图、剖面图中均不表示； （6）立面形式应按实际情况绘制
双面开启单扇门（包括双面平开或双面弹簧）	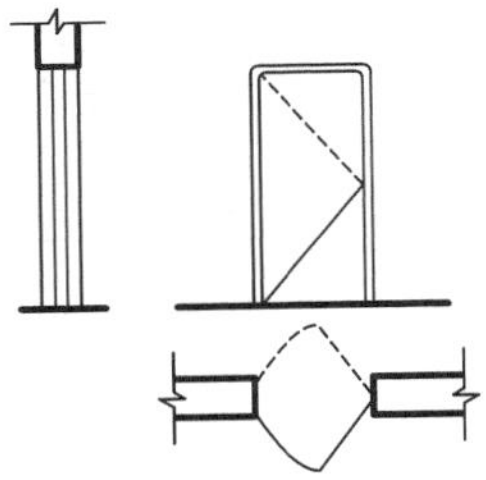	
旋转门	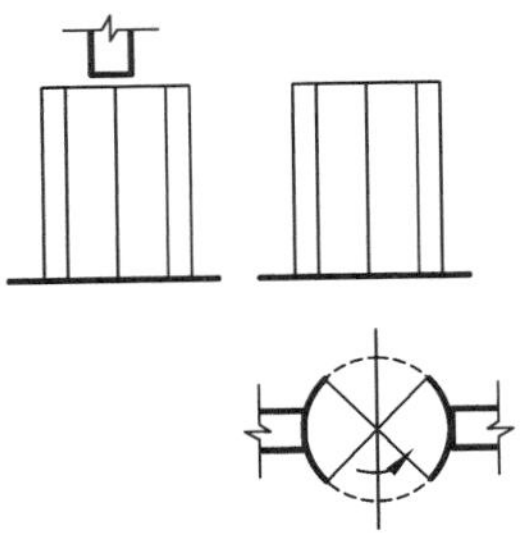	

续表

名　称	图　例	备　注
单面开启双扇门(包括平开或单面弹簧)	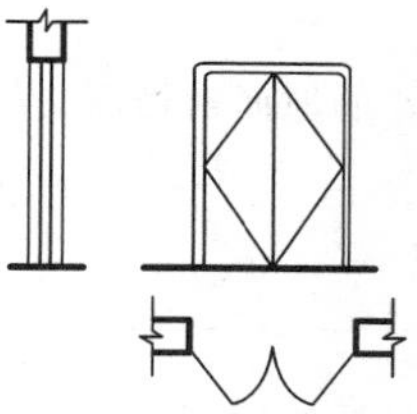	
双面开启双扇门(包括平开或双面弹簧)	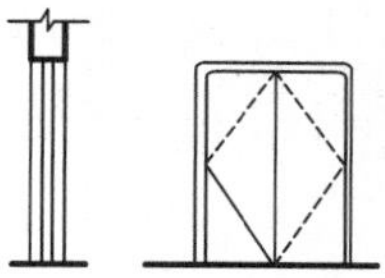	
空门洞	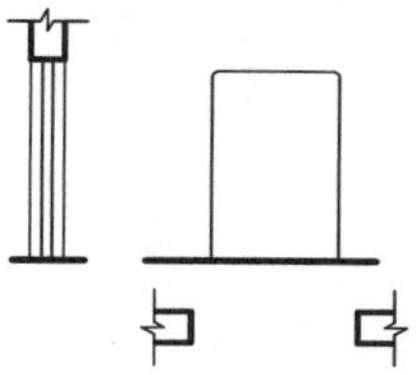	h 为门洞高度
坡道	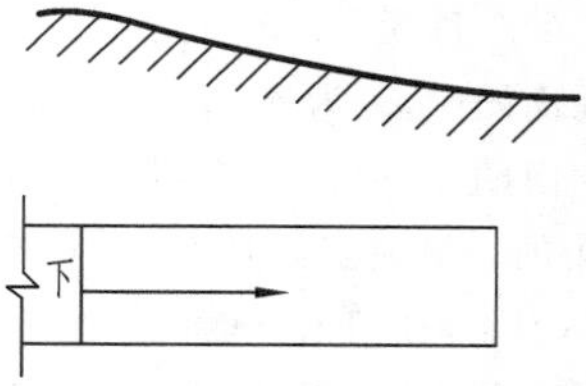 下	长坡道
	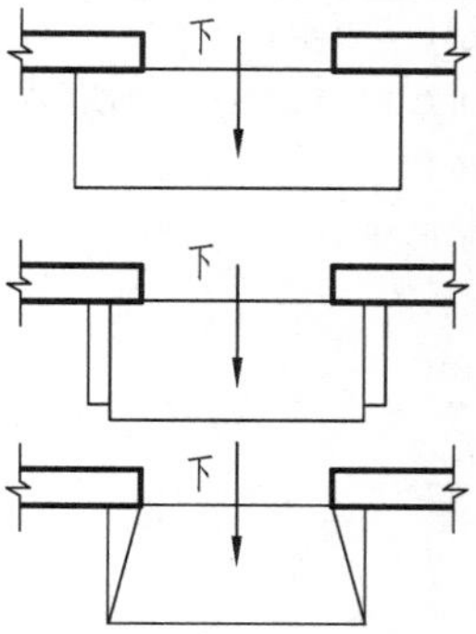 下 下 下	上图为两侧垂直的门口坡道,中图为有挡墙的门口坡道,下图为两侧找坡的门口坡道
台阶	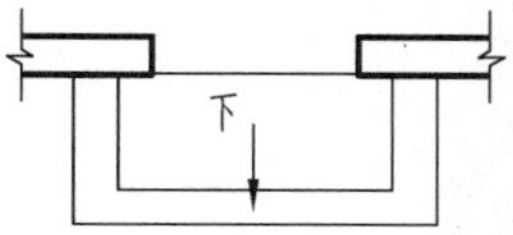 下	

续表

名　称	图　例	备　注
平面高差	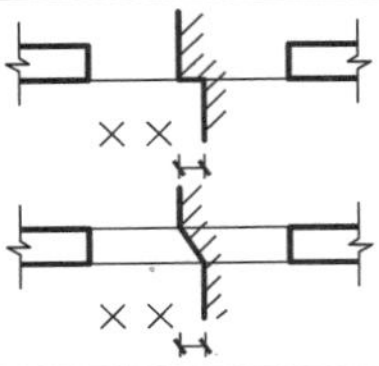	用于高差小的地面或楼面交接处，并与门的开启方向协调
检查口		左图为可见检查口，右图为不可见检查口
孔洞		阴影部分亦可用填充灰度或涂色代替
坑槽		
立转窗	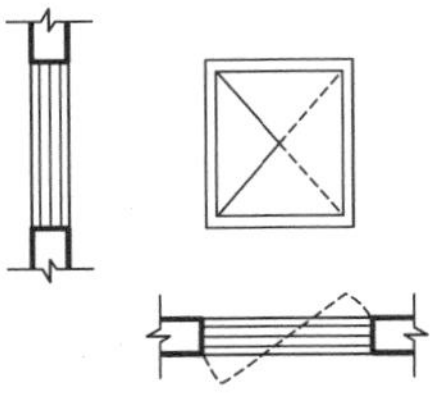	(1) 窗的名称代号用C表示； (2) 平面图中，下为外，上为内； (3) 立面图中，开启线实线为外开，虚线为内开，开启线交角的一侧为安装合页一侧，开启线在建筑立面图中可不表示，在门窗立面大样图中可绘出； (4) 剖面图中，左为外，右为内，虚线仅表示开启方向，项目设计不表示； (5) 附加纱窗应以文字说明，在平面图、立面图、剖面图中均不表示； (6) 立面形式应按实际情况绘制
单层推拉窗	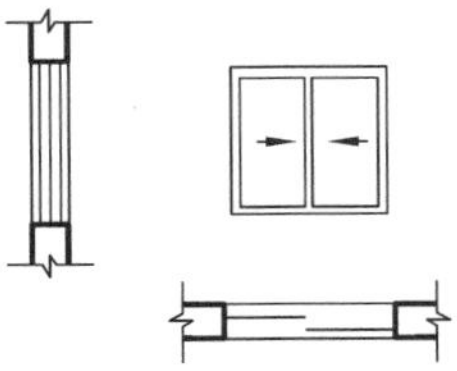	
单层外开平开窗	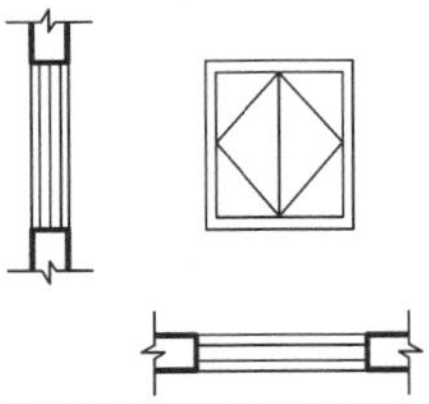	
单层内开平开窗	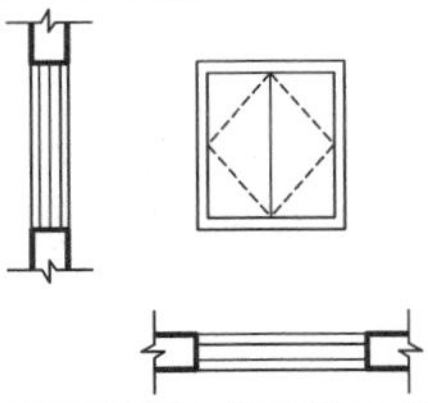	
固定窗	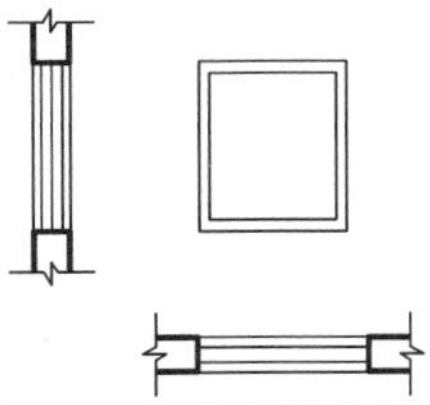	

4. 标高

标高是标注建筑物高度的另一种尺寸形式。标高符号是用细实线绘制的等腰三角形，高度约 3 mm，符号的形式如图 6-2(a)所示，具体画法如图 6-2(b)所示，其中涂黑的标高符号仅适用于总平面图中室外地坪的标高。标高符号的尖端应指至被标注高度的位置，尖端可在下，也可在上，如图 6-2(c)所示；在同一位置处需标注几个不同标高时，可按图 6-2c 中(4)的形式注写。

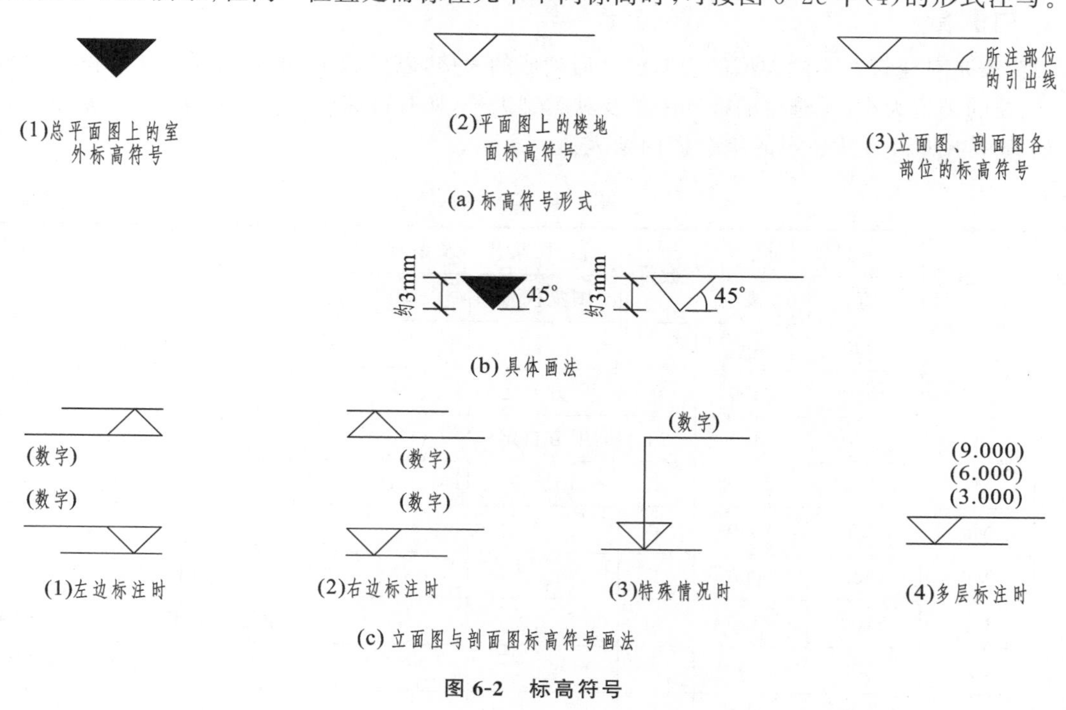

图 6-2 标高符号

标高数字应以米(m)为单位，注到小数点以后第三位；在总平面图中，可注写到小数点后两位。零点标高应注写成±0.000；正数标高不注“+”，负数标高前应注“−”号。

标高有绝对标高和相对标高之分。绝对标高是以我国青岛附近的黄海平均海平面为零点为基准的标高。在实际施工中，用绝对标高不方便，因此，习惯上常用将房屋底层的室内主要地面高度定为零点的相对标高，比零点高的标高为“正”，比零点低的标高为“负”。在施工总说明中，应说明相对标高与绝对标高之间的联系。

6.1.6 施工图首页

施工图首页即建筑施工图的第一页，一般包括图纸目录、设计说明、工程做法表、门窗表、标准图统计表等。

1. 图纸目录

图纸目录是查阅图纸的主要依据，包括图纸的编号、图纸的内容、图纸的类别、图名及备注等栏目，在图纸中以表格的形式表示，可以方便地查阅不同图纸所对应的图纸编号。

2. 设计说明

设计说明是施工图样的必要补充，主要是对图中未能表述清楚的内容加以详细说明，通常包

括工程概况、建筑设计的依据，构造要求以及对施工单位的要求等。

3. 工程做法表

工程做法表主要是对建筑各部位构造做法用表格的形式加以详细说明。在表中对各施工部位的名称、做法等详细表达清楚，如采用标准图集中的做法，应注明所采用标准图集的代号、做法编号，如有改变，应在备注中说明。

4. 门窗表

门窗表是对建筑物不同类型的门窗统计后列成的表格，以供施工、预算需要。从门窗表中可以看出，门窗的类型大小，所选用的标准图集及其类型编号，如有特殊要求，应在备注中加以说明。

如表 6-4 所示为某公司的综合楼门窗表。

表 6-4　门窗表　　单位：mm

类别	设计编号	洞口尺寸		数量	图集代号及编号		附注
		宽	高		图集代号	编号	
门	M1	3000	3000	1			白钢保温门
	M2	1500	2400	6	甲方自定		实木门
	M3	1000	2400	14	甲方自定		实木门
	M4	1000	2700	1	12J609	1M031－1024	乙级防火门
	M5	800	2000	7			实木门
	M6	1500	3000	1			白钢保温门
窗	C1	2100	2100	33			单框双玻平开断桥铝合金窗
	C2	1500	2100	5			单框双玻平开断桥铝合金窗
	C3	1800	2100	1			乙级防火推拉窗
	C4	3000	2100	3			单框双玻平开断桥铝合金窗
	C5	1500	1000	7			单框双玻平开断桥铝合金老虎窗

5. 标准图统计表

标准图统计表是把整套施工图中所选用过的标准图进行统计后列成的表格，以备施工、预算需要，它反映标准图的名称、页数。

6.2 总平面图

6.2.1　总平面图的形成和用途

建筑总平面图是拟建建筑工程附近一定范围区域内的建筑物、构筑物及其自然状况的总体布置图。它表明新建房屋的平面轮廓形状层数、与原有建筑物的相对位置、周围环境、地貌地形、道路和绿化的布置等情况，是建筑物施工定位、土方施工，以及设计水、电、暖、煤气等管线总平面图的依据。

6.2.2 总平面图的图示内容

1. 比例、图名

建筑总平面图表示的内容较多，所绘制的范围较大，内容相对简单，所以只能把表达对象的缩小程度增大，一般都采用较小的比例。总平面图常用的比例有 1∶500，1∶1000，1∶2000 等。在总平面图的下方应注写图名和比例。

2. 图例与线型

总平面图的比例较小，故总平面图上的房屋、道路、桥梁、绿化等都用图例表示。《总图制图标准》(GB/T 50103—2010)中列出了总平面图图例，表 6-5 摘录了部分图例。在建筑工程设计中，如果该标准图例不够用需另行设定图例时，必须在总平面图上画出自定的图例，并注明其名称。

表 6-5 总平面图图例

名　称	图　例	说　明
新建的建筑物	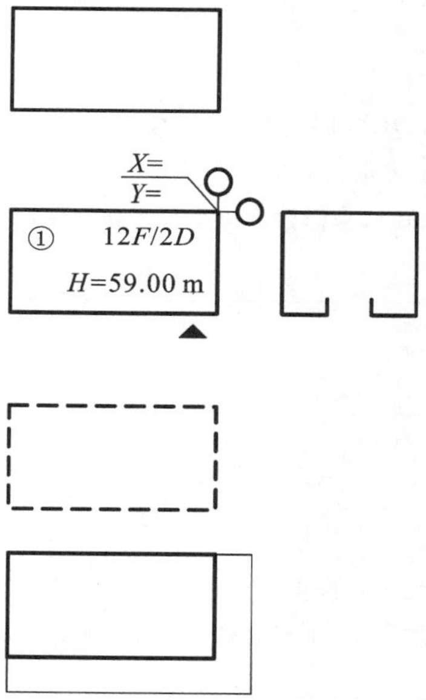 X= Y= ① 12F/2D H=59.00 m	新建建筑物以粗实线表示与室外地坪相接处±0.00处墙的定位轮廓线； 建筑物一般以±0.00高度处的外墙定位轴线交叉点坐标定位。轴线用细实线表示，并注明轴线号； 根据不同设计阶段标注建筑编号，地上、地下层数，建筑高度，建筑出入口位置(两种表示方法均可，但同一图纸采用一种表示方法)； 地下建筑物以粗虚线表示其轮廓； 建筑上部(±0.000以上)外挑建筑用细实线表示； 建筑物上部连廊用细实线表示并标注位置
原有的建筑物	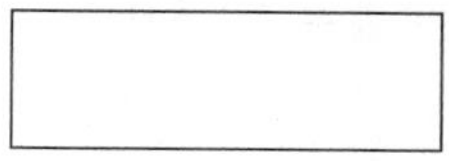	用细实线表示
计划扩建的预留地或建筑物		用中虚线表示
拆除的建筑物		用细实线表示

续表

名　称	图　例	说　明
建筑物下面的通道	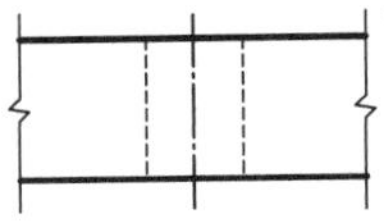	
散装材料露天堆场	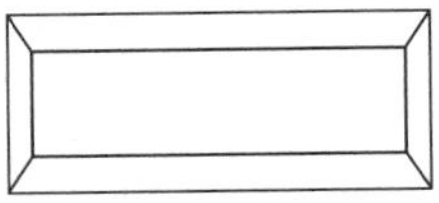	需要时，可注明材料名称
其他材料露天堆场或露天作业场	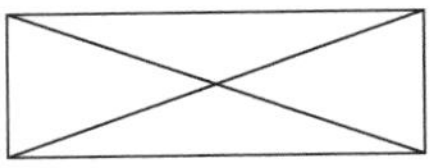	需要时，可注明材料名称
铺砌场地	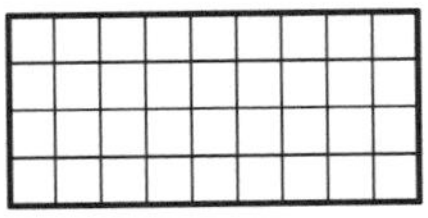	
坐标	(1) 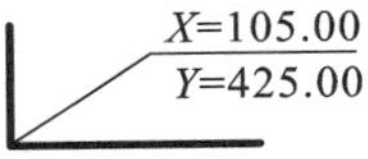 X=105.00 Y=425.00 (2) A=105.00 B=425.00 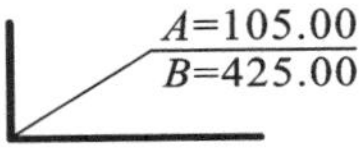	(1) 表示地形测量坐标系； (2) 表示自设坐标系。 绘图时，坐标数字应平行于建筑标注
水池坑槽	 	
围墙及大门	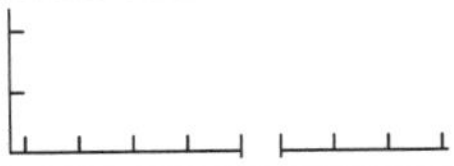	
烟囱	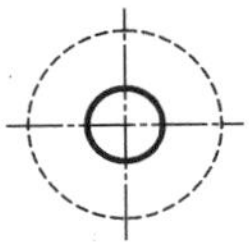	实线为烟囱下部直径，虚线为基础，必要时可注写烟囱高度和上、下口直径
露天桥式起重机	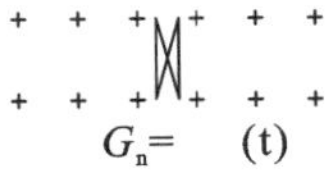 G_n= (t)	起重机起重量 G_n，以吨计算 "+"为柱子位置
截水沟	 1 40.00	"1"表示1%的沟底纵向坡度，"40.00"表示变坡点间距离，箭头表示水流方向
填挖边坡	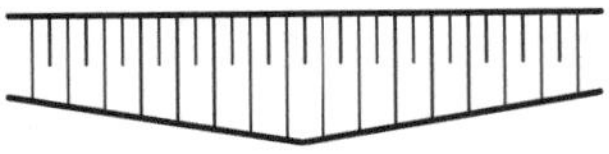	

名　称	图　例	说　明
雨水口	 (1) (2) (3)	(1) 雨水口； (2) 原有雨水口； (3) 双落式雨水口
消火栓井		
室内标高	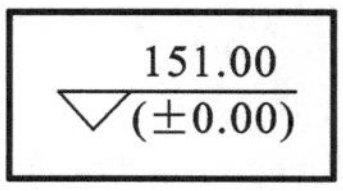 151.00 (±0.00)	数字平行于建筑物书写
室外标高	 143.00	室外标高也可以采用等高线
新建的道路	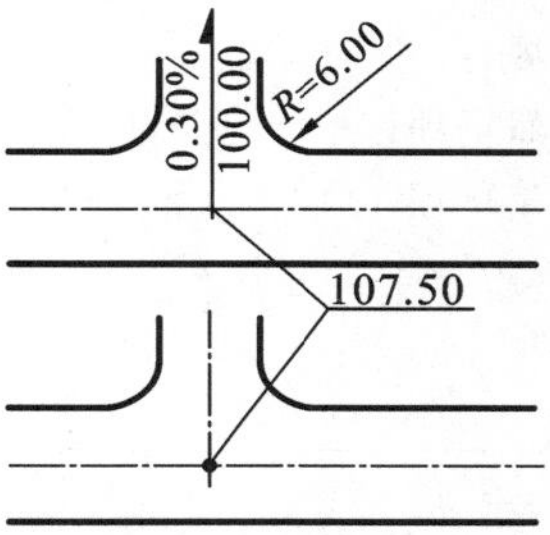 0.30% 100.00 R=6.00 107.50	"R=6.00"表示道路转弯半径； "107.50"为道路中心线交叉点设计标高，两种表示方式均可，同一图纸应采用一种方式表示； "100.00"为变坡点之间距离； "0.30%"表示道路坡度； ——►表示坡向
原有道路		
计划扩建的道路	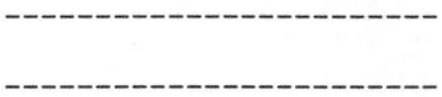	
桥梁	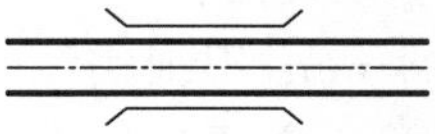 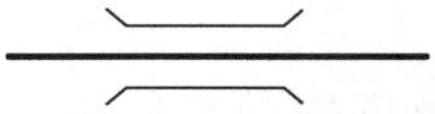	上图为公路桥 下图为铁路桥 用于旱桥时，应注明
常绿针叶乔木	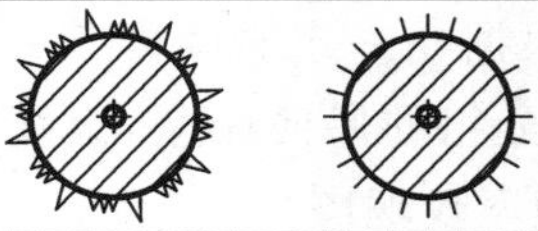	
针叶乔木		
常绿阔叶乔木		
落叶阔叶乔木		

续表

名　称	图　例	说　明
落叶阔叶乔木林		
常绿阔叶乔木林		
草坪	(1) (2) (3)	(1) 草坪; (2) 自然草坪; (3) 人工草坪
花卉		

3. 指北针和风向频率玫瑰图

在总平面图中应标注指北针或带有指北方向的风向频率玫瑰图。

指北针用来表达建筑物的朝向，指北针的外圆直径为 24 mm，用细实线绘制，指针尾宽宜为 3 mm，在指北针的头部应注明“北”或“N”字样，如图 6-3 所示。需要用较大的直径绘制时，指针尾部的宽度宜为直径的 1/8。

风向频率玫瑰图也称风玫瑰图，是用来表达建筑场地范围内的常年主导风向和 6、7、8 月份的主导风向，有 16 个方向，如图 6-4 所示。风玫瑰图是根据在一定时间内某一方向出现风向的次数占总观察次数的百分比来绘制的。其中，实线表示全年的风向频率，虚线表示夏季(6、7、8 月份)的风向频率。图 6-5 所示为我国部分城市的风向频率玫瑰图。

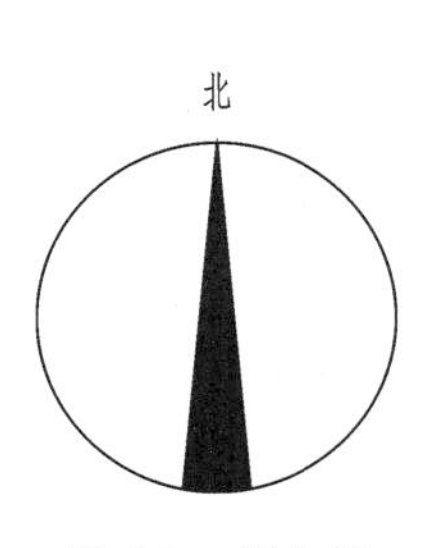

图 6-3　指北针

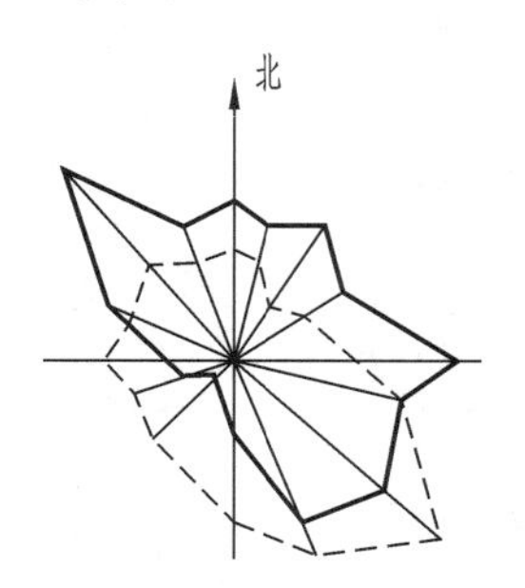

图 6-4　风玫瑰图

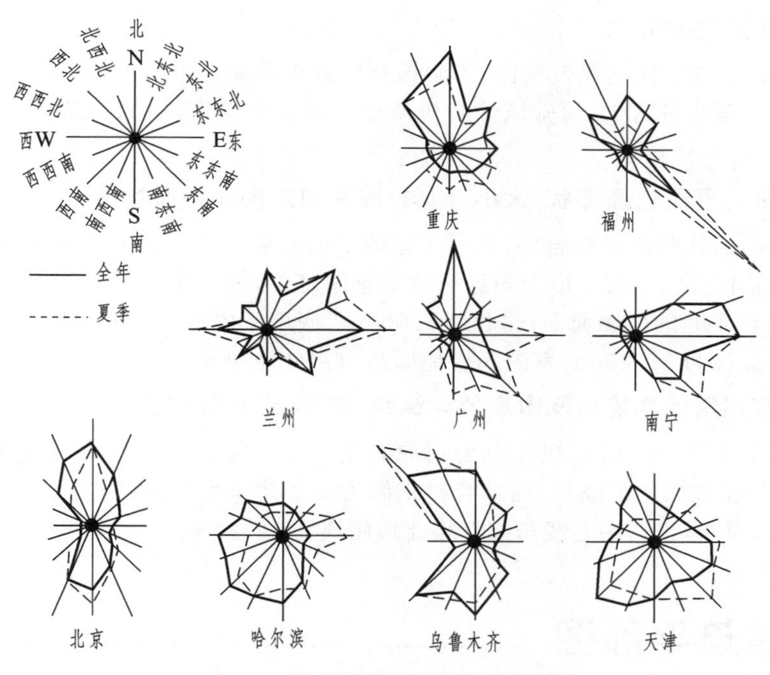

图 6-5 我国部分城市的风玫瑰图

6.2.3 识读建筑总平面图

以图 6-6 为例,识读建筑总平面图。

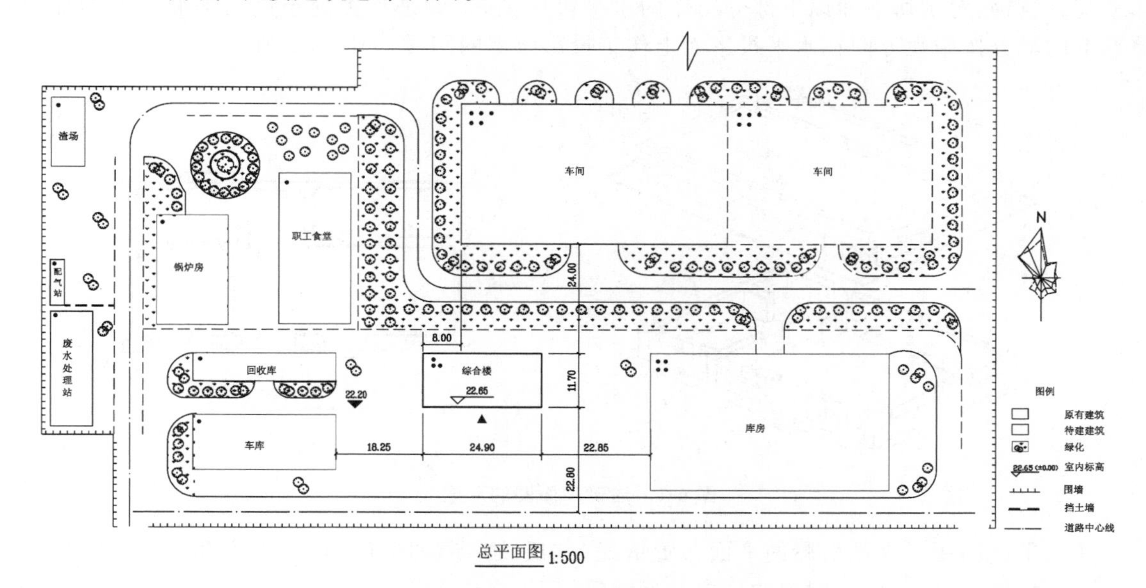

图 6-6 总平面图

1. 图名、比例

本图例为某公司综合楼的总平面图,比例 1∶500。

2. 新建建筑风向和方位

图 6-6 中画出了该地区的风玫瑰图，可知该地区常年和夏季的风向频率。

按风玫瑰图中所指的方向，可知该综合楼位于某公司南部区域，原有建筑回收库的东侧，库房的西侧。

3. 新建建筑的平面轮廓形状、大小、朝向、层数和室内外地面标高

以粗实线画出的这幢新建综合楼，显示了它的平面轮廓形状。东西向总长 24.90 m，南北向总宽 11.70 m，朝向正南，三层。以公司原有建筑车间定位，其北墙面与车间的南墙面平行，相距 24.00 m；西墙面与车间的西墙面平行，相距 8.00 m。底层室内主要地面的绝对标高为 22.65 m，室外地面的绝对标高为 22.20 m，室内底层地面高出室外地面 450 mm。

4. 新建建筑周围的环境以及附近的建筑物、道路、绿化等布置

在新建建筑的四周，有道路、绿化及公司原有建筑。在综合楼西侧为原有建筑回收库和车库，中间由 18.25 m 宽绿化带隔开；在综合楼东侧为原有建筑库房，中间由 22.85 m 宽绿化带隔开；综合楼北侧为道路，道路中心线与综合楼北墙距离为 22.80 m。

6.3 建筑平面图

6.3.1 建筑平面图的形成和用途

建筑平面图是建筑物的水平剖面图，它是用一个假想的水平面，在窗台之上某一适当部位剖切整幢建筑物，对剖切平面以下部分所作的水平投影图，也就是移去处于剖切平面上方的部分，将留下的部分按俯视方向在水平投影面上作正投影所得的图样，如图 6-7 所示。

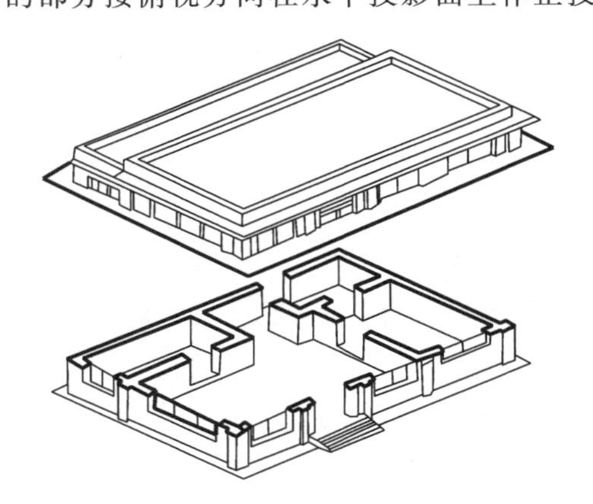

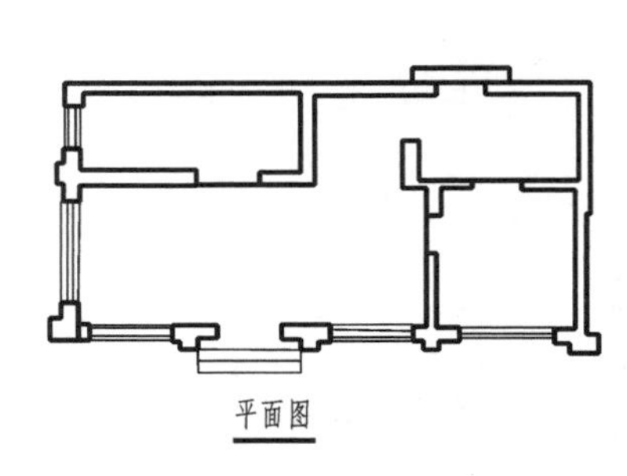

图 6-7 建筑平面图的形成

建筑平面图用来表示房屋的平面布置情况，它反映房屋的平面形状、大小和房间的布置，墙（或柱）的位置、厚度、材料，门窗的位置与尺寸等情况，在施工过程中被作为放线、砌墙、安装门窗和编制工程造价资料的依据。建筑平面图应包括被剖切到的断面、可见的建筑构造和必要的尺寸、标高等内容。

一般来说，建筑有几层就应画出几个平面图，并在图的下方注明该图的图名，如底层平面图、二层平面图、三层平面图……顶层平面图和屋顶平面图等。但在实际建筑设计中，多层建筑往往存在许多平面布局相同的楼层，这时可用一个平面图来表达这些楼层的布局，该平面图称为**标准层平面图**。

平面图上的断面，当比例大于 1∶50 时，应画出其材料图例和抹灰层的面层线。例如，比例为 1∶100～1∶200 时，抹灰层面层线可不画，断面材料图例可用简化画法。

6.3.2 建筑平面图的图示内容

1. 图名与比例

通过图名，可以了解这个建筑平面图表示的是房屋的哪一层平面，比例根据房屋的大小和复杂程度而定。建筑平面图的比例宜采用 1∶50、1∶100、1∶200 等。

2. 定位轴线及编号

在施工图中通常将房屋的基础、墙、柱、墩和屋架等承重构件的轴线画出，并进行编号，以便施工时定位放线和查阅图纸，这些轴线称为定位轴线。

根据国标规定，定位轴线采用细单点长画线绘制。轴线编号的圆圈用细实线，直径一般为 8～10 mm，如图 6-8 所示。轴线编号写在圆圈内。

在平面图上横向编号采用阿拉伯数字，从左向右依次编写；竖向编号用大写拉丁字母(除 I、O、Z 外)自下而上顺序编写。在较简单或对称的房屋中，平面图的轴线编号，一般标注在图样的下方及左侧；较复杂或不对称的房屋，图样上方和右侧也可标注。

对于一些与主要承重构件相联系的次要承重构件，它的定位轴线一般作为附加轴线，编号用分数表示。分母表示前一轴线的编号，分子表示附加轴线的编号，用阿拉伯数字顺序编写，如图 6-8(a)所示。在画详图时，通用详图的定位轴线，只画圆圈，不注写编号，如图 6-8(b)所示。若一个详图适用于两根轴线时，如图 6-8(c)所示；若一个详图适用于三根或三根以上轴线时，应同时将各有关轴线的编号注明，如图 6-8(d)、图 6-8(e)所示。

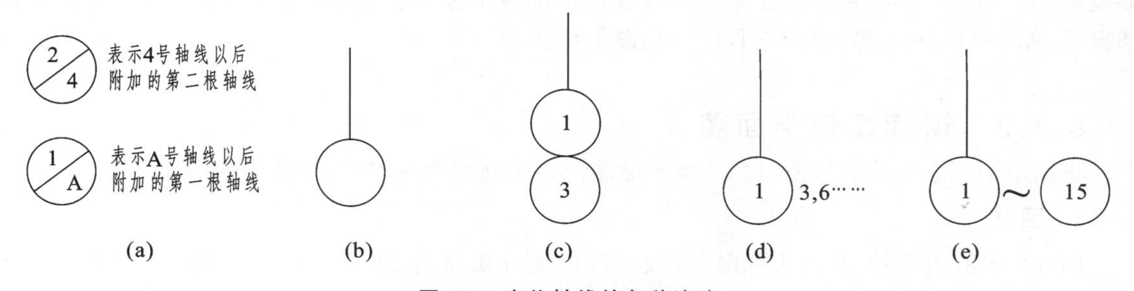

图 6-8 定位轴线的各种注法

3. 图线

被剖切到的主要建筑构造(包括构配件)的轮廓线，用粗实线画出，没有剖切到的可见轮廓线，如楼梯、窗台、台阶、明沟和阳台等用中实线画出。尺寸线与尺寸界线、标高符号、定位轴线等用细实线和细单点长画线画出。

4. 尺寸与标高

平面图的尺寸包括外部尺寸和内部尺寸。

1) 外部尺寸

为了便于看图与施工，需要在外墙外侧标注三道尺寸，一般注写在图形下方和左方。

第一道尺寸为房屋外轮廓的总尺寸，即指从一端外墙边到另一端的外墙边的总长和总宽尺寸。第二道尺寸为定位轴线间的尺寸，其中横墙轴线间的尺寸称为开间尺寸，纵墙轴线间的尺寸称为进深尺寸。第三道尺寸为细部尺寸，用于表达门窗洞口的宽度和位置、墙垛分段以及细部构造等，标注这道尺寸应以轴线为基准。三道尺寸线之间的距离一般为 7～10 mm，第三道尺寸线与平面图中最近的图形轮廓线之间的距离不宜小于 10 mm。

当平面图的上下或左右的外部尺寸相同时，只需要标注左(右)侧尺寸与下(上)方尺寸就可以了，否则，平面图的上下与左右均应标注尺寸。

2) 内部尺寸

内部尺寸指外墙以内的全部尺寸，它主要用于注明内墙门窗洞的位置及其宽度、墙体厚度、房间大小、卫生器具、灶台和洗涤盆等固定设备的位置及其大小。

此外，还应标注房间的使用面积和楼、地面的相对标高以及房间名称。

5. 门窗布置及编号

在建筑平面图中，门窗反映了门窗的位置、洞口宽度、数量及其与轴线的关系。门窗应编号，编号直接注写于门窗旁边。为了便于识读，国家标准中规定门的名称代号用 M 表示，窗的名称代号用 C 表示，并加以编号。编号可用阿拉伯数字顺序编写，如 M1，M2，…和 C1，C2，…。门与窗均按图例画出，门采用与墙轴线成 90°或 45°夹角的中实线表示，窗线用两条平行的细实线图例表示窗框与窗扇，高窗用细虚线表示。《建筑制图标准》(GB/T 50104—2010)所规定的各种常用门窗图例，如表 6-3 所示。

门窗代号的后面都注有编号，编号为阿拉伯数字，同一类型和大小的门窗为同一代号和编号。为了方便工程预算、订货与加工，在首页图或平面图同页图上，通常还需有门窗汇总表，列出该房屋所选用的门窗编号、洞口尺寸、数量、采用标注图集及编号等，如表 6-4 所示。

6. 其他标注

房间应根据其功能注上名称或编号。楼梯间是用图例按实际梯段的水平投影画出，同时还要表示“上”与“下”的关系。首层平面图应在图形的左下角画上指北针。同时，建筑剖面图的剖切符号，如 1—1、2—2 等，也应在首层平面图上标注。

6.3.3 识读建筑平面图

下面以图 6-9 所示的某公司综合楼平面图一层平面图为例，识读建筑平面图。

1. 图样

图 6-9 中的指北针，指针头部向上，按方位识读可知，综合楼坐北朝南。其结构类型为框架结构，图样中涂黑的矩形为钢筋混凝土柱，剖切到的墙体采用粗实线绘制。该建筑有一个主要入口 M1 和一个次要入口 M6。由建筑物南侧 M1 进入室内时，需要上 3 级台阶到达室外平台，经过玻璃幕墙由门 M1 进入门厅，台阶宽度为 300 mm。Ⓐ轴、Ⓑ轴与⑥轴、⑦轴及Ⓒ轴、Ⓓ轴与③轴、④轴相交处是一楼的两个楼梯间，并表明了楼梯上到二层的方向。在该建筑物南侧和东侧布置了台阶和平台，建筑物四周布置了散水，散水宽度为 700 mm。在一层布置了前厅、化验休息室、化验室、药品储藏、食品储存室、精密仪器室、卫生间、餐厅、厨房等。

2. 定位轴线及其编号

该综合楼共有横向定位轴线 7 根，纵向定位轴线 4 根。

3. 标高

该综合楼的室内主要地面标高为±0.000，这是本建筑的标高基准面。建筑物室内外高差为 0.450 m。

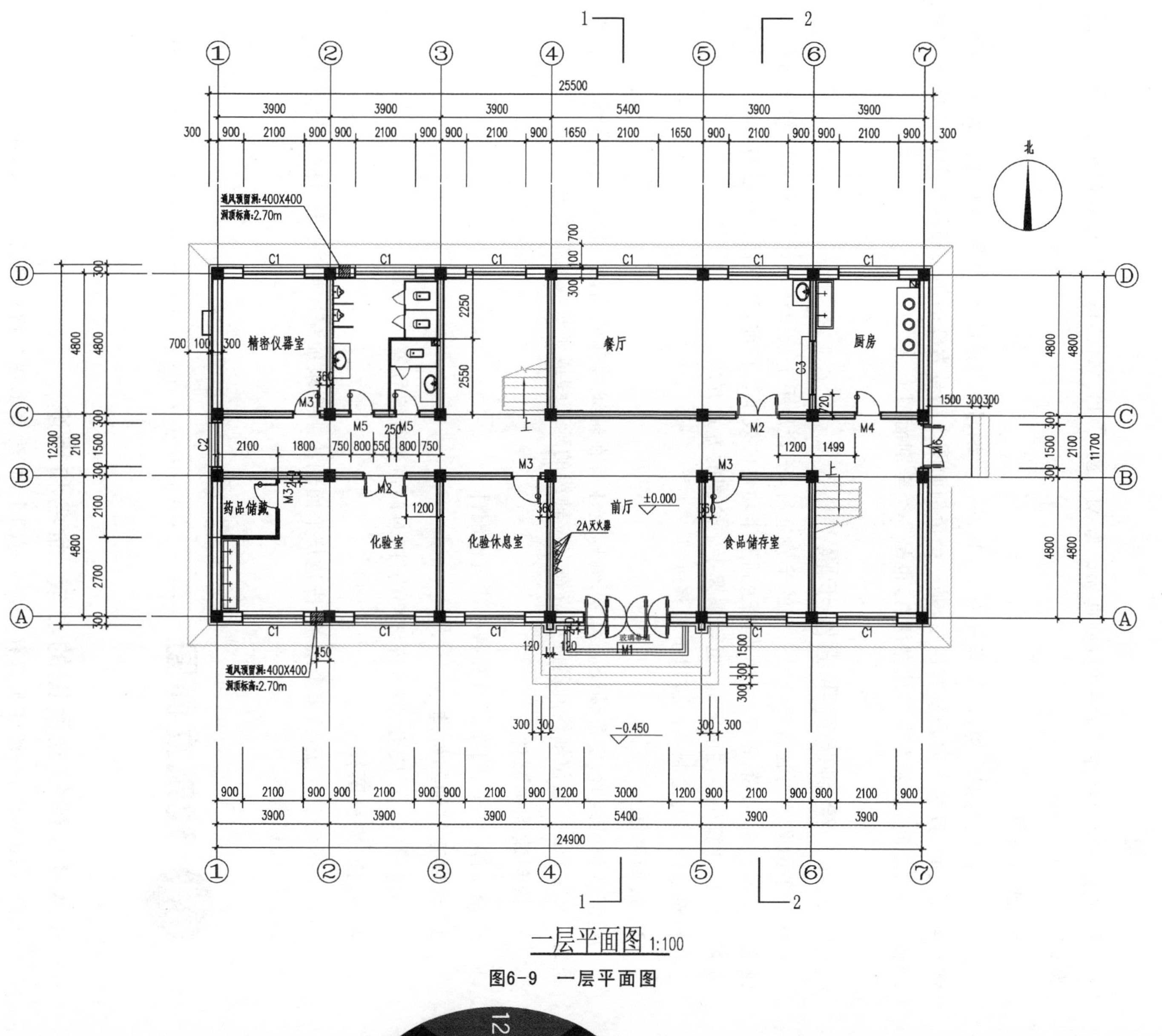

一层平面图 1:100
北
通风预留洞:400X400
洞顶标高:2.70m
精密仪器室
餐厅
厨房
药品储藏
化验室
化验休息室
前厅
±0.000
食品储存室
2A灭火器
-0.450
25500
24900
12300
11700

图6-9　一层平面图

4. 尺寸

该综合楼建筑平面轮廓的总长度为 24 900 mm，总宽度为 11 700 mm。横向定位轴线为①～⑦轴，纵向定位轴线为Ⓐ～Ⓓ轴。外墙厚度为 300 mm，门窗尺寸见图纸。

5. 门和窗

该建筑平面图标注了六种门，分别标记为 M1、M2、M3、M4、M5、M6；还有两种窗，分别标记为 C1、C2。

6. 剖切符号

一层平面图有剖切符号，其编号为 1—1、2—2。编号为 1 的剖切符号的剖切位置在④轴线和⑤轴线之间，投射方向是从右往左，是一个全剖面图。编号为 2 的剖切符号的剖切位置在⑤轴线和⑥轴线之间，投射方向是从左往右，也是一个全剖面图。

6.3.4 绘制建筑平面图步骤

建筑平面图的绘制需要按照一定的步骤进行，不管是手工绘图还是计算机绘图，绘图时都必须做到步骤合理、线条清晰，这样才能达到事半功倍的效果。目前，计算机绘图已基本普及，建议读者在掌握计算机绘图的同时，更要掌握手工绘图的方式方法。

建筑平面图的绘制一般按以下步骤进行。

1. 绘制轴线

绘制定位轴线时，定位轴线应编号，编号应注写在轴线端部的圆内。圆应用细实线绘制，直径为 8～10 mm。定位轴线圆的圆心应在定位轴线的延长线或延长线的折线上。

2. 绘制建筑构配件

绘制墙体、柱子、门窗洞口等各种建筑构配件。

3. 绘制建筑细部构造

绘制楼梯、台阶、坡道、散水等细部构件，对门窗进行编号等。

4. 检查、完善图样

检查全图无误后，删除多余线条，按建筑平面图绘制要求加深加粗，并画出剖切位置的剖切符号、指北针、标高等。

6.4 建筑立面图

6.4.1 建筑立面图的形成、命名和用途

如图 6-10 所示，一般建筑都有前后左右四个面，为表示建筑物外墙面的特征，在与建筑物立面平行的投影面上所作出的房屋的正投影，称为建筑立面图。它主要用来表达建筑物的外貌和建筑层数、外墙装修、门窗位置与形式，以及其他建筑构配件的标高和尺寸。建筑立面图是建筑物外部装修施工的重要依据。

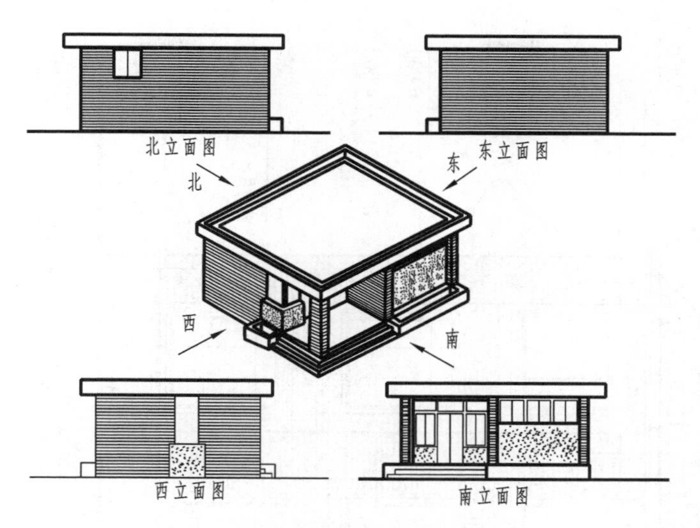

图 6-10　建筑立面图的形成过程

对于立面图的命名，既可以根据立面图两端轴线的编号，如①～⑦立面图等；也可以根据房屋的朝向来命名，如南立面图、北立面图、东立面图和西立面图；还可以根据建筑物主要入口或比较显著地反映出建筑物外貌特征的那一面作为正立面图，其余的立面图相应地称为背立面图、侧立面图。

6.4.2　建筑立面图的图示内容

1. 比例与图例

立面图常用比例为 1∶50、1∶100、1∶200 等，多用 1∶100，通常采用与建筑平面图相同的比例。由于绘制建筑立面图的比例较小，按投影很难将所有细部表达清楚，所以立面图内的建筑构造与配件要用表 6-3 的图例表示。例如，门、窗等都是用图例来绘制的，且只画出主要轮廓线及分隔线。

2. 定位轴线

在立面图中，一般只绘制两端的轴线及编号，以便与平面图对照确定立面图的观看方向。

3. 图线

在建筑立面图中，为了加强立面图的表达效果，使建筑物立面的轮廓突出、层次分明，通常使用不同的线型来表示不同的对象。例如，把建筑主要立面的外轮廓线用粗实线画出；室外地平线用加粗线（1.4b）画出；门窗洞、阳台、台阶、花池等建筑构配件的轮廓线用中实线画出；门窗分隔线、墙面装饰线、雨水管以及装修做法注释引出线等用细实线画出。

4. 尺寸与标高

建筑立面图的高度尺寸用标高的形式标注，主要包括建筑物的室内外地面、台阶、窗台、门窗洞顶部、檐口、阳台、雨篷、女儿墙及水箱顶部等处标高。标高注写在立面图的左侧或右侧且排列整齐。

5. 其他标注

凡是需要绘制详图的部位，都应画上索引符号。房屋外墙面的各部分装饰材料、做法、色彩等应使用文字或列表说明。

6.4.3　识读建筑立面图

下面以图 6-11 所示的某公司综合楼①～⑦立面图为例，介绍如何识读建筑立面图。

13.800
乳白色外墙涂料
透明玻璃幕墙
二次设计
蓝色瓦屋面
乳白色外墙涂料
乳白色外墙涂料
10.800
10.300
8.100
淡黄色墙面砖
6.600
4.500
乳白色外墙涂料
3.000
0.900
±0.000
-0.450
1000
1000
1000
1000
1000
1000
1000
雨蓬二次设计
灰色文化石勒脚
①
⑦
①~⑦ 立面图 1:100

图6-11 ①~⑦轴立面图

1. 图名、比例

结合前面该建筑物的一层平面可以看出①～⑦立面图所表达的是该建筑物朝南的立面图，即南立面图，就是将这幢建筑由南向北投影所得到的正投影，该建筑立面图的绘图比例是1∶100。

2. 建筑物在室外地平线以上的全貌及建筑构配件

外轮廓线所包围的范围显示出这幢建筑物的总长度和总高度。从建筑立面图可以看出该建筑物是一幢三层的建筑物，局部为四层。在南立面有一个建筑的主要出入口，与透明玻璃幕墙融为一体，门上有雨篷，门前有台阶，台阶踏步为三级。

3. 建筑外墙面装修的构造做法

外墙面以及一些构配件与设施等的装修做法，在建筑立面图中常用引线进行文字说明。

从图 6-11 中可以看出，本建筑的外墙面装修做法是：大面积墙面为淡黄色墙面砖，窗户顶部和窗台为乳白色外墙涂料饰面，勒脚为灰色文化石，屋面为蓝色瓦面。

4. 标高尺寸

立面图中标注了室外地坪、室内地坪、屋面以及室内各层标高及部分尺寸。

为了标注清晰、整齐和便于读图，应将各层相同构造的标高注写在一起，并排列在同一铅垂线上。

在图 6-11 的立面图中，室外地坪标高为－0.450，室内地面标高为±0.000，这是本建筑的首层室内地面标高，即标高基准面。特别要注意的是，屋面的标高 13.800 m 不是该建筑的总高度，综合楼的总高度还应加上室内外地面的高差 0.45 m，即该建筑的总高度为 14.25 m。

6.4.4 绘制建筑立面图步骤

(1) 画定位轴线、室外地坪线、各层层高线、外墙边线和屋檐线等。

(2) 画各种建筑构配件的可见轮廓，如门窗洞、楼梯间、墙身及其暴露在外墙外的柱子等。

(3) 画门窗、雨水管、外墙分隔线等建筑物细部。

(4) 画尺寸界线、标高符号、索引符号，进行尺寸标注和相关注释文字注写。最后标注首尾轴线号、墙面装修说明文字、图名和比例。

6.5 建筑剖面图

6.5.1 建筑剖面图的形成和用途

建筑剖面图是房屋的垂直剖面图，也就是用一个假想的平行于正立投影面或侧立投影面的竖直剖切面剖开房屋，移去剖切平面与观察者之间的房屋，将留下的部分按剖视方向向投影面作正投影所得到的图样。建筑剖面图的形成如图 6-12 所示。

剖面图的剖切位置应选在房屋的主要部位或建筑物构造比较典型的部位，如剖切平面通过房屋的门窗洞口和楼梯间，并应在首层平面图中标明。剖面图的图名，应与平面图上所标注剖切符号的编号相一致，如 1－1 剖面图、2－2 剖面图等。当一个剖切平面不能同时剖到这些部位

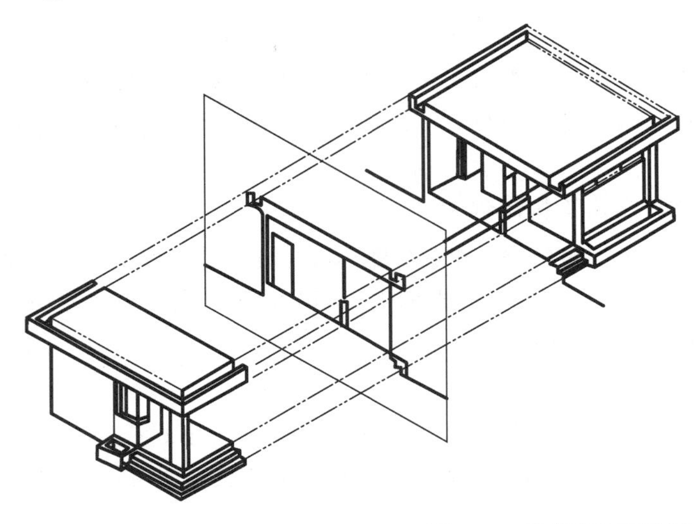

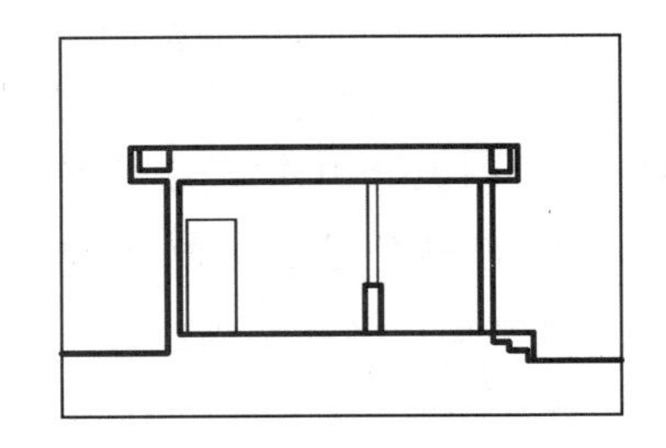

图 6-12　建筑剖面图的形成

时，可采用若干平行的剖切平面。剖切平面应根据房屋的复杂程度而定。

建筑剖面图主要用来表示房屋内部的分层、结构形式、构造方式、材料、做法、各部位间的联系及其高度等情况。在施工过程中，建筑剖面图是进行分层、砌筑内墙、铺设楼板、屋面板和楼梯、内部装修等工作的依据。建筑剖面图与建筑平面图、建筑立面图互相配合，表示房屋的全局，它们是房屋施工图中最基本的图样。

6.5.2　建筑剖面图的图示内容

1. 比例与图例

建筑剖面图的比例应与建筑平面图、立面图一致，通常为 1：50、1：100、1：200 等，多用 1：100。由于绘制建筑剖面图的比例较小，按投影很难将所有细部表达清楚，所以剖面的建筑构造与配件也要用表 6-3 中的图例表示。

2. 定位轴线

在剖面图中凡是被剖到的承重墙、柱等要画出定位轴线，并注写上与平面图相同的编号。

3. 图线

被剖切到的墙、楼板层、屋面层、梁的断面轮廓线用粗实线画出。室外地坪线用加粗线(1.4*b*)画出。其他没有剖切到但可见的配件轮廓线，如门窗洞、踢脚线、楼梯栏杆、扶手等按投影关系用中实线画出。尺寸线与尺寸界线、图例线、引出线、标高符号、雨水管等用细实线画出。

4. 尺寸与标高

尺寸标注与建筑平面图一样，包括外部尺寸和内部尺寸。外部尺寸通常为三道尺寸，最外面一道为总高尺寸，表示从室外地坪到女儿墙压顶面的高度；第二道为层高尺寸；第三道为细部尺寸，表示勒脚、门窗洞、洞间墙、檐口等高度方向尺寸。内部尺寸用于表示室内门、窗、隔断、搁板、平台等的高度。

另外还需要用标高符号标出室内外地坪、各层楼面、楼梯休息平台、屋面和女儿墙压顶面等处的标高。注写尺寸与标高时，注意与建筑平面图和建筑剖面图相一致。

5. 其他标注

某些细部的做法，如外墙面、勒脚的做法，可用文字引出标注。

6.5.3　识读建筑剖面图

图 6-13 所示的是某公司综合楼的 1—1 剖面图，结合前面的建筑平面图和建筑立面图来进行建筑剖面图的识读。读图时应了解剖面图与平面图、立面图的相互关系，建立起建筑内部的空间概念。

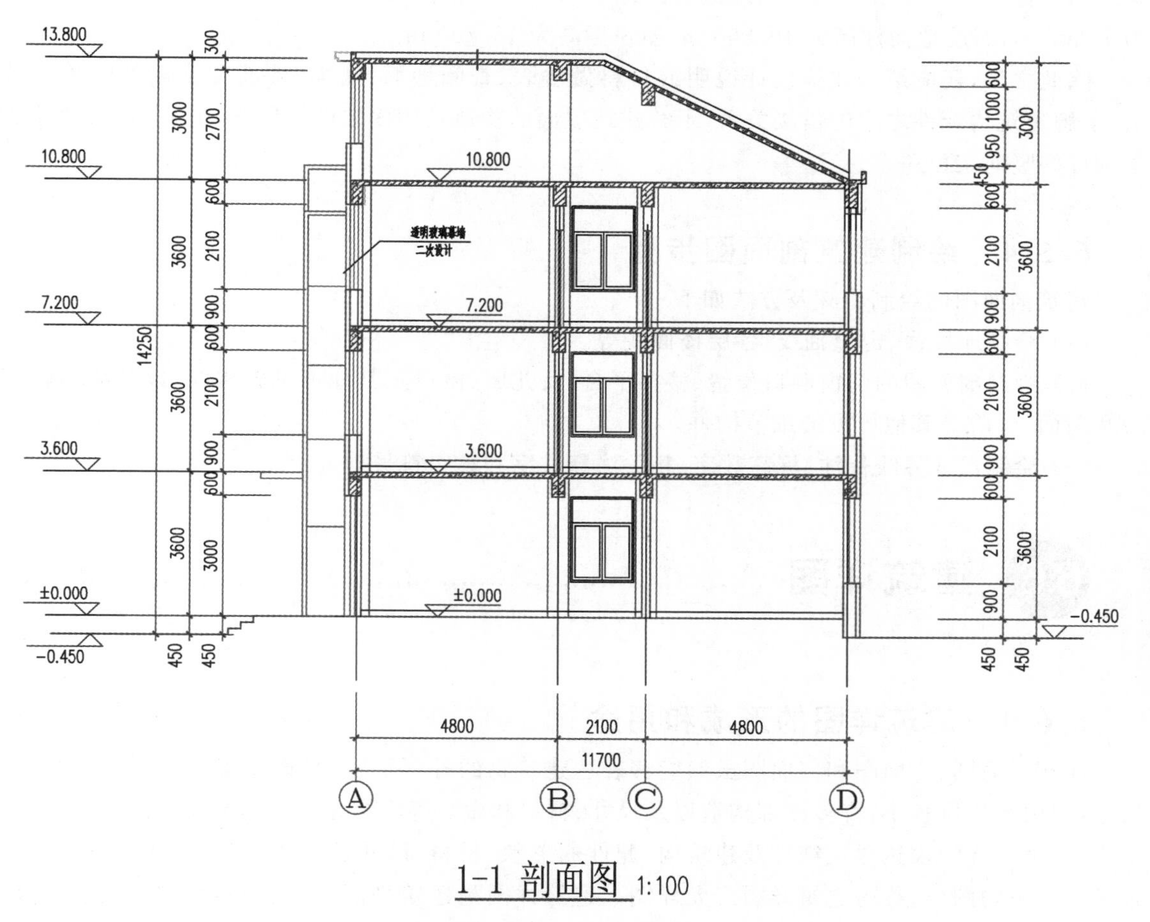

图 6-13　1—1 剖面图

1. 读图名、轴线编号、比例

与该建筑的一层建筑平面图相对照，可以确定剖切平面的位置及图样方向，从中了解该剖面图是建筑物的哪一部分投影。

由该图图名可在相应的底层平面图，图 6-9 上找到相应的编号为 1 的剖切符号。在该建筑剖面图的两端是Ⓐ和Ⓓ两条定位轴线，轴线间的距离如图 6-9 所示。

2. 剖切到的建筑构配件

通过识读剖切到的建筑构配件可以看出各层梁、板、柱、屋面、楼梯的结构形式、位置及与其他墙柱的位置关系；同时能看到门窗、窗台、檐口的形式及相互关系。

3. 未被剖切到但可见的建筑构配件

通过读图了解未被剖切到但可见的构配件的相关信息。

4. 建筑剖面图的尺寸和标高

根据建筑剖面图的尺寸及标高，了解建筑物的层高、总高、层数及建筑物室内外高差。

从图 6-13 中可以看出，房屋的层高为 3.6 m，细部尺寸为窗的高度尺寸及窗下墙的高度等。室外地坪标高为－0.450 m，一层地面标高为 0.000 m，二层地面标高为 3.600 m，三层地面标高为 7.200 m，四层地面标高为 10.800 m，屋顶标高为 13.800 m。

除此之外，还应结合建筑设计说明或材料做法表，查阅地面、墙面、楼面和顶棚等的装修做法，了解建筑构配件之间的搭接关系，了解建筑屋面的构造及屋面坡度的形成，了解墙体、梁等承重构件的竖向定位关系。

6.5.4 绘制建筑剖面图步骤

建筑剖面图的绘制步骤及方法如下。

（1）绘制地坪线、定位轴线、各层楼面线等。

（2）绘制剖面图的门窗洞口位置、楼梯平台、女儿墙、檐口及其他可见轮廓线，以及梁的轮廓线及断面、台阶等其他可见的细节构件。

（3）绘制尺寸界线标注、标高数字、相关注释文字和索引符号等。

6.6 建筑详图

6.6.1 建筑详图的形成和用途

建筑平面图、立面图和剖面图虽然能够表达建筑物的外部形状、平面布置、内部构造和主要尺寸，但由于比例较小，许多细部构造以及尺寸、材料和做法等内容无法表达清楚。因此，在实际工作中，为了详细表达建筑细部及建筑构、配件的形状、材料、尺寸及做法，用较大的比例将其详细表达出来的图样，称为建筑详图或大样图。建筑详图是建筑平面图、立面图和剖面图的补充，也是建筑施工图的重要组成部分。

建筑详图可分为构造节点详图和构(配)件详图两类。凡表达建筑物某一局部构造、尺寸和材料的详图称为构造节点详图，如檐口、窗台、勒脚、明沟等；凡表明构配件本身构造的详图称为构(配)件详图，如门、窗、楼梯、花格、雨水管等。对于套用标准图或通用图的构造节点和建筑构(配)件，只需注明所套用图集的名称、型号或页次(索引符号)，可不必另画详图。

6.6.2 建筑详图的图示内容

1. 比例与图例

建筑详图最大的特点是使用较大的比例绘制，常用 1 : 50、1 : 20、1 : 10、1 : 5、1 : 2 等比例绘制。建筑详图的图名，是画出的详图的符号、编号和比例，与被索引的图样的索引符号对应，一般对照查阅。

2. 定位轴线

建筑详图中一般应画出定位轴线及其编号，以便与建筑平面图、立面图、剖面图对照。

3. 图线

建筑详图中，建筑构配件的断面轮廓线为粗实线；构配件的可见轮廓线为中实线或细实线；材料图例为细实线。

4. 建筑标高和结构标高

建筑详图的尺寸标注必须完整齐全、准确无误。在详图中，同立面图、剖面图一样要注写楼面、地面、楼梯、阳台、台阶、挑檐等处完成的标高及高度方向的尺寸；其余部位要注写毛面尺寸和标高。

5. 索引符号和详图符号

1）索引符号

图样中某一局部或构件，如需另见详图，应以索引符号索引，如图 6-14(a)所示。索引符号是由直径为 8～10 mm 的圆和水平直径组成，圆及水平直径应以细实线绘制。索引符号应按下列规定编写。

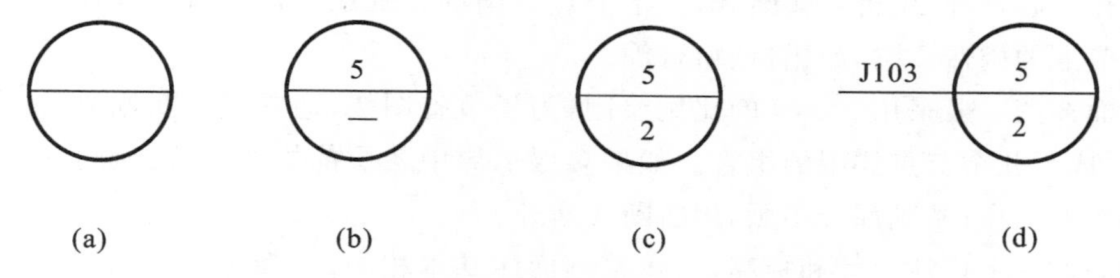

图 6-14 索引符号

(1) 索引出的详图如与被索引的详图同在一张图纸内，应在索引符号的上半圆中用阿拉伯数字注明该详图的编号，并在下半圆中间画一段水平细实线如图 6-14(b)所示。

(2) 索引出的详图如与被索引的详图不在同一张图纸内，应在索引符号的上半圆中用阿拉伯数字注明该详图的编号，在索引符号的下半圆用阿拉伯数字注明该详图所在图纸的编号，如图 6-14(c)所示。数字较多时，可加文字标注。

(3) 索引出的详图，如采用标准图，应在索引符号水平直径的延长线上加注该标准图册的编号，如图 6-14(d)所示。需要标注比例时，文字在索引符号右侧或延长线下方，与符号下对齐。

2）详图符号

详图的位置和编号，应以详图符号表示。详图符号的圆应以直径为 14 mm 粗实线绘制。详图应按下列规定编号。

(1) 详图与被索引的图样同在一张图纸内时，应在详图符号内用阿拉伯数字注明详图的编号，如图 6-15(a)所示。

(2) 详图与被索引的图样不在同图纸内时，应用细实线在详图符号内画一水平直径，在上半圆中注明详图编号，在下半圆中注明被索引的图纸编号，如图 6-15(b)所示。

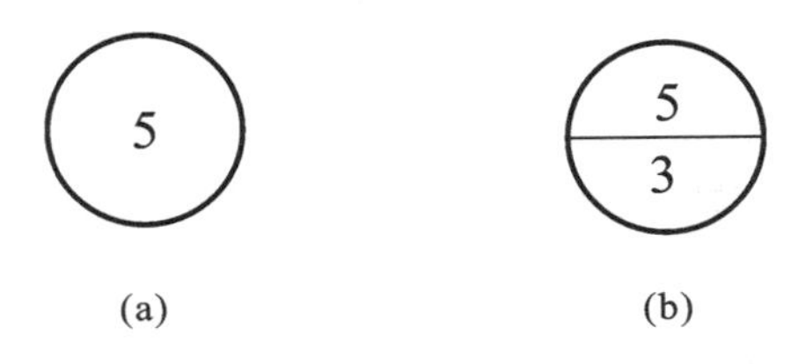

图 6-15 详图符号

6. 其他标注

对于套用标准图或通用图集的建筑构配件和建筑细部，只要注明所套用图集的名称、详图所在的页数和编号，不必再画详图。建筑详图中凡是需要再绘制详图的部位，同样要画上索引符号，另外，建筑详图还应把有关的用料、做法和技术要求等用文字说明。

6.6.3 墙身详图

墙身详图也称为墙身大样图，实际上是建筑剖面图的墙身部位的局部放大图。它详细地表达了墙身从防潮层到屋顶的各主要节点的构造和做法，如墙身与地面、楼面、屋面的构造连接情况以及檐口、窗台、勒脚、防潮层、散水、明沟等构造的尺寸、材料、做法等情况。绘图时可将各节点剖面图连在一起，中间用折断线断开，各个节点详图都分别注明详图符号和比例；也可只绘制墙身中某个节点的构造详图，如檐口、窗台等。

外墙剖面详图一般采用 1：20 的比例绘制，为了节省图幅，通常采用折断画法，往往在窗的中间处断开，成为几个节点详图的组合。如果多层房屋中各层的构造一样，则可只画底层、顶层和一个中间层的节点；基础部分不画，用折断线断开。

外墙剖面详图上标注尺寸和标高，与建筑剖面图基本相同，线型也与剖面图一样，被剖到的轮廓用粗实线画出。因为采用较大的比例，所以墙身还应用细实线画出粉刷线，并在断面轮廓线内画上规定的材料图例。

1. 墙身详图包括的内容

(1) 墙身的定位轴线与编号，墙体的厚度、材料及其本身与轴线的关系。

(2) 勒脚、散水节点构造。主要反映墙身防潮做法、首层地面构造、室内外高差、散水做法、一层窗台标高等。

(3) 标准层楼层节点构造。主要反映标准层梁、板等构件的位置及其与墙体的联系，构件表面抹灰、装饰等内容。

(4) 檐口部位节点构造。主要反映檐口部位包括封檐构造、圈梁、过梁、屋顶泛水构造、屋面保温、防水做法和屋面板等结构构件。

(5) 详图索引符号等。

2. 识读墙身详图

如图 6-16 所示，外墙身剖面是④轴线的有关部位的放大图。从图中可以看出以下几个特点。

(1) 由檐口处可见，屋面板为现浇板，上有保温层及二毡三油防水层。

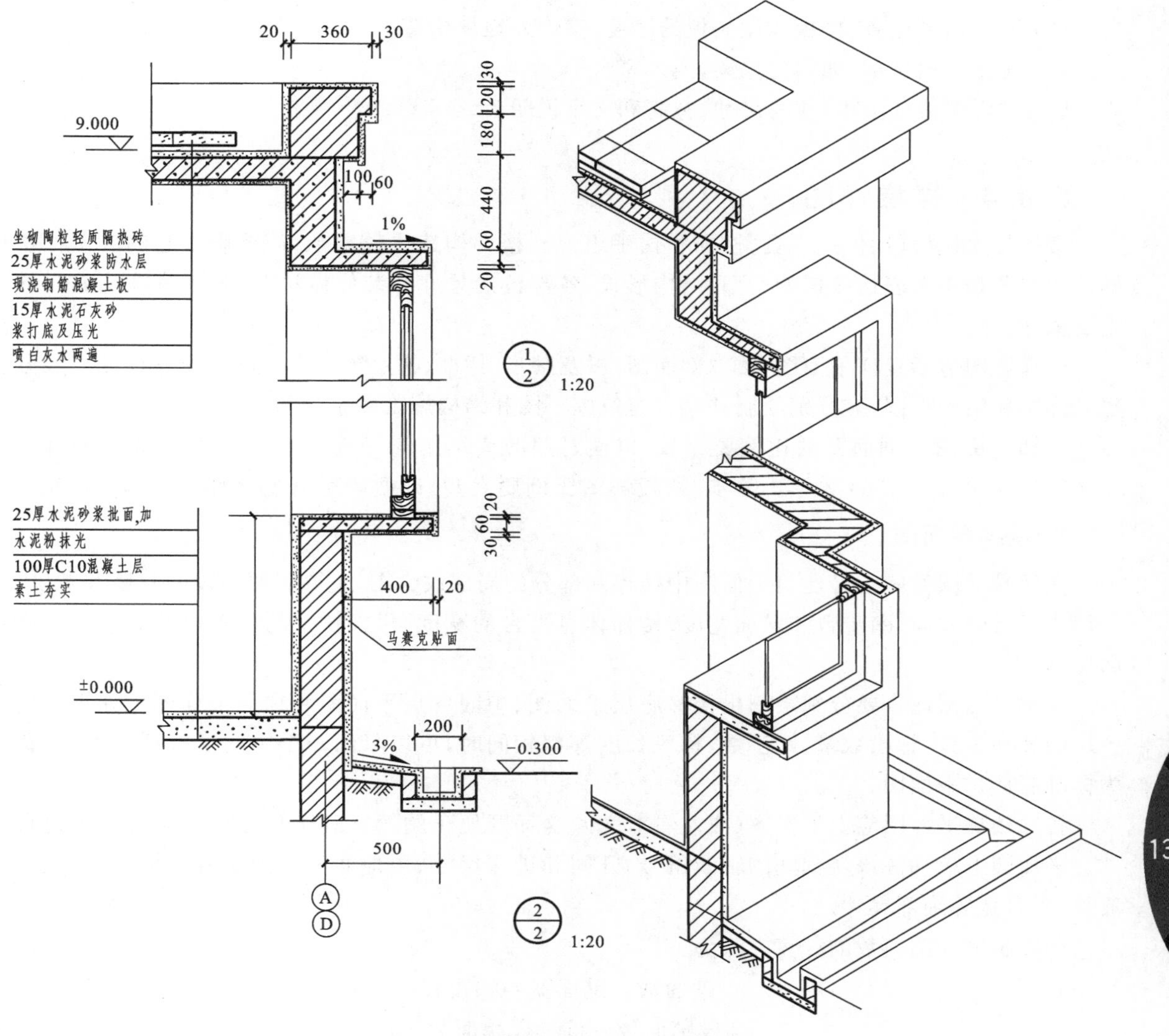

图 6-16　墙身详图

（2）在详图中，屋面、楼面和地面的做法采用标准图集和多层构造说明方法来表示。

（3）各层楼板等构件的位置及其与墙身的关系。

（4）门窗洞口、底层窗下墙、窗间墙、檐口、女儿墙等的高度；室内外地坪、防潮层、门窗洞的上下口、檐口、墙顶及各层楼面、屋面的标高。

（5）从勒脚部分可知房屋外墙的防潮及排水做法。

（6）散水（亦称防水坡）的作用是将墙脚附近的雨水排泄到离墙脚一定距离的室外地坪的自然土壤中去，以保护外墙的墙基免受雨水的侵蚀。

3. 墙身详图的绘制

墙身详图绘制的具体步骤如下。

（1）画出外墙定位轴线。

(2) 画出室外地坪线、楼面线、屋面线及墙身轮廓线。

(3) 画出门窗位置、楼板和屋面板的厚度、室内外地坪构造。

(4) 画出门窗细部,如门窗过梁,内外窗台等。

(5) 加深图线或上墨,注写尺寸、标高和文字说明等。

6.6.4 楼梯详图

楼梯是由楼梯段、休息平台、栏杆和扶手组成。楼梯构造比较复杂,需要画出它的详图。楼梯详图主要是用来表达楼梯的类型、结构形式、各部位的尺寸和装修做法等,是楼梯施工放样的主要依据。

楼梯详图包括楼梯平面图、楼梯剖面图,以及踏步、栏杆、扶手等节点详图。楼梯详图一般分建筑详图和结构详图,应分别绘制并编入建筑施工图和结构施工图中。

楼梯平面图和剖面图的比例要一致,以便对照阅读。比例一般为 1∶50,节点详图的常用比例有 1∶10,1∶5,1∶2 等。踏步、栏板详图比例要大些,以便表达清楚该部分的构造情况。

1. 楼梯平面图

楼梯平面图实际上是建筑平面图中楼梯间部分的局部放大图,主要表明梯段的长度和宽度、上行或下行的方向、踏步数和踏面宽度、楼梯休息平台的宽度、栏杆扶手的位置以及其他一些平面形状。

楼梯平面图通常要分别绘制出楼梯底层平面图、中间各层平面图和顶层平面图。如果中间各层的楼梯位置、梯段数量、踏步数、梯段长度等都相同时,可以只画一个中间层楼梯平面图,称为标准层楼梯平面图。

各层楼梯平面图应上下对齐(或左右对齐),这样既便于阅读又利于尺寸标注和省略重复尺寸。平面图上应标注该楼梯间的轴线编号、开间和进深尺寸、楼地面和中间平台的标高,以及梯段长、平台宽等细部尺寸。

梯段长度和踏面数的计算方法为:

$$踏面数\times踏面宽=梯段长$$

$$梯段踏面数=该梯段踢面数-1$$

在楼梯平面图中,楼梯段被水平剖切后,其剖切线是水平线,而各级踏步也是水平线,为了避免混淆,规定在剖切处画 45°折断符号;梯段的上行或下行方向是以各层楼地面为基准标注的。向上者称为上行,向下者称为下行,并用长线箭头和文字在梯段上注明上行、下行的方向及踏步总数。

图 6-17 所示的是某公司综合楼的楼梯平面图,结合前面的各层建筑平面图和建筑剖面图来进行识读可知,该建筑的Ⓐ轴、Ⓑ轴与⑥轴、⑦轴相交处及Ⓒ轴、Ⓓ轴与③轴、④轴相交处是都布置了相同结构的双跑楼梯,则有:

$$梯段起止线的距离=(级数-1)\times踏步宽度$$

因为梯段端部的踏面与平台面或楼面重合,所以在平面图中的每一梯段画出的踏面数总是比级数少 1,即:

$$梯段踏面数=该梯段踢面数-1$$

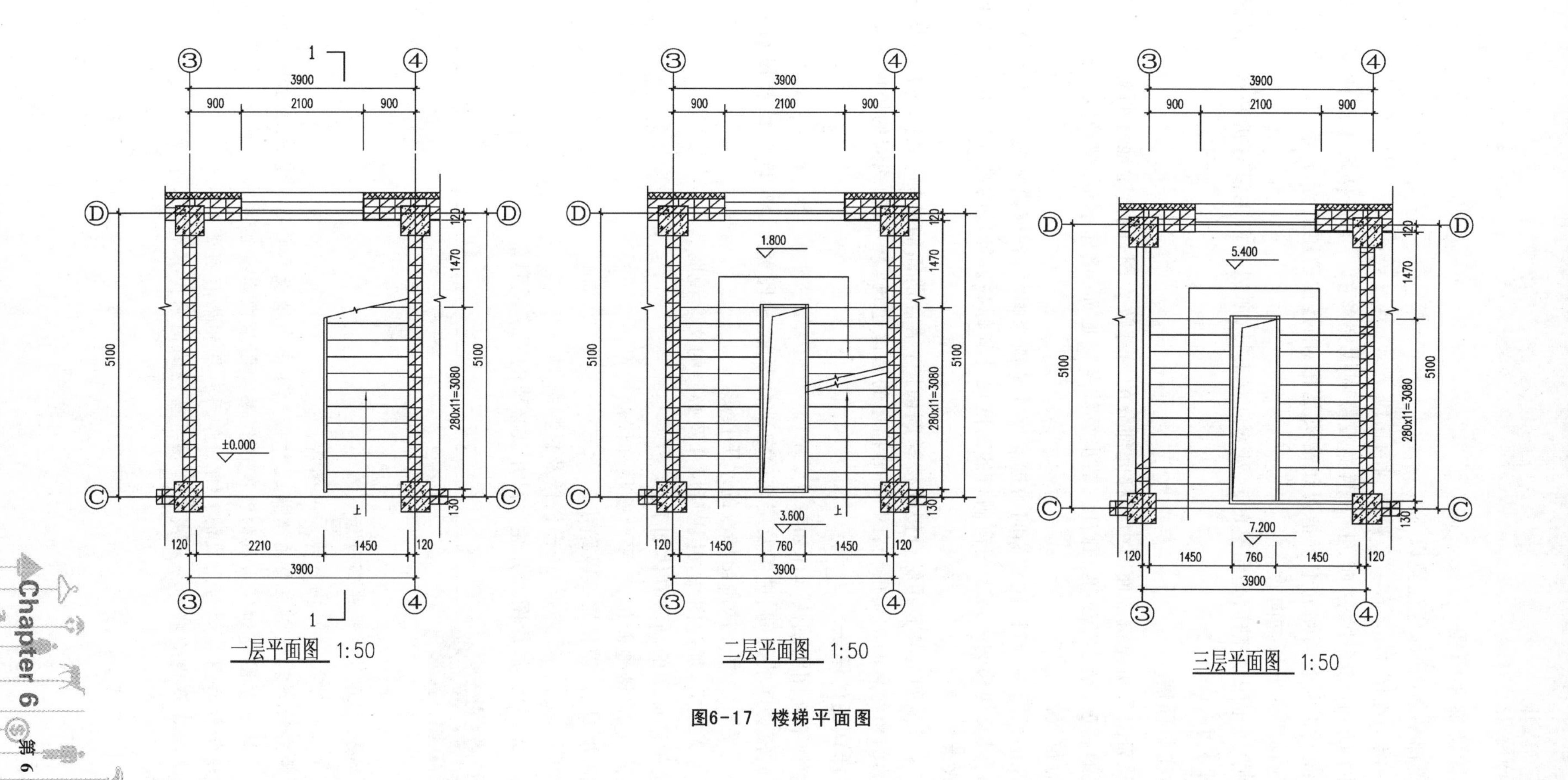

一层平面图 1:50
二层平面图 1:50
三层平面图 1:50
D
C
3
4
1
上
3900
900
2100
5100
280x11=3080
1470
120
130
1450
760
2210
±0.000
1.800
3.600
5.400
7.200

图6-17 楼梯平面图

2. 识读楼梯平面图

识读楼梯平面图时，应注意以下几点。

（1）一层平面图中，只有一个被剖到的梯段。

（2）中间层平面图中，踏面、上下两梯段都画成完整的。上行梯段中间画有一条与踢线成45°的折断线。折断线两侧的上下指引线箭头是相对的，在箭尾处标注有“上”，是注明从本层上到上一层的梯段的上行方向。

（3）顶层平面图的踏面是完整的。因为只有下行，所以梯段上没有折断线。楼面临空的一侧装有水平栏杆。

3. 楼梯剖面图

楼梯剖面图是指建筑剖面图中楼梯间部分的局部放大图，能清楚地注明各层楼（地）面的标高、楼梯段的高度、踏步的宽度和高度、踏步级数及楼地面、楼梯平台、墙身、栏杆、栏板等的构造做法及相对位置。

在楼梯剖面图中，应标注楼梯间的进深尺寸及轴线编号，各梯段和栏杆、栏板的高度尺寸，楼地面的标高以及楼梯间外墙上门窗洞口的高度尺寸和标高。梯段的高度尺寸可用级数与踏面高度的乘积来表示。

图 6-18 所示的是某公司综合楼的楼梯剖面图，结合前面的楼梯一层平面图（图 6-17）中的编号为 1 的剖切符号的剖切位置，图 6-18 描述的是该建筑Ⓒ～Ⓓ轴线间的楼梯剖面图。

4. 楼梯详图的画法

（1）楼梯平面图的画法具体如下。

① 根据楼梯间的开间、进深及层高确定平台深度、梯段宽度、踏步尺寸、梯段水平投影长度、梯井宽度，用平行线等分法画出梯段的水平投影。

② 检查无误后，加深图线，并注写尺寸及必要的文字说明。

（2）楼梯剖面图的画法具体如下。

① 画轴线，定楼地面位置、平台及楼梯段的位置。

② 画出墙身、门窗位置线及踏步。

③ 画细部，如门窗、梁板、楼梯栏杆及材料图例。

④ 检查无误后，加深图线并注写尺寸及必要的文字说明。

思考与练习

1. 建筑施工图由哪些部分组成？
2. 什么是标高？简述它的标准画法。
3. 风向频率玫瑰图主要用来描述什么？其中实线表示什么？虚线表示什么？
4. 建筑平面图是如何形成的？有何作用？图示内容有哪些？
5. 建筑剖面图是如何形成的？有何作用？图示内容有哪些？
6. 楼梯详图由哪些部分组成？楼梯平面图的图示内容有哪些？

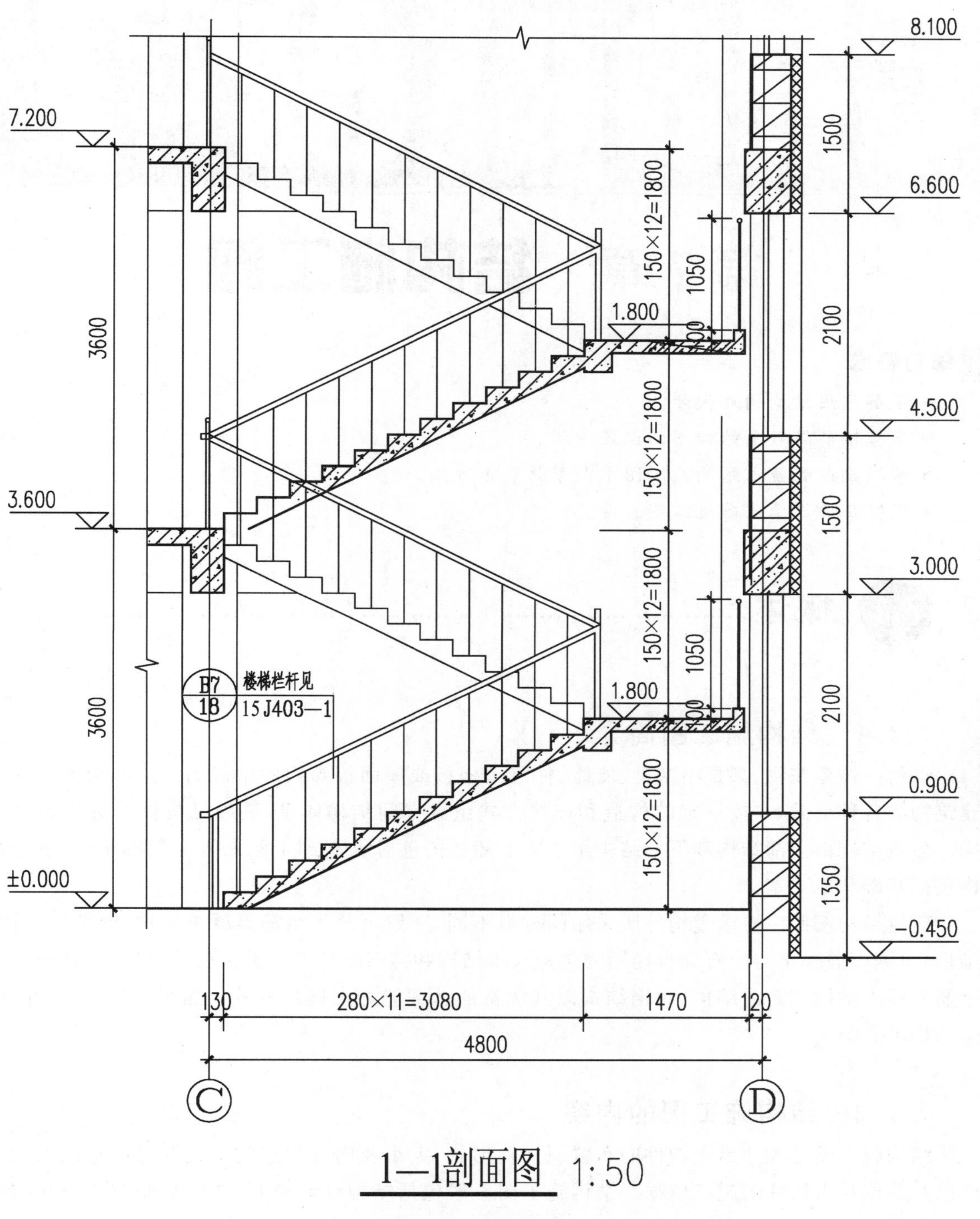
8.100
7.200
6.600
1500
150×12=1800
1050
1.800
2100
3600
4.500
150×12=1800
3.600
1500
3.000
150×12=1800
B7
18
楼梯栏杆见
15J403—1
1050
1.800
3600
2100
0.900
150×12=1800
±0.000
1350
−0.450
130
280×11=3080
1470
120
4800
C
D
1—1剖面图 1:50

图 6-18 楼梯剖面图

Chapter 7

第 7 章　结构施工图

学习目标

- 了解常用结构构件代号。
- 掌握钢筋混凝土结构图的识读方法。
- 掌握钢筋混凝土结构施工图平面整体表示方法。
- 能够正确识读基础施工图。

7.1 概述

7.1.1　结构施工图简介

任何一幢建筑物，都是由基础、墙体、柱、梁、楼板或屋面板等构件组成的。这些构件承受着建筑物的各种荷载，并按一定的构造和连接方式组成空间结构体系，这种结构体系称为建筑结构。建筑结构由上部结构和下部结构组成。上部结构包括墙体、柱、梁、板及屋架等构件，下部结构包括基础和地下室。

建筑结构按照主要承重构件所采用的材料不同，一般可分为钢筋混凝土结构、钢结构、砖混结构（由钢筋混凝土与砖石混合使用的结构）、木结构和砖石结构五大类。目前，我国最常用的是钢筋混凝土结构和砖混结构，而钢结构以其优良的承载能力正逐步普及。如图 7-1 所示为内框架结构示意图。

7.1.2　结构施工图的内容

结构施工图是表达承重构件的布置、材料、形状、大小及内部构造的工程图样。它是承重构件以及其他受力构件的施工依据。结构施工图一般包括结构设计说明、结构平面布置图和结构构件详图三部分。

1. 结构设计说明

它用于说明新建建筑物的结构类型、耐久年限、抗震设计和耐火要求；地基情况；钢筋混凝土各种构件，砖砌体，后浇带与施工缝等部分选用的材料类型、规格、强度等级；施工注意事项；选用的标准图集等。

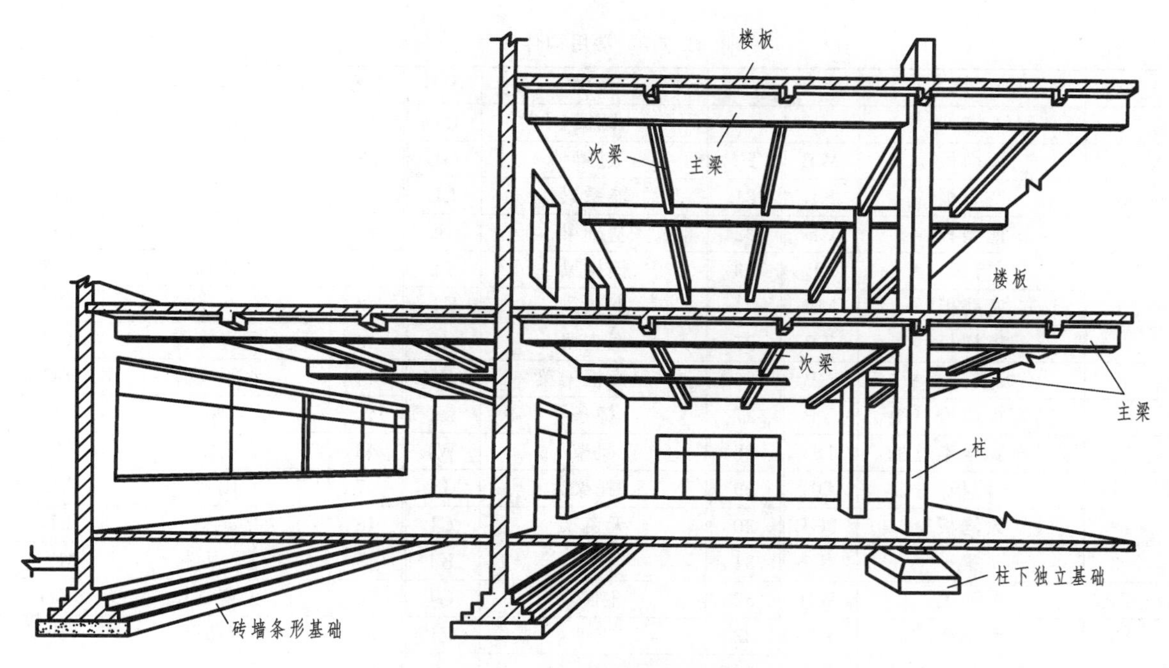

图 7-1　内框架结构示意图

2．结构平面布置图

结构平面布置图属于全局性的图纸，用于表达结构构件总体平面布置，主要表示承重构件的位置、类型、数量、钢筋布置情况及相互关系，通常包括以下内容。

（1）基础平面图。

（2）楼层结构平面布置图。

（3）屋顶结构平面布置图。

3．结构构件详图

结构构件详图属于局部性的图纸，用于表达构件的形状、大小、所用材料的强度等级和钢筋的配置情况等，通常包括模板图、配筋图、钢筋表及文字说明。配筋图包括立面图和断面图，主要表示构件的内部钢筋布置情况。

根据构件的不同，结构详图通常包括以下几种类型。

（1）基础详图，梁、板、柱等构件详图。

（2）楼梯结构详图。

（3）屋架结构详图。

（4）其他构件详图，如天窗、雨篷、过梁等。

7.1.3　常用结构构件代号

房屋结构的基本构件（如梁、板、柱等）种类多，数量多，而且布置相对复杂，为了绘图和施工方便，结构构件的名称常用代号来表示。《建筑结构制图标准》（GB/T 50105—2010）中规定：构件的名称应用代号来表示，这些代号用构件名称汉语拼音的第一个大写字母表示，代号后应用阿拉伯数字标注该构件的型号或编号，也可为构件的顺序号。常用的构件代号见表 7-1。

表 7-1 常用构件代号

序号	名称	代号	序号	名称	代号	序号	名称	代号
1	板	B	19	圈梁	QL	37	承台	CT
2	屋面板	WB	20	过梁	GL	38	设备基础	SJ
3	空心板	KB	21	连系梁	LL	39	桩	ZH
4	槽型板	CB	22	基础梁	JL	40	挡土墙	DQ
5	折板	ZB	23	楼梯梁	TL	41	地沟	DG
6	密肋板	MB	24	框架梁	KL	42	柱间支撑	ZC
7	楼梯板	TB	25	框支梁	KZL	43	垂直支撑	CC
8	盖板或沟盖板	GB	26	屋面框架梁	WKL	44	水平支撑	SC
9	挡雨板或檐口板	YB	27	檩条	LT	45	梯	T
10	吊车安全走道板	DB	28	屋架	WJ	46	雨篷	YP
11	墙板	QB	29	托架	TJ	47	阳台	YT
12	天沟板	TGB	30	天窗架	CJ	48	梁垫	LD
13	梁	L	31	框架	KJ	49	预埋件	M—
14	屋面梁	WL	32	刚架	GJ	50	天窗端壁	TD
15	吊车梁	DL	33	支架	ZJ	51	钢筋网	W
16	单轨吊车梁	DDL	34	柱	Z	52	钢筋骨架	G
17	轨道连接	DGL	35	框架柱	KZ	53	基础	J
18	车挡	CD	36	构造柱	GZ	54	暗柱	AZ

注：预应力钢筋混凝土构件代号，应在构件代号前加注“Y-”，如 Y-WL 表示预应力钢筋混凝土屋面梁。

7.2 钢筋混凝土结构图

7.2.1 钢筋混凝土结构简介

目前，钢筋混凝土在建筑领域应用极其广泛，它由混凝土和钢筋两种材料组成。混凝土由水泥、砂子、石子加水按一定配合比拌制而成，经过一段时间的养护硬化，混凝土如同天然石材，具有较高的抗压强度，俗称人造石。但其抗拉能力却很差，容易受拉而断裂，如图 7-2(a)所示。而钢筋的抗拉能力较强，为了解决混凝土易受拉而破坏的缺点，充分发挥其抗压性能，常在混凝土构件的受拉区配置一定数量的钢筋，使钢筋承受拉力，混凝土主要承受压力，使二者充分发挥各自的优点，共同作用，这就是钢筋混凝土，如图 7-2(b)所示。用钢筋混凝土制作的梁、板、柱、墙、基础等构件称为钢筋混凝土构件。

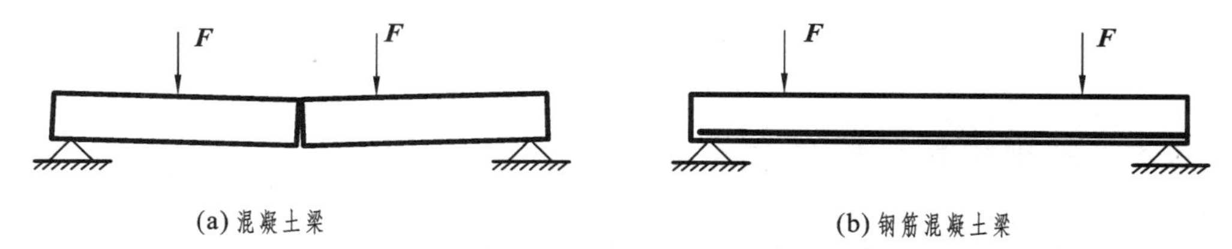

(a) 混凝土梁　　(b) 钢筋混凝土梁

图 7-2 钢筋混凝土梁受力示意图

钢筋混凝土构件根据施工方法的不同分为现浇和预制两种。现浇是指在工程现场构件所在位置直接绑扎钢筋现场浇筑而成；预制是指提前在工厂预制好，然后运到施工现场吊装而成，对于一些尺寸较大的钢筋混凝土构件，当考虑运输的可能性以及现场场地的允许性等情况时，也可在施工现场预制，然后吊装而成。

1. 混凝土的强度等级划分

按照《混凝土结构设计规范》(GB 50010—2010)的规定，普通混凝土的强度根据立方体抗压强度标准值确定，划分为十四个等级，即：C15，C20，C25，C30，C35，C40，C45，C50，C55，C60，C65，C70，C75，C80，数字越大，表示混凝土的抗压强度越大。例如，强度等级为 C30 的混凝土是指30 MPa$\leqslant f_{cuk}<$35 MPa。

2. 钢筋的基本知识

1）钢筋按作用分类

如图 7-3 所示，配置在钢筋混凝土构件中的钢筋，按其所起的作用分为以下几种类型。

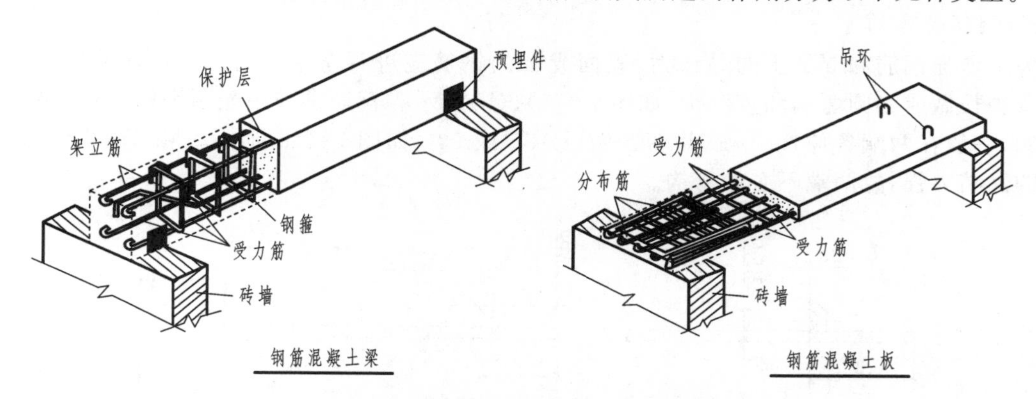

图 7-3 在钢筋混凝土梁、板中起不同作用的钢筋

(1) 受力筋：承受拉应力或压应力的钢筋，其配置根据受力通过计算确定，且应满足构造要求。

(2) 箍筋：也称钢箍，多用于梁、柱构件中，用于固定受力筋的位置，也分担部分剪力和扭矩。

(3) 架立筋：一般只在梁中使用，配置在梁的受压区，与受力钢筋平行，与箍筋一起形成钢骨架，用于固定箍筋的位置。架立筋的配置无需根据受力计算确定，只需满足构造要求。

(4) 分布筋：一般用于板或墙内，与板或墙内的受力筋垂直，与受力筋一起构成钢筋网，用于固定受力筋的位置，将承受的力均匀传给受力筋，并抵抗热胀冷缩引起的温度变形。

(5) 构造筋：因构件在构造上的要求或施工安装需要而配置的钢筋。例如，预埋锚固筋，属于构造上的要求；设置吊环属于施工安装的需要。

2）钢筋按强度等级及符号分类

按照《混凝土结构设计规范》(GB 50010—2010)中的规定，对国产建筑用钢筋，按其产品种类和强度值等级不同，分别给予不同代号，以便标注和识别。钢筋分为普通钢筋和预应力钢筋，普通钢筋代号和强度标准值见表 7-2。

表 7-2 普通钢筋代号及强度标准值

种类	代号	直径 d/mm	强度标准值 f_{yk}/(N/mm^2)	备注
HPB300		6～22	300	Ⅰ级热轧光圆钢筋
HRB335		6～50	335	Ⅱ级热轧带肋钢筋
HRBF335	F			Ⅱ级细晶粒热轧带肋钢筋

续表

种类	代号	直径 d/mm	强度标准值 f_{yk}/(N/mm^2)	备注
HRB400		6～50	400	Ⅲ级热轧带肋钢筋
HRBF400	F			Ⅲ级细晶粒热轧带肋钢筋
RRB400	R			新Ⅲ级热处理带肋钢筋
HRB400E				有较高抗震性能的普通热轧带肋钢筋
HRB500		6～50	500	Ⅳ级热轧带肋钢筋
HRBF500	F	6～50		Ⅳ级细晶粒热轧带肋钢筋

注：H、P、R、B、F、E 分别为热轧(hotrolled)、光圆(plain)、带肋(ribbed)、钢筋(bars)、细粒(fine)、地震(earthquake)5 个词的英文首位字母。后面的数代表屈服强度为×××MPa。

3）钢筋的弯钩

为了增强钢筋和混凝土的黏结力，表面光圆的钢筋应进行弯钩处理，避免钢筋在受拉时滑动。弯钩长做成半圆弯钩和直弯钩，如图 7-4(a)、(b)所示。箍筋常采用光圆钢筋，故两端也应做出弯钩，一般在两端各伸长 50mm，将弯钩做成 135°或 90°，如图 7-4(c)所示。由于带肋钢筋与混凝土的黏结力强，故两端不必做弯钩。

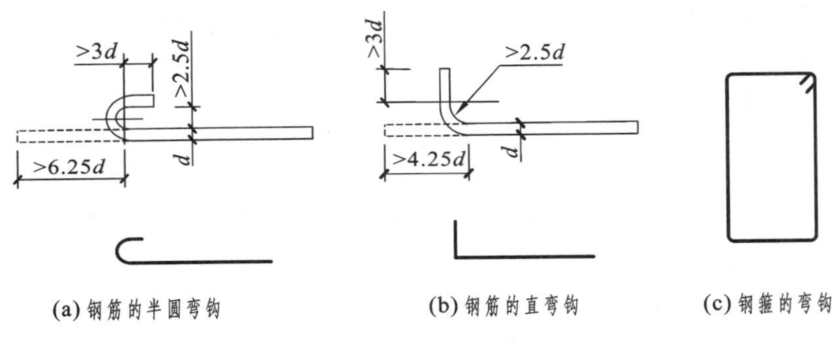

(a) 钢筋的半圆弯钩　(b) 钢筋的直弯钩　(c) 钢箍的弯钩

图 7-4　钢筋和箍筋的弯钩

4）钢筋的保护层

为了保护钢筋、防腐蚀、防火以及加强钢筋与混凝土的黏结力，在构件中钢筋外边缘至构件表面之间应留有一定厚度的混凝土保护层。根据《混凝土结构设计规范》(GB 50010—2010)中的规定，混凝土保护层厚度不应小于钢筋的公称直径，且应符合混凝土保护层最小厚度的规定要求。混凝土保护层最小厚度见表 7-3。

表 7-3　混凝土保护层的最小厚度(mm)

环境类别	板、墙	梁、柱
一(室内正常环境)	15	20
二 a(室内潮湿环境)	20	25
二 b(严寒和寒冷地区的露天环境)	25	35
三 a(使用除冰盐或海风的环境)	30	40
三 b(盐渍土或海岸环境)	40	50

注：① 表中保护层的厚度是指最外层钢筋外边缘至混凝土表面的距离，适用于设计使用年限为 50 年的混凝土结构。

② 设计使用年限为 100 年的混凝土结构，一类环境中，最外层钢筋的保护层厚度不应小于表中数值的 1.4 倍；二、三类

环境中，应采取专门的有效措。

③ 混凝土强度等级不大于 C25 时，表中保护层厚度数值应增加 5。

④ 基础底面钢筋的保护层厚度，有混凝土垫层时应从垫层顶面算起，且不应小于 40 mm。

7.2.2 钢筋混凝土结构图的图示特点

1. 钢筋的图示方法

在钢筋混凝土结构图中，为了表示钢筋的布置情况，常将混凝土看成透明体，把钢筋画成粗实线，构件的外形轮廓线画成细实线；在构件的断面图中，不画材料图例，以便表达钢筋的布置情况，多用黑圆点表示钢筋的断面。钢筋常用的表示方法见表 7-4。

表 7-4 钢筋的表示方法

名称	图例	说明
钢筋横断面	●	
无弯钩的钢筋端部		表示长、短钢筋投影重叠时，短钢筋的端部用 45°斜划线表示
带半圆形弯钩的钢筋端部		
带直弯钩的钢筋端部		
带丝扣的钢筋端部		
无弯钩的钢筋搭接		
带半圆形弯钩的钢筋搭接		
带直弯钩的钢筋搭接		
单根预应力钢筋横断面	+	
预应力钢筋或钢绞线		用粗双点长画线表示

2. 钢筋的画法

《建筑结构制图标准》(GB/T 50105—2010)中规定了钢筋的画法，见表 7-5。

表 7-5 钢筋的画法

序号	说明	图样
1	在结构楼板中配置双层钢筋时，底层钢筋弯钩应向上或向左弯曲，顶层钢筋则向下或向右弯曲	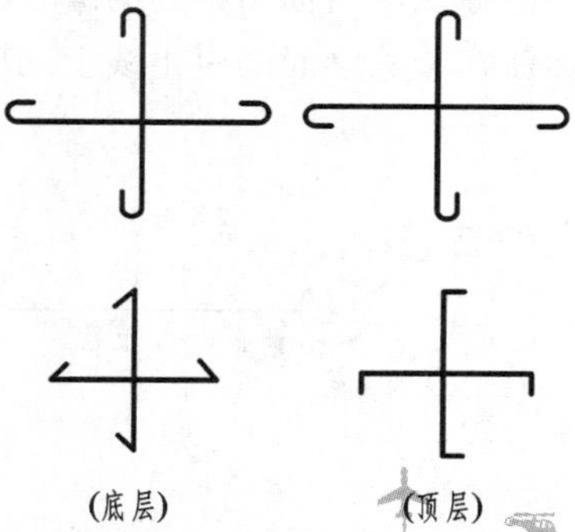 (底层) (顶层)

续表

序号	说明	图样
2	钢筋混凝土墙体配双层钢筋时，在配筋立面图中，远面钢筋的弯钩应向上或向左弯曲，而近面钢筋则向下或向右弯曲（JM—近面，YM—远面）	
3	如在断面图中不能表示清楚钢筋布置，应在断面图外面增加钢筋大样图（如钢筋混凝土墙、楼梯等）	
4	图中所示的箍筋、环筋，如布置复杂，应加画钢筋大样及说明	
5	每组相同的钢筋、箍筋或环筋，可以用一根粗实线表示，同时用一根两端带斜短画线的横穿细线，表示其余钢筋的起止范围	

3. 钢筋的标注方法

钢筋的标注应当标出钢筋的编号、数量、代号、直径、间距及其所在位置，通常沿钢筋的长度标注或标注在相关钢筋的引出线上，其具体标注方式如图 7-5 所示。

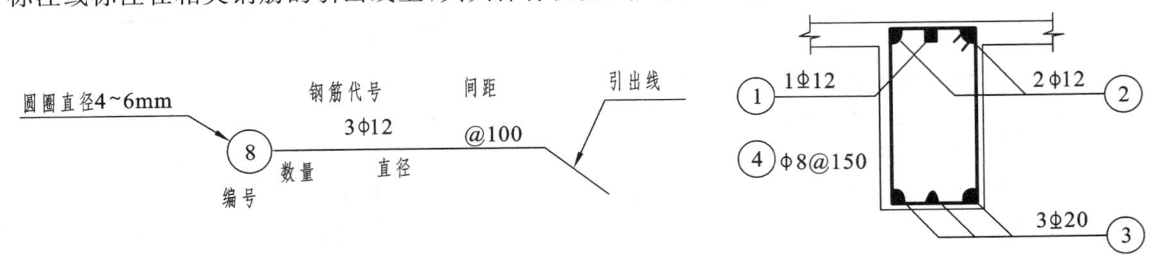

图 7-5　钢筋的标注

7.2.3 钢筋混凝土结构图识读

钢筋混凝土构件有定型构件和非定型构件两种。定型的预制或现浇构件可直接引用标准图或通用图,只要在图纸上写明选用构件所在标准图集或通用图集的名称、代号即可。自行设计的非定型预制或现浇构件,则必须绘制构件详图。

钢筋混凝土结构中都有梁、板、柱,下面我们分别举例介绍。

1. 梁

如图 7-6 所示为一个简支梁的配筋详图,该梁两端支承在墙体上,由于此梁外形简单,所以省略了模板图。

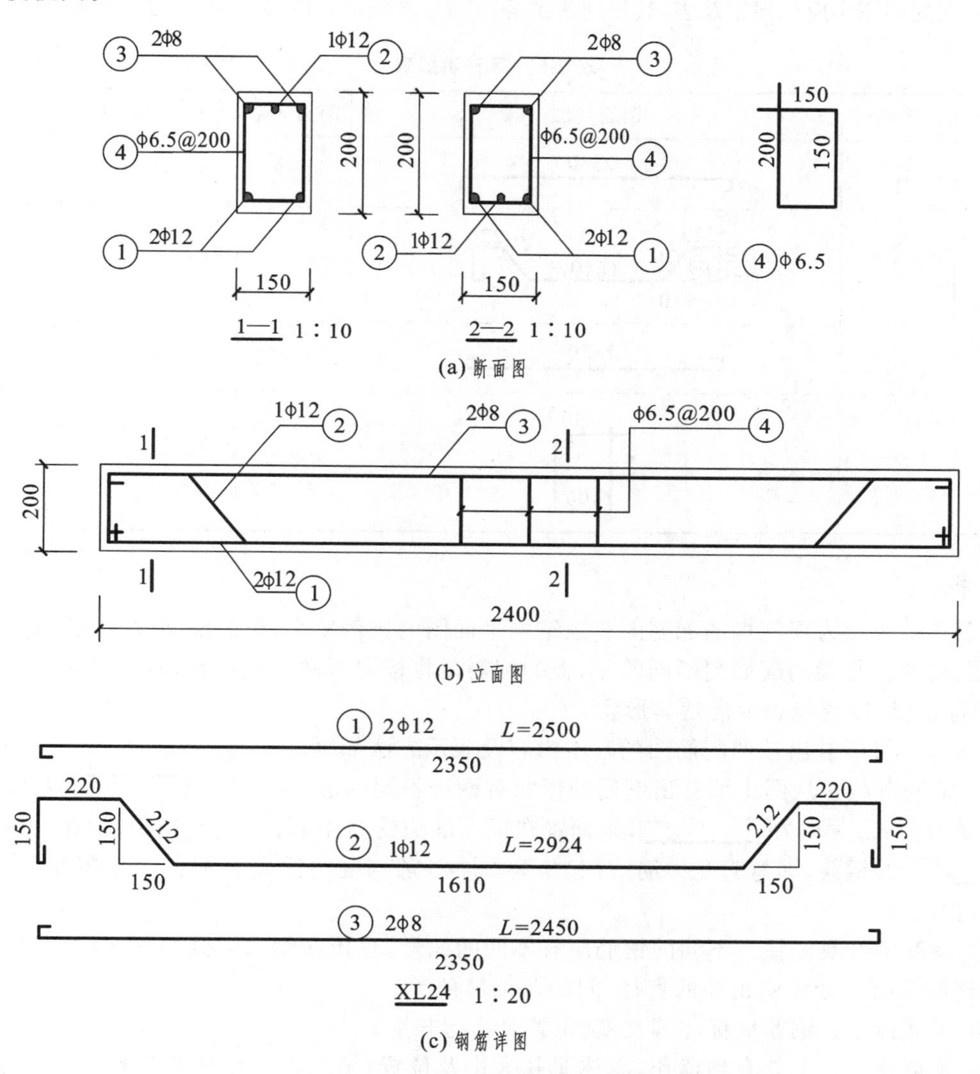

图 7-6 钢筋混凝土简支梁详图

配筋详图由立面图和断面图组成,主要表示钢筋在构件中的布置情况,也就是钢筋在构件中的排列位置以及钢筋的形状、数量等,它是绑扎钢筋骨架的依据。

从图 7-6 中可以看出梁的配筋图的基本内容及其表示方法如下。

(1) 钢筋形状立面图中用粗实线表示钢筋的形状，梁中弯起筋的弯起角为45°，梁内纵筋全部画出，但投影重合的只画一根表示。必要时将纵筋用引出线引出，分别画出其形状，并标注尺寸。箍筋只画几根示意。在断面图中，纵筋用小黑点表示。

(2) 在立面图中应注明断面的剖切位置，断面数量可根据需要确定。

(3) 被标注钢筋应根据形状或钢筋种类不同，分别给予不同的编号。引出线一端指向钢筋，另一端画直径为6 mm的圆圈，圈内写编号，在引出线上标明每种纵筋的数量、直径及钢筋种类，或标注箍筋的直径、钢筋种类及间距。例如，φ6@200表明：钢筋为HPB235级钢，直径为6 mm，间距为200 mm，@为等间距符号。

(4) 在立面图上应注明梁的长度、纵筋弯起位置。断面图上应注明断面高度和宽度。

(5) 在配筋图中应列出钢筋表，其作用是供编制施工预算和备料用，也可作为理解配筋图的参考。

表 7-6　钢筋明细表

构件名称	钢筋编号	钢筋简图	钢筋规格	长度/mm	数量	总长/m
XL24	①	2350	φ12	2500	2	5.000
	②	220 150 150 212 1610 212 220 150 150	φ12	2924	1	2.924
	③	2350	φ8	2450	2	4.900
	④	150 200 150 100	φ6.5	600	13	7.800

2. 板

如图7-7所示为现浇板的配筋图。当结构平面图的比例较小，板的配筋又比较复杂时，板可单独画配筋图。与梁的配筋图不同的是，板的配筋是将板向下做水平投影，钢筋向前或向左翻转90°再进行投影，以便能表示清楚其形状。

从图7-7可以看出板的配筋图的基本内容及表示方法如下。

(1) 钢筋形状。从图中可看出钢筋的形状有两种不同的形式：一种为，是配置在板上部的受力负筋；一种为，是配置在板下部的受力正筋。在有些板中还有一种形状为的钢筋，即弯起受力筋，弯起角为30°，一般与受力筋垂直配置的分布筋不画出，可用文字说明。

(2) 钢筋编号及标注。不同的钢筋应有不同的编号，直接在钢筋旁画圆圈标注。另外，相同编号的钢筋应有一处注明钢筋的直径、间距及钢筋种类。

(3) 尺寸标注。钢筋应标注其长度、位置及弯起长度。

(4) 预留孔。板上如有预留孔，应注明其大小及位置，图中可将设备管道预留孔画上，但有时为了避免与设备施工图矛盾，也可在说明中注明“各工种所需预留洞孔详见设备施工图”。

3. 柱

柱的表示方法与梁基本相同，但对于工业厂房的钢筋混凝土柱等复杂构件，除画配筋图外还应画出模板图及预埋件详图。如图7-8所示为一个单层工业厂房单跨车间的BZ9-1预制混凝土

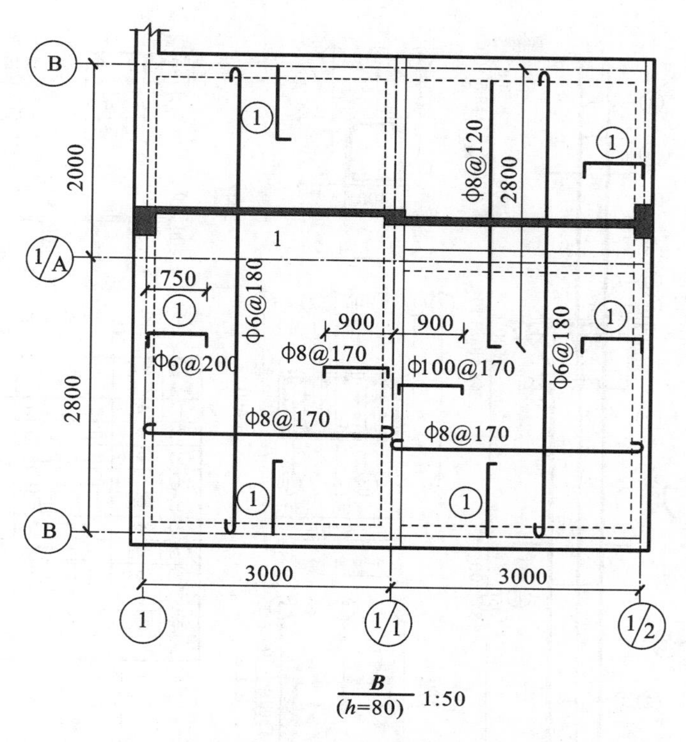

图 7-7　现浇板的配筋图

边柱结构详图，下面以此为例说明其基本内容及表示方法。

(1) 模板图。主要表示柱的外形、尺寸、标高以及预埋件位置等，它作为制作、安装模板和预埋件的依据。

如图 7-8 所示，最左侧是模板图，柱分上柱、牛腿和下柱三部分。上柱顶部放有预埋件 M-1，它是用来焊接桁架的。中部牛腿处放有预埋件 M-2，M-3，是用来焊接吊车梁的。与右边的截面图对照，可知上柱为方形实心柱，其截面为 400 mm×400 mm。下柱是工字形柱，其截面尺寸 400 mm×600 mm。牛腿的 2—2 截面处的尺寸为 400 mm×950 mm，牛腿顶面标高为 6 m，上柱顶面标高为 9.3 m，柱总高为 10 550 mm。

(2) 配筋图。图 7-8 所示的中间部分是配筋图，有一个立面图和两个断面图，其表示方法和尺寸标注与梁相同。从图中可看出钢筋型号共有十种，比较复杂，在看图时要将立面与截面对照看。

(3) 预埋件详图。M-1，M-2 及 M-3 详图分别表示预埋钢板的形状尺寸，图中还表示了各预埋件的锚固钢筋的位置、数量、规格以及锚固长度。

7.2.4　楼层结构平面图的识读

1. 楼层结构平面图的形成和作用

楼层结构平面图是假想沿着楼板面(只有结构层，尚未做楼面面层)将建筑物水平剖开所作的水平剖面图。它表示各层梁、板、柱、墙、过梁和圈梁等的平面布置情况，以及现浇楼板、梁的构造与配筋情况及构件之间的结构关系。结构平面图为施工中安装梁、板、柱等各种构件提供依据，同时为现浇构件支模板、绑扎钢筋、浇筑混凝土提供依据。

2. 结构平面图的画法

对于承重构件布置相同的楼层，只画一个结构平面布置图，称为标准层结构平面布置图。构

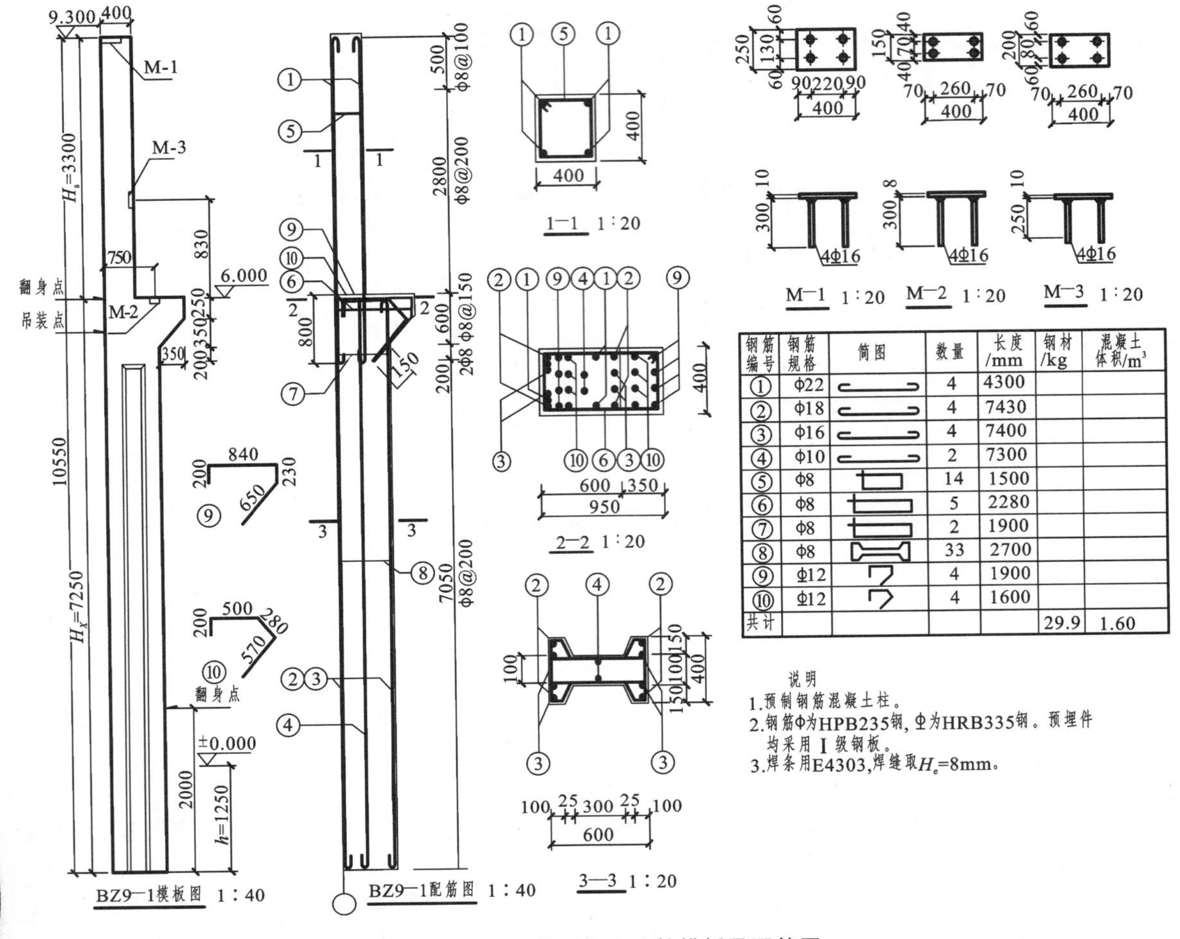

图 7-8 预制钢筋混凝土边柱模板及配筋图

件(如梁、屋架等)采用单线或双线表示，单线应用粗虚线表示构件中心位置，双线应用中粗实线表示可见构件轮廓线，用中粗虚线表示不可见构件轮廓线。

楼梯间的结构布置一般不在楼层结构平面图中表示，只用双对角线或者单对角线表示楼梯间，这部分内容在楼梯详图中表示。

3. 楼层结构平面图的图示内容

楼层结构平面图的图示内容具体如下。

(1) 图名、比例。

(2) 与建筑施工图一致的轴线网及编号，并注明轴线间的尺寸。

(3) 标注出墙、柱、梁、板等构件的位置及代号、编号。

(4) 在现浇板的平面图上，画出其钢筋配置，并标注出预留孔洞的大小及位置；配筋相同的楼盖，只需画其中一块配筋图，其余的可以在该板范围内画一对角线，注明相同板的代号。

(5) 注出各种梁、板的结构标高。有时还可标注出梁的断面尺寸。

4. 楼层结构平面图的读图示例

下面以某公司综合楼的二层结构平面图为例，说明结构平面图的内容和读图方法，如图 7-9 所示。

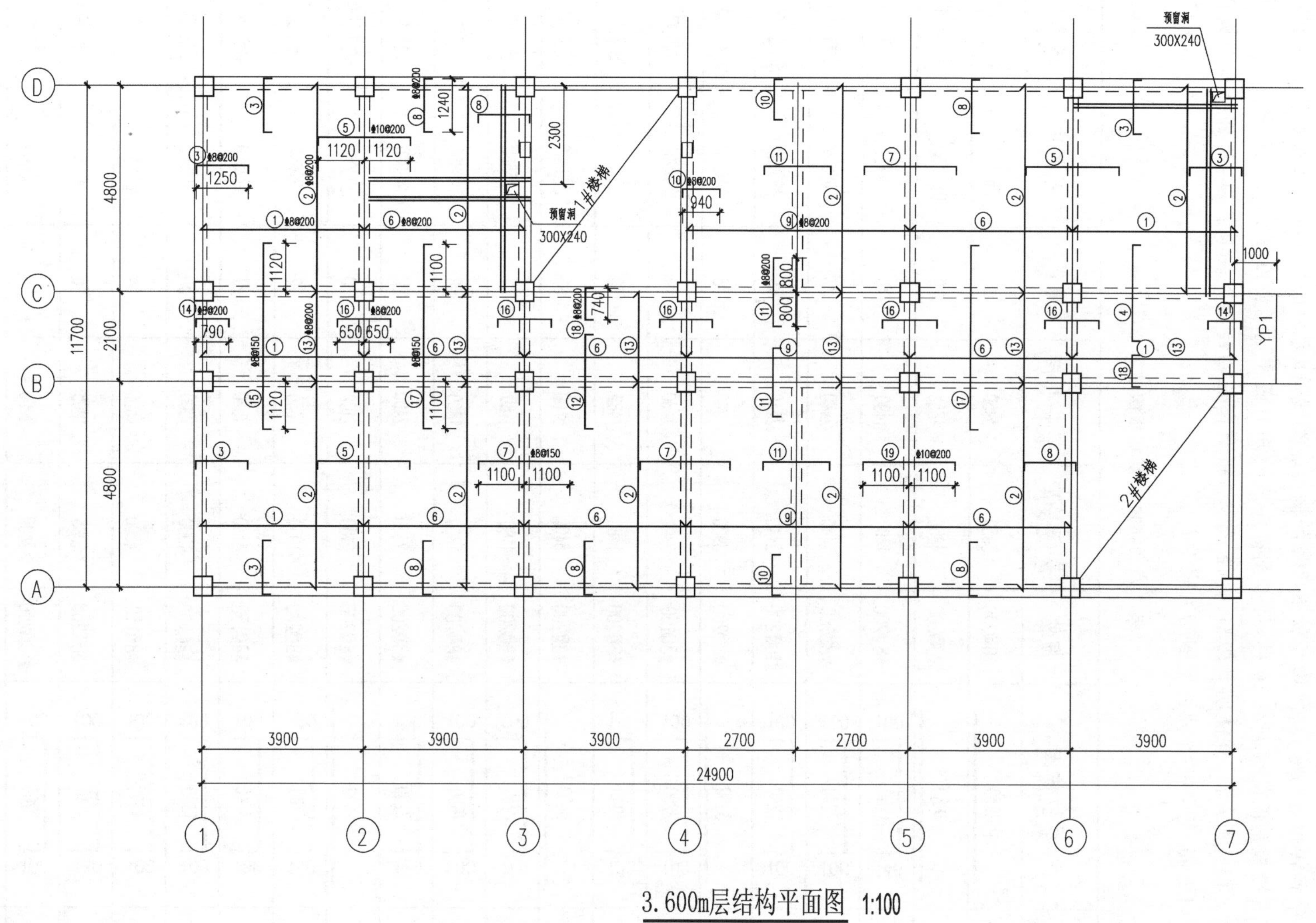

A
B
C
D
1
2
3
4
5
6
7
3900
3900
3900
2700
2700
3900
3900
24900
4800
2100
4800
11700
1#楼梯
2#楼梯
预留洞
300X240
预留洞
300X240
YP1
1000
2300
1250
1120
1120
1240
940
800
800
740
790
650
650
1100
1100
1100
1100
1100
1100
3.600m层结构平面图 1:100

图7-9 结构平面图

图中各转角处为框架柱，虚线为不可见的构件轮廓线，即为被板遮住的框架梁和次梁。从本图中可看楼板钢筋的类型有 19 种，从本图备注说明知道板厚均为 120 mm，对于板的配筋，每种规格的钢筋只画一根，并注明其规格、直径、间距；板支座负筋还应标注其长度，每种类型的板在其内画出配筋。其中，各种类型钢筋见表 7-7。

表 7-7　3.600 m 层楼板钢筋表

编号	钢筋简图	规格	最短长度	最长长度	根数	总长度	重量
①	3950	Φ8@200	3950	3950	97	383150	151.2
②	4850	Φ8@200	4850	4850	219	1062150	419.1
③	140 1250 100	Φ8@200	1490	1490	135	201150	79.4
④	100 2240 100	Φ8@150	2440	2440	27	65880	26.0
⑤	100 2240 100	Φ10@200	2440	2440	75	183000	112.8
⑥	3900	Φ8@200	3900	3900	158	616200	243.1
⑦	100 2200 100	Φ8@150	2400	2400	99	237600	93.8
⑧	100 1240 140	Φ8@200	1480	1480	150	222000	87.6
⑨	5400	Φ8@200	5400	5400	61	329400	130.0
⑩	140 940 100	Φ8@200	1180	1180	81	95580	37.7
⑪	100 1600 100	Φ8@200	1800	1800	106	190800	75.3
⑫	100 2200 100	Φ8@200	2400	2400	20	48000	18.9
⑬	2100	Φ8@200	2100	2100	130	273000	107.7
⑭	140 790 100	Φ8@200	1030	1030	22	22660	8.9
⑮	100 4340 100	Φ8@150	4540	4540	27	122580	48.4
⑯	100 1300 100	Φ8@200	1500	1500	55	82500	32.6
⑰	100 4300 100	Φ8@150	4500	4500	54	243000	95.9
⑱	165 740 100	Φ8@200	1005	1005	40	40200	15.9
⑲	100 2200 100	Φ10@200	2400	2400	25	60000	37.0
总重							1821.2

7.3 钢筋混凝土结构施工图平面整体表示方法

混凝土结构施工图平面整体表示方法，简称平法，是把结构构件的尺寸和配筋等，按照平面整体表示方法制图规则，整体直接表达在各类构件的结构平面布置图上，再与标准构造详图相配合，即构成一套新型完整的结构设计。

我国于2003年初次颁布了《混凝土结构施工图平面整体表示方法制图规则和构造详图》(03G101—1)标准设计图集，自2003年2月15日起开始执行。2011年住建部颁布了修编后的系列新版本，分别为：《混凝土结构施工图平面整体表示方法制图规则和构造详图》(现浇混凝土框架、剪力墙、梁、板)(11G101—1)；《混凝土结构施工图平面整体表示方法制图规则和构造详图》(现浇混凝土板式楼梯)(11G101—2)；《混凝土结构施工图平面整体表示方法制图规则和构造详图》(独立基础、条形基础、筏形基础及桩基承台)(11G 101—3)，自2011年9月1日起实施。2016年住建部组织专家对11G101系列图集进行了修订，于2016年9月颁布并实施16G101—1、16G101—2、16G101—3图集来替换11G101—1～3图集。

按平法设计绘制的施工图，是由各类构件的平法施工图和标准构造详图两大部分组成。平法施工图包括构件的平面布置图和用表格表示的建筑物各层层号、标高、层高表；标准构造详图一般采用图集。

平法的注写方式有三种：平面注写、列表注写、截面注写。梁一般采用平面注写方式和截面注写方式；柱、剪力墙一般采用列表注写和截面注写方式。

7.3.1 梁平法施工图

梁平法施工图在梁平面布置图上采用平面注写方式或截面注写方式表达。

1. 平面注写方式

平面注写方式是在梁平面布置图上，分别在不同编号的梁中各选一根梁，在其上注写截面尺寸和配筋具体数值的方式来表达梁平法施工图。平面注写包括集中标准与原位标注，集中标注表达梁的通用数值，原位标注表达梁的特殊数值。当集中标注中的某项数值不适用于梁的某部位时，则将该数值原位标注，施工时，原位标注取值优先。

1) 集中标注

梁集中标注的内容有以下六项内容，其中前五项为必注值，最后一项为选注值(集中标注可以从梁的任意一跨引出)，具体规定如下。

(1) 梁编号，该项为必注值。梁编号由梁类型代号、序号、跨数及有无悬挑代号几项按顺序排列组成。梁编号见表7-8。

表7-8 梁编号

梁类型	代号	序号	跨数及是否带有悬挑
楼层框架梁	KL	××	(××)、(××A)或(××B)
屋面框架梁	WKL	××	(××)、(××A)或(××B)

续表

梁类型	代号	序号	跨数及是否带有悬挑
框支梁	KZL	××	(××)、(××A)或(××B)
非框架梁	L	××	(××)、(××A)或(××B)
悬挑梁	XL	××	
井字梁	JZL	××	(××)、(××A)或(××B)

注:(××A)为一端有悬挑,(××B)为两端有悬挑,悬挑不计入跨数。

例 7-1 KL6(3A),表示第 6 号框架梁,3 跨,一端有悬挑,其中(××A)表示梁一端有悬挑,(××B)表示梁两端有悬挑,悬挑不计入跨数。

(2) 梁截面尺寸,该项为必注值。

- 当为等截面梁时,用 $b \times h$ 表示。其中,b 为梁截面宽度,h 为梁截面高度。
- 当有悬挑梁且根部和端部的高度不同时,用斜线分隔根部与端部的高度值,即为 $b \times h_1/h_2$。其中,h_1 为悬挑梁根部的截面高度,h_2 为悬挑梁端部的截面高度,如图 7-10 所示。

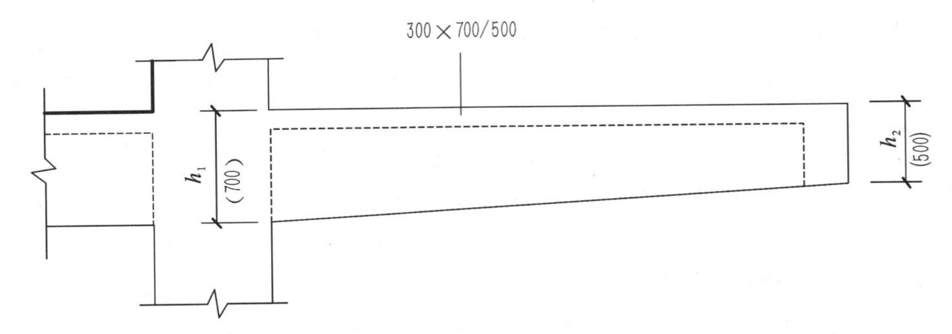

图 7-10 悬挑梁不等高截面注写示意

当为竖向加腋梁时,用 $b \times h\text{GY}c_1 \times c_2$ 表示。其中 c_1 为腋长,c_2 为腋高,如图 7-11 所示。

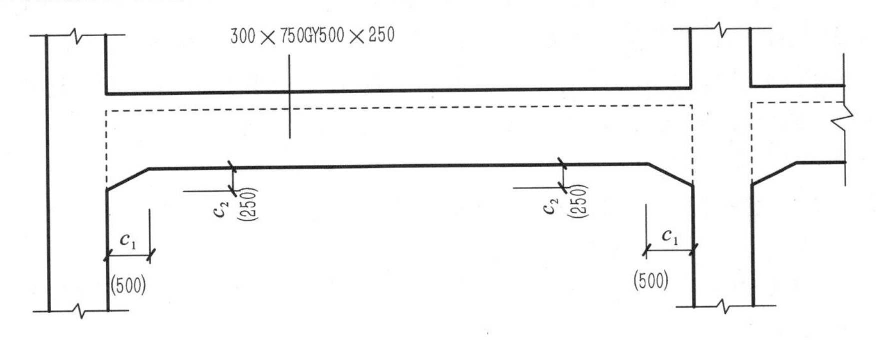

图 7-11 竖向加腋截面注写示意

当为水平加腋梁时,用 $b \times h\text{PY}c_1 \times c_2$ 表示。其中 c_1 为腋长,c_2 为腋宽,加腋部位应在平面图中绘制,如图 7-12 所示。

(3) 梁箍筋,包括钢筋级别、直径、加密区与非加密区间距及肢数,该项为必注值。箍筋加密区与非加密区的不同间距及肢数需用斜线"/"分隔;当梁箍筋为同一种间距及肢数时,则不需用斜线;当加密区与非加密区的箍筋肢数相同时,则将肢数注写一次;箍筋肢数应写在括号内。加

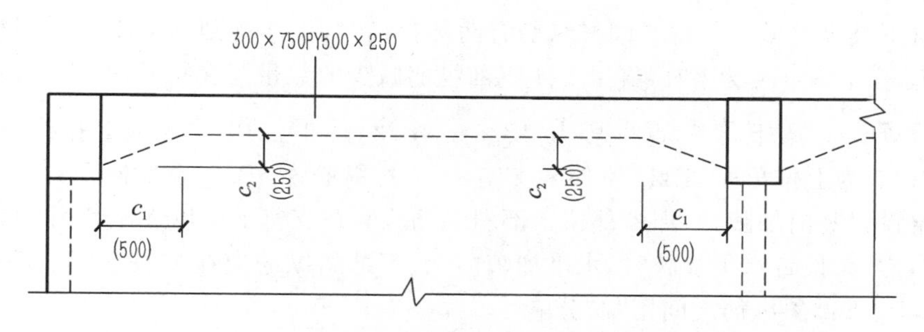

图 7-12　水平加腋截面注写示意

密区范围见相应抗震级别的标准构造详图。

例 7-2　10@100/200(4)，表示箍筋为 HPB300 级钢筋，直径为 10 mm，加密区间距为 100，非加密区间距为 200，均为四肢箍。

(4) 梁上部通长筋或架立筋配置，该项为必注值。当同排纵筋中既有通长筋又有架立筋时，应用加号"＋"将通长筋和架立筋相连。注写时须将角部纵筋写在加号的前面，架立筋写在加号后面的括号内，以示不同直径与通长筋的区别。当全部采用架立筋时，则将其写入括号内。

例如，2B22 用于双肢箍；2B22＋(4B12)用于六肢箍，其中 2B22 为通长筋，4B12 为架立筋。

当梁的上部纵筋和下部纵筋均为全跨相同，且多数跨配筋相同时，此项可加注下部纵筋的配筋值，用分号"；"将上部与下部纵筋的配筋值分隔开来。

例 7-3　3B22；3B20，表示梁的上部配置 3B22 的通长筋，梁的下部配置 3B20 的通长筋。

(5) 梁侧面纵向构造钢筋或受扭钢筋配置，该项为必注值。当梁腹板高度大于 450 mm 时，梁侧面须配置纵向构造钢筋，用大写字母 G 打头，接续注明总的配筋值。同样，梁侧面须配置受扭钢筋时，用大写字母 N 打头，接续注明总的配筋值。

例 7-4　G4B16，表示梁的两个侧面共配置 4B16 的纵向构造钢筋，每侧各配置 2B16。

(6) 梁顶面标高高差，该项为选注值。当某梁的顶面高于所在结构层的楼面标高时，其标高高差为正值；反之为负值，高差值必须将写入括号内。

2) 原位标注

主要是集中标注中的梁支座上部纵筋和梁下部纵筋数值不适用于梁的该部位时，则将该数值原位标注。梁支座上部纵筋，该部位含通长筋在内的所有纵筋，对其标注的规定如下。

(1) 当上部纵筋多于一排时，用斜线"/"将各排纵筋自上而下分开。

例 7-5　梁支座上部纵筋注写为 6B204/2，则表示上一排纵筋为 4B20，下一排纵筋为 2B20。

(2) 当同排纵筋有两种直径时，用加号将两种直径的纵筋相连，注写时将角部纵筋写在前面。

例 7-6　梁支座上部有四根纵筋，2B25 放在角部，2B22 放在中部，在梁支座上部应注写为 2B25＋2B22。

(3) 当梁中间支座两边的上部纵筋不同时，必须在支座两边分别标注；当梁中间支座两边的上部纵筋相同时，可仅在支座的一边标注配筋值，另一边省去不注。

(4) 当梁下部纵筋多于一排或同排纵筋有两种直径时，标注规则同梁支座上部纵筋。另外，当梁下部纵筋不全部伸入支座时，将梁支座下部纵筋减少的数量写在括号内。

例 7-7 梁下部纵筋注写为 2B25＋3B22(－3)/5B25，表示上排纵筋为 2B25 和 3B22，其中 2B25 为上排角筋，3B22 不伸入支座，下一排纵筋为 5B25，全部伸入支座。

(5) 当梁设置竖向加腋时，加腋部位下部斜纵筋应写在支座下部以 Y 打头注写在括号内，如图 7-13 所示。当梁设置水平加腋时，水平加腋内上、下部斜纵筋应在加腋支座上部以 Y 打头注写在括号内，上、下部斜纵筋之间用"/"分隔。

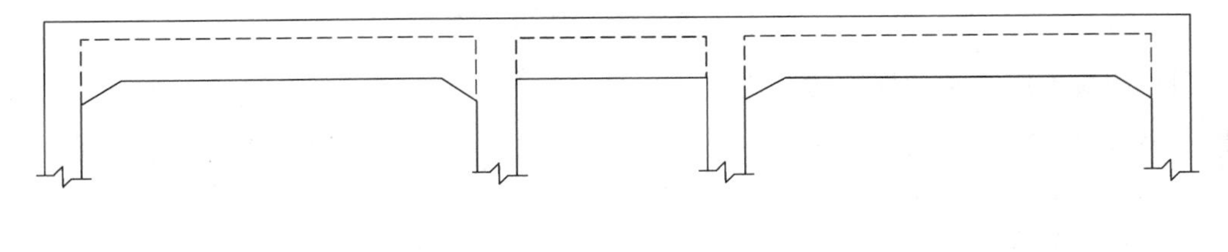

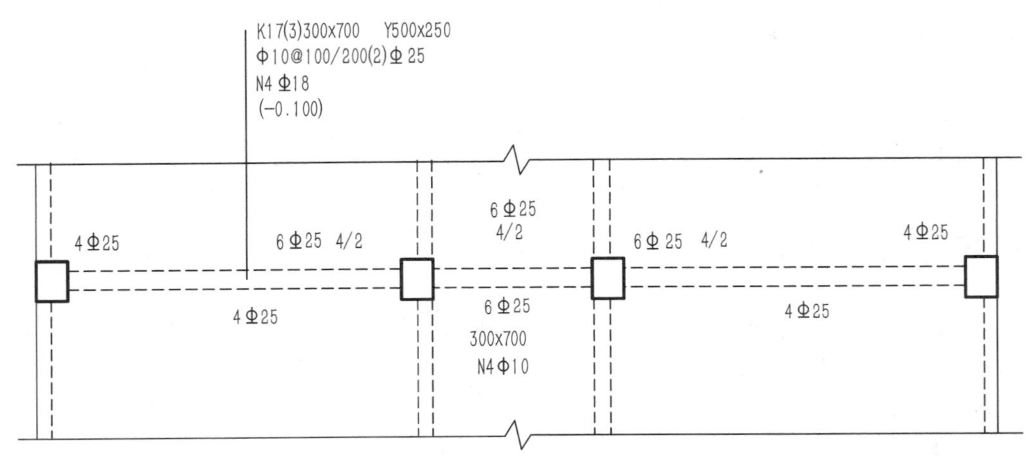

图 7-13 梁加腋平面注写方式表达示例

(6) 对于附加箍筋或吊筋，将其直径画在平面图中的主梁上，用线引注总配筋值(附加箍筋的肢数注在括号内)，如图 7-14 所示。

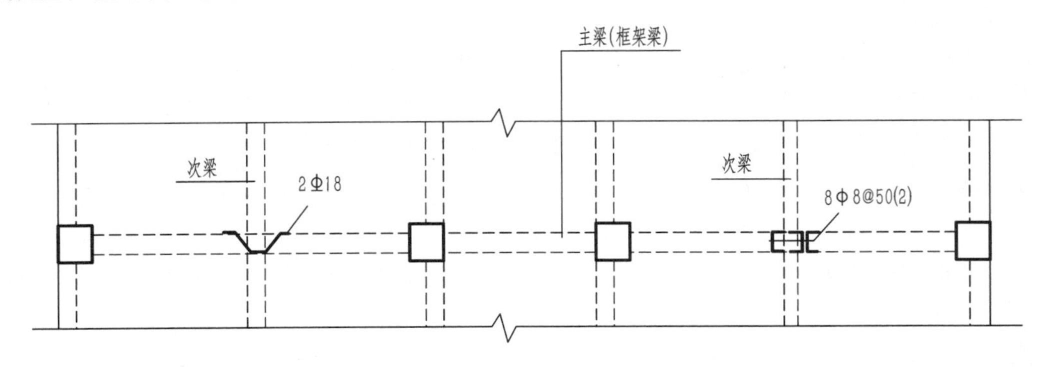

图 7-14 附加箍筋和吊筋的画法

3) 框架梁平面注写读图示例

图 7-15 所示的是采用平面注写方式画出的部分梁的平法施工图。从图中集中标注可知，

KL4 的截面尺寸为 300×550，两跨；箍筋为直径为 8 mm 的 HPB300 钢筋，加密区间距为 100 mm，非加密区间距为 200 mm，两肢箍；上部有两根直径为 25 mm 的 HRB335 的通长钢筋；梁两侧各有一根直径为 12 mm 的 HPB300 的构造钢筋；梁顶面标高比楼面标高低 50 mm。从图中原位标注可知，KL4 左跨边支座处上部纵筋除了角部有 2 根 B25 的通长钢筋，中间还有 2 根 B20 的支座负筋；KL4 左跨下部纵筋为 3 根 B22 的纵筋；从图中可知，右跨边支座上部筋与左跨支座上部筋布置相同，右跨下部纵筋与左跨下部纵筋布置相同；中间支座处上部纵筋仅在一边标注，说明梁中间支座处两边的上部钢筋布置一样，均为双排布置，上排为 4 根 B25 的钢筋，下排为 2 根 B25 的钢筋。

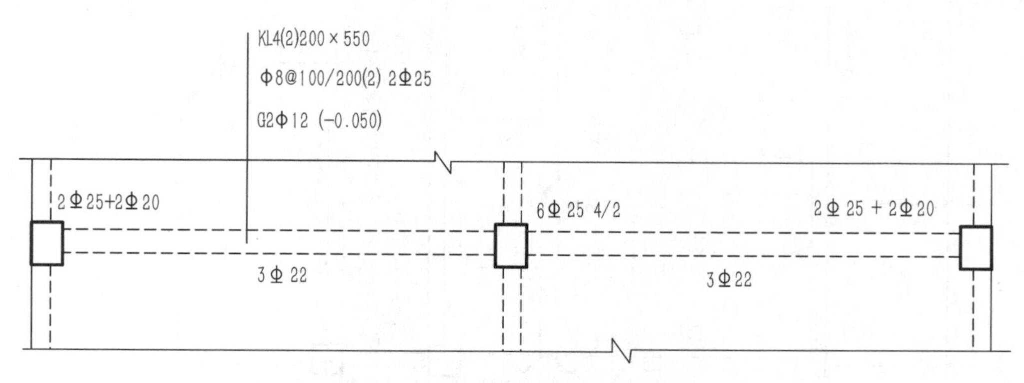

图 7-15　框架梁平面注写方式示例

2. 截面注写方式

截面注写方式是在梁平面布置图上，分别在不同编号的梁上选择一根梁用剖面号引出配筋图，并在其上注写截面尺寸和配筋具体数值的方式来表达梁平法施工图，如图 7-16 所示。其具体规定如下。

(1) 对梁进行编号，从相同编号的梁中选择一根梁，先将“单边截面号”画在该梁上，再将截面配筋详图画在本图或其他图上。当某梁的顶面标高与结构层的楼面标高不同时，应在梁编号后注写梁顶面标高高差(注写规定同平面注写方式)。

(2) 在截面配筋详图上要注明截面尺寸、上部筋、下部筋、侧面构造筋或受扭筋及箍筋的具体数值，其表达方式与平面注写方式相同。

截面注写方式既可单独使用，也可与平面注写方式结合使用。

(3) 梁的截面注写方式读图示例。

如图 7-16 所示的是采用截面注写方式画出的某建筑结构的一部分梁平法施工图，从平面布置图上分别引出了三个不同配筋的截面图，各图中表示了梁的截面尺寸和配筋情况。从 1—1 截面图中可知，该截面尺寸为 300×500，梁上部配置了 4 根直径为 16 mm 的 HRB335 钢筋，下部配置了双排钢筋，上边一排为 2 根直径为 22 的 HRB335 钢筋，下排布置了 4 根直径为 22 mm 的 HRB335 钢筋，该梁还配置了 2 根直径为 16 mm 的受扭钢筋，梁内箍筋为Φ8@200。从 2—2 截面图中可知，该截面尺寸为 300×550，该截面配筋中除了梁上部配置了 2 根直径为 16 mm 的 HRB335 钢筋外，其余均与 1—1 截面配筋相同。从 3—3 截面图中可知，该截面尺寸为 250×450，梁上部配置了 2 根直径为 14 mm 的 HRB335 钢筋，下部配置了 3 根直径为 18 的 HRB335 钢筋，梁内箍筋为Φ8@200。

如图 7-17 所示为某公司综合楼梁配筋图，采用的就是平面注写方式。

层房	标高/m	层高/m
屋面2	65.670	
塔层2	62.370	3.30
屋面1（塔层1）	59.070	3.30
16	55.470	3.60
15	51.870	3.60
14	48.270	3.60
13	44.670	3.60
12	41.070	3.60
11	37.470	3.60
10	33.870	3.60
9	30.270	3.60
8	26.670	3.60
7	23.070	3.60
6	19.470	3.60
5	15.870	3.60
4	12.270	3.60
3	8.670	3.60
2	4.470	4.20
1	-0.030	4.50
-1	-4.530	4.50
-2	-9.030	4.50

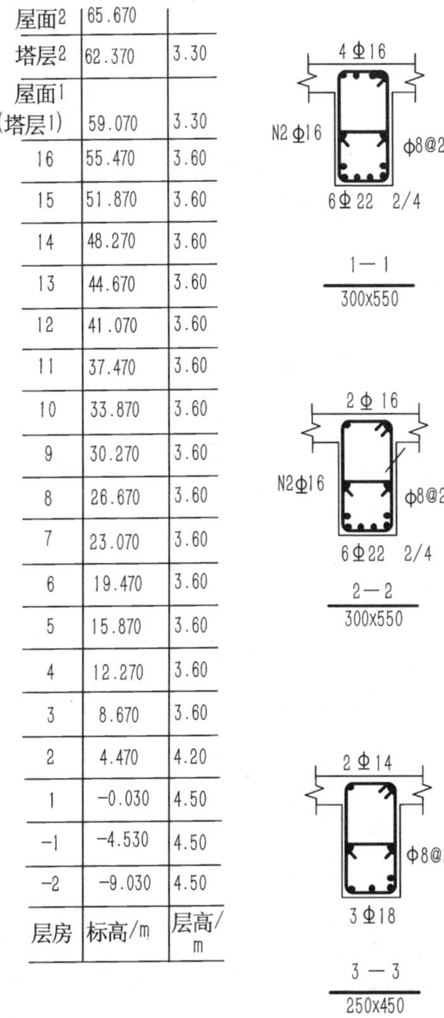

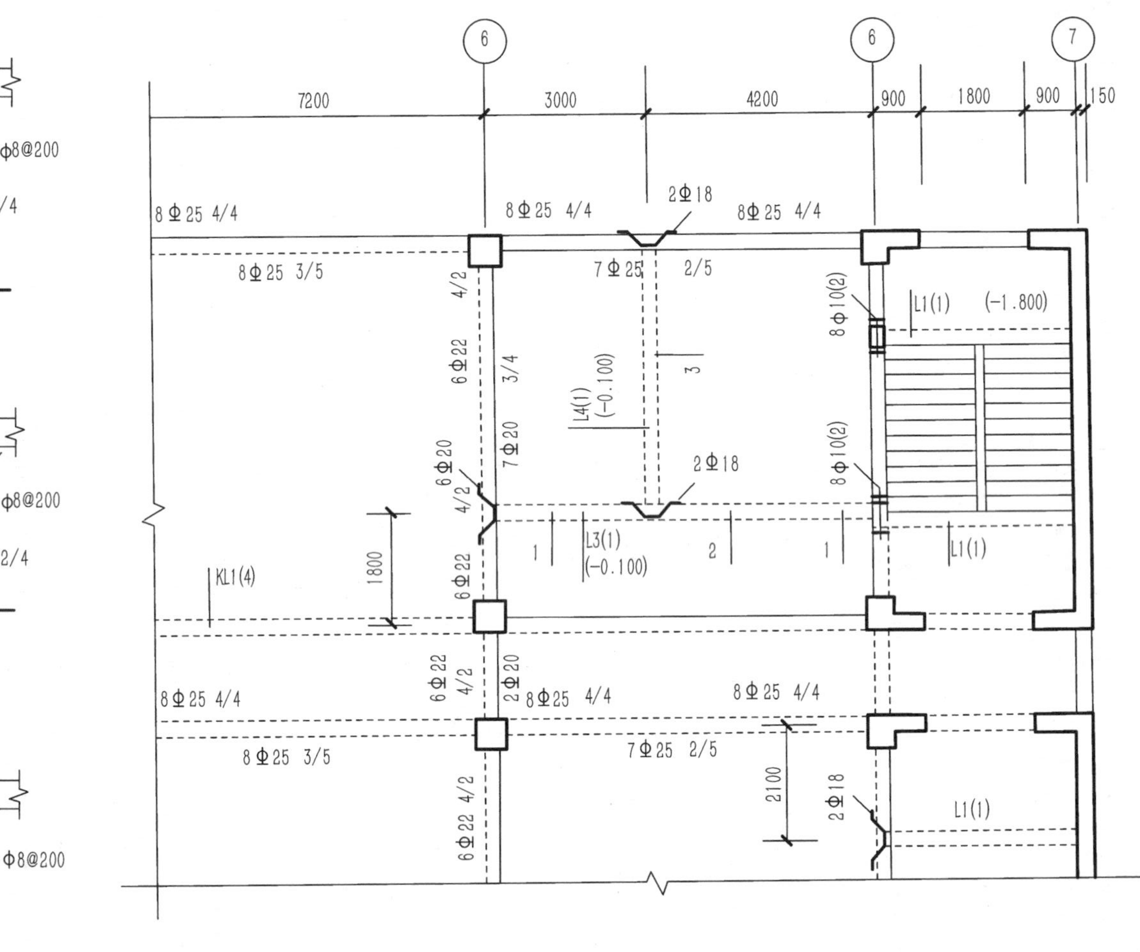

图7-16 梁的截面注写方式示例

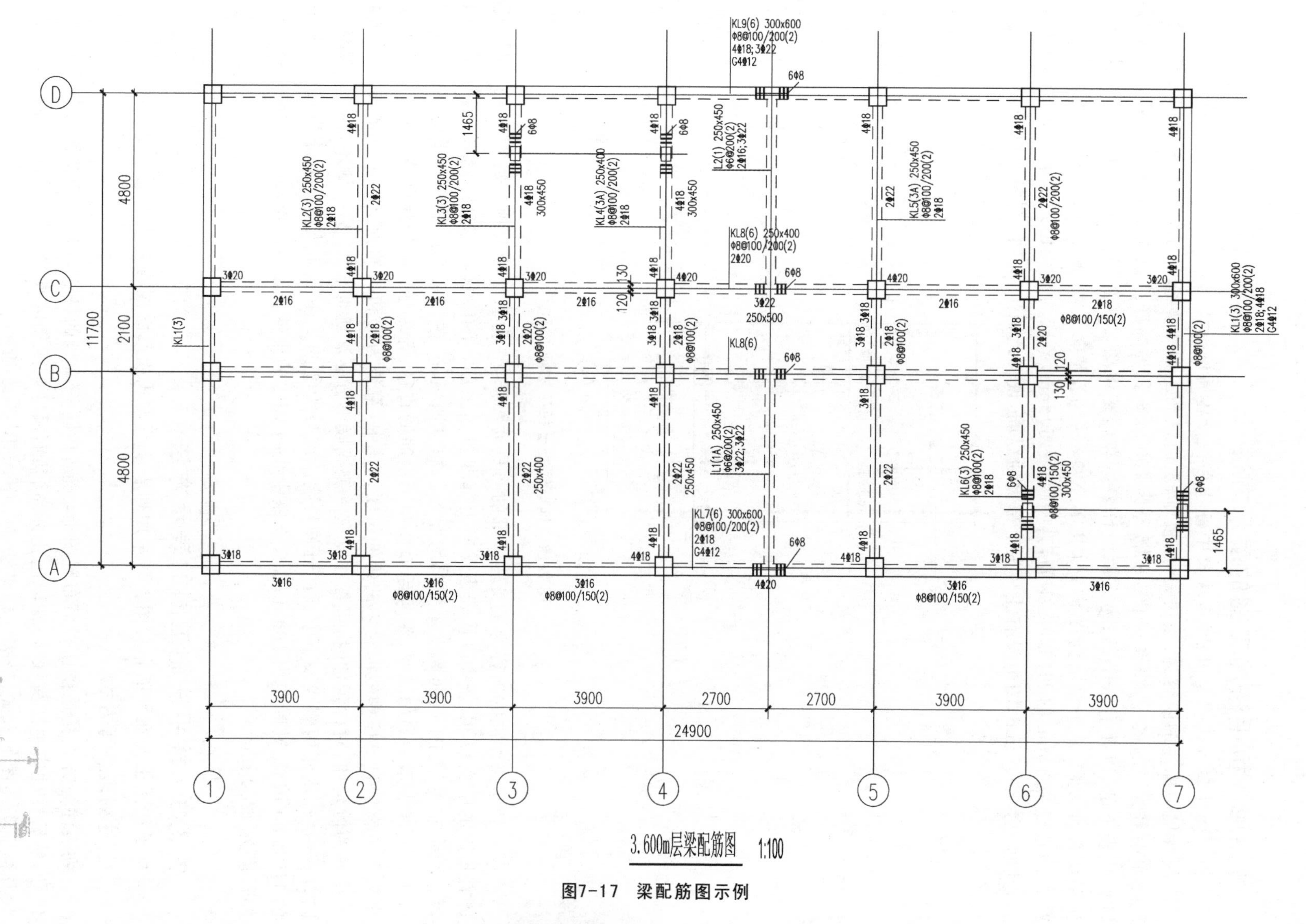
KL9(6) 300x600
Φ8@100/200(2)
4Φ18;3Φ22
G4Φ12
KL8(6) 250x400
Φ8@100/200(2)
2Φ20
KL8(6)
KL7(6) 300x600
Φ8@100/200(2)
2Φ18
G4Φ12
KL1(3) 300x600
Φ8@100/200(2)
2Φ18;4Φ18
G4Φ12
KL1(3)
KL2(3) 250x450
Φ8@100/200(2)
2Φ18
KL3(3) 250x450
Φ8@100/200(2)
2Φ18
KL4(3A) 250x400
Φ8@100/200(2)
2Φ18
KL5(3A) 250x450
Φ8@100/200(2)
2Φ18
KL6(3) 250x450
Φ8@100(2)
2Φ18
L1(1A) 250x450
Φ6@200(2)
3Φ22;3Φ22
L2(1) 250x450
Φ6@200(2)
2Φ16;3Φ22
3900
3900
3900
2700
2700
3900
3900
24900
4800
2100
4800
11700
1465
3.600m层梁配筋图 1:100

图7-17 梁配筋图示例

7.3.2 板平法施工图的表示方法

板平面注写方式主要包括，板块集中标注和板支座原位标注。

板块集中标注的内容为：板块编号、板厚、贯通纵筋。如图 7-18 所示，板中注写的“LB1”表示此板是编号为 1 的楼板，“h=100”表示板厚为 100 mm，贯通纵筋按板块的下部和上部分别注写，以 B 代表下部，以 T 代表上部；为方便设计表达和施工识图，规定当定位轴网正交布置时，图面从左至右为 X 向，从下至上为 Y 向；图中“B：XΦ8@150；YΦ8@200”表示板下部配置的贯通纵筋 X 向直径为 8 mm 的 HPB300 钢筋，其间距为 150 mm，Y 向为直径也是 8 mm 的 HPB300 钢筋，其间距为 200 mm，图中没有注写板上部贯通纵筋，说明此板上部未配置贯通纵筋。

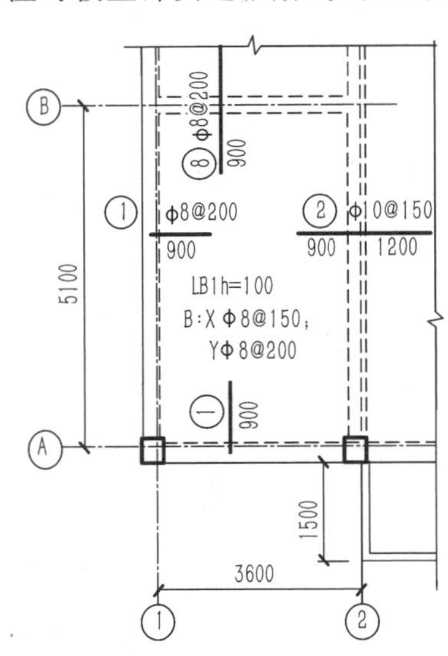

图 7-18 钢筋混凝土板平法配筋图

板支座原位标注的内容为板支座上部的非贯通纵筋，在垂直于板支座(梁或墙)处绘制一段适宜长度的中实线，以该线段代表板支座上部非贯通纵筋，并在线段上方注写钢筋编号，配筋值等。图 7-17 中，LB1 的四周支座上部均配置了非贯通纵筋，在表示钢筋的线段上方或左侧分别以①、②、⑧表示钢筋的编号，编号后面注明了钢筋的直径、等级、间距，线段下方或右侧注写的数字表示该钢筋自支座中线向跨内的延伸长度。其中，编号为②和⑧的板支座上部的非贯通纵筋向支座两侧延伸，对称延伸时，可仅在支座一侧线段下方标注延伸长度，另一侧不注，非对称延伸时，应分别在支座两侧线段下方标注延伸长度。编号为②的支座上部非贯通纵筋为直径 10 mm 的 HPB300 钢筋，其间距为 150 mm，自支座中线向 LB1 的延伸长度为 900 mm，向另一侧板的延伸长度为 1200 mm。

7.3.3 柱平法施工图的表示方法

柱平法施工图在平面布置图上可采用列表注写方式或截面注写方式表达。

1. 柱列表注写方式

列表注写方式就是在柱平面布置图上，分别在同一编号的柱中选择一个截面标注几何参数代号，然后在柱表中注写柱号、柱段起止标高、几何尺寸与配筋的具体数值，并配以各种柱截面形状及箍筋类型图的方式，来表达柱平法施工图，如图 7-19 所示。

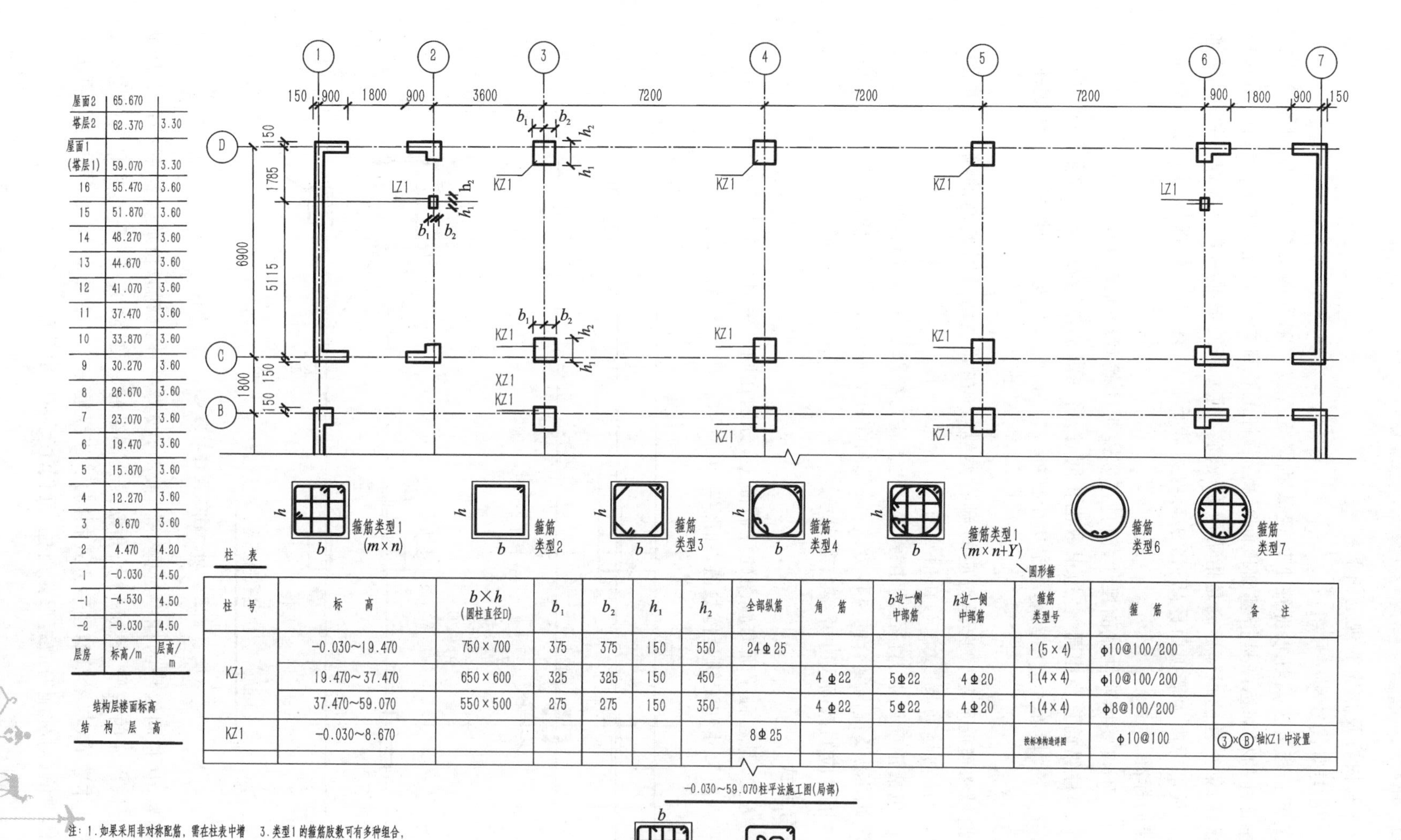

层房	标高/m	层高/m
屋面2	65.670	
塔层2	62.370	3.30
屋面1(塔层1)	59.070	3.30
16	55.470	3.60
15	51.870	3.60
14	48.270	3.60
13	44.670	3.60
12	41.070	3.60
11	37.470	3.60
10	33.870	3.60
9	30.270	3.60
8	26.670	3.60
7	23.070	3.60
6	19.470	3.60
5	15.870	3.60
4	12.270	3.60
3	8.670	3.60
2	4.470	4.20
1	-0.030	4.50
-1	-4.530	4.50
-2	-9.030	4.50

结构层楼面标高
结构层高

柱表

柱号	标高	$b\times h$ (圆柱直径D)	b_1	b_2	h_1	h_2	全部纵筋	角筋	b边一侧中部筋	h边一侧中部筋	箍筋类型号	箍筋	备注
KZ1	-0.030~19.470	750×700	375	375	150	550	24Φ25				1(5×4)	φ10@100/200	
	19.470~37.470	650×600	325	325	150	450		4Φ22	5Φ22	4Φ20	1(4×4)	φ10@100/200	
	37.470~59.070	550×500	275	275	150	350		4Φ22	5Φ22	4Φ20	1(4×4)	φ8@100/200	
KZ1	-0.030~8.670						8Φ25				按标准构造详图	φ10@100	③×Ⓑ轴KZ1中设置

注：1.如果采用非对称配筋，需在柱表中增加相应栏目分别表示各边的中部筋。
2.抗震设计箍筋对纵筋至少隔一拉一。
3.类型1的箍筋肢数可有多种组合，右图为5x4的组合，其余类型为固定形式，在表中只注类型号即可。

图7-19 柱平法施工图列表注写方式

(1) 柱表中注写内容及相应的规定如下。

① 柱编号。由类型代号和序号组成。

② 各段柱的起止标高。自柱根部往上以变截面位置或截面未变但配筋改变处为界分段注写。框架柱和框支柱的根部标高是指基础顶面标高;芯柱的根部标高是指根据结构实际需要而定的起始位置标高;梁上柱的根部标高是指梁顶面标高。剪力墙的根部标高分两种:当柱纵筋锚固在墙顶部时,其根部标高为墙顶面标高;当柱与剪力墙重叠一层时,其根部标高为墙顶面往下一层的结构层楼面标高。

③ 几何尺寸。不仅要标明柱截面尺寸,而且还要说明柱截面对轴线的偏心情况。

④ 柱纵筋。当柱纵筋直径相同,各边根数也相同时,将柱纵筋注写在“全部纵筋”一栏中,除此之外,柱纵筋分角筋、截面 b 边中部筋和 h 边中部筋三项分别注写(对称配筋的矩形截面柱,可仅注写一侧中部筋)。

⑤ 箍筋类型号和箍筋肢数。选择对应的箍筋类型号(在此之前要对绘制的箍筋分类图编号),在类型号后续注写箍筋肢数(注写在括号内)。

⑧ 柱箍筋。包括钢筋级别、直径与间距,其表达方式与梁箍筋注写方式相同。

(2) 箍筋类型图以及箍筋复合的具体方式,需要画在柱表的上部或图中的适当位置,并在其上标注与柱表中相对应的截面尺寸并编上类型号。

2. 截面注写方式

柱截面注写方式,是在柱平面布置图的柱截面上,分别在同一编号的柱中选择一个截面,直接该截面上注写截面尺寸和配筋具体数值,如图 7-20 所示。其具体做法如下。

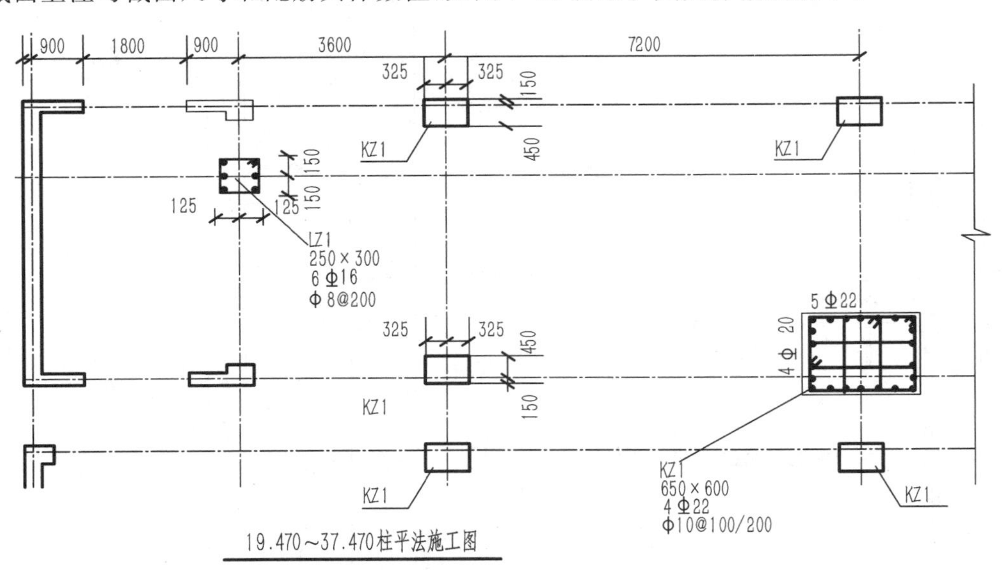

图 7-20　柱截面注写方式

对所有柱编号,从相同编号的柱中选择一个截面,按另一种比例原位放大绘制柱截面配筋图,并在配筋图上依次注明编号、截面尺寸、角筋或全部纵筋(当纵筋采用一种直径且能够图示清楚时)及箍筋的具体数值(与梁箍筋注写方式相同)。当纵筋采用两种直径时,必须再注写截面各边中部筋的具体数值(对称配筋的矩形截面柱,可仅注写一侧中部筋)。

7.4 基础施工图

7.4.1 建筑物基础的基本知识

通常把建筑物地面(±0.000)以下、承受房屋全部荷载的结构称为基础。基础以下称为地基。基础的作用就是将上部荷载均匀地传递给地基。基础的形式很多，常采用的有条形基础、独立基础和桩基础等，如图 7-21 所示。下面以条形基础为例，介绍基础的组成，如图 7-22 所示。

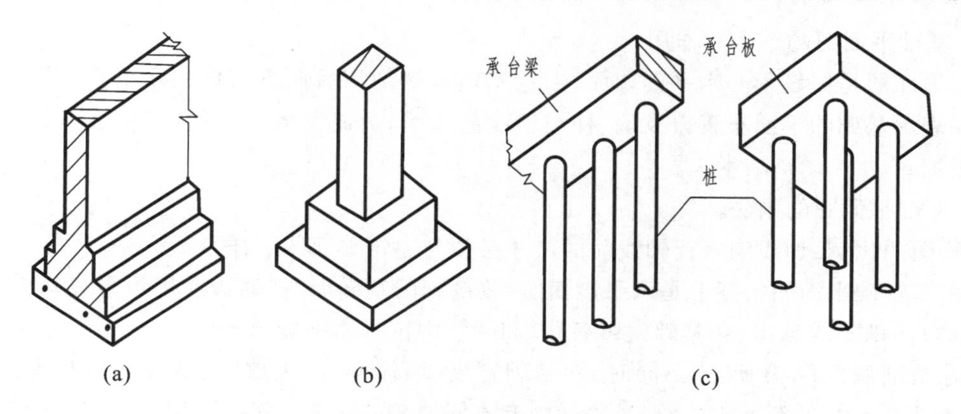

图 7-21 常见的基础类型

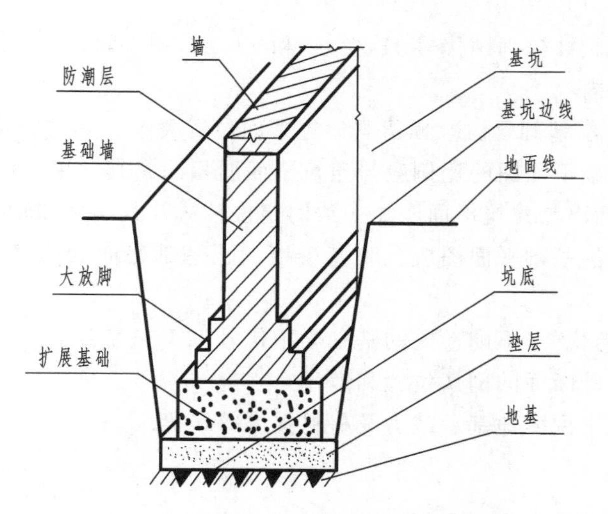

图 7-22 条形基础的组成

(1) 地基 承受建筑物荷载的天然土壤或经过人工加固的土壤。

(2) 垫层 将基础传来的荷载均匀地传递给地基的结合层。

(3) 大放脚 把上部结构传来的荷载分散传给垫层的基础扩大部分，目的是使地基上单位面积的压力减小。

(4) 基础墙 建筑中把±0.000 以下的墙称为基础墙。

(5) 防潮层　为了防止地下水对墙体的侵蚀，在地面稍低(约－0.060 m)处设置一层能防水的建筑材料来隔潮，这一层称为防潮层。

(6) 基坑　为基础施工而开挖的土坑。

(7) 基坑边线　施工放线的灰线。

7.4.2　基础施工图

基础施工图主要用来表示基础的平面布置及做法，包括基础平面图、基础详图两部分。主要用于放灰线、挖基槽、基础施工等，是结构施工图的重要组分之一。

1. 基础平面图

(1) 基础平面图的产生和作用。

基础平面图是假设用一水平剖切面，沿基础墙顶部剖切后向下所做的水平投影图。基础平面图主要表示基础的平面布置以及墙、柱与轴线的关系，为施工放线、开挖基槽或基坑和砌筑基础提供依据。

(2) 基础平面图的画法。

① 绘图的比例、轴线编号及轴线间的尺寸必须与建筑平面图一样。

② 由于基础平面图实际上是水平剖面图，故剖到的基础墙、柱的边线用粗实线画出；基础底面的轮廓线用细实线画出；在基础内留有孔、洞及管沟位置用细虚线画出。

③ 凡基础截面形状、尺寸不同时，即基础宽度、墙体厚度、大放脚、基底标高及管沟做法不同，均标有不同编号的断面剖切符号，表示画有不同的基础详图。根据断面剖切符号的编号可以查阅基础详图。

④ 不同类型的基础、柱分别用代号 J1，J2，…和 Z1，Z2，…表示。

(3) 基础平面图的内容。

基础平面图主要表示基础墙、柱、预留洞口等平面位置关系。其主要包括以下内容。

① 图名和比例：基础平面图的比例应与建筑平面图相同。其常用比例为 1∶100，1∶200。

② 基础平面图应标出与建筑平面图相一致的定位轴线及其编号和轴线之间的尺寸。

③ 基础的平面布置：基础平面图应反映基础墙、柱、基础底面的形状、大小及基础与轴线的尺寸关系。

④ 基础梁的布置与代号：不同形式的基础梁用代号 JLI，JL2 表示。

⑤ 基础的编号、基础断面的剖切位置和编号。

⑥ 施工说明：用文字说明地基承载力及材料强度等级等。

2. 基础详图

基础详图的特点与内容如下。

(1) 不同构造的基础应分别画出其详图，当基础构造相同，而仅部分尺寸不同时，也可用一个详图表示，但需标出不同部分的尺寸。基础断面图的边线一般用粗实线画出，断面内应画材料图例；若是钢筋混凝土基础，则只画出配筋情况，不画出材料图例。

(2) 图名与比例。

(3) 轴线及其编号。

(4) 基础的详细尺寸，基础墙的厚度，基础的宽、高，垫层的厚度等。

(5) 室内外地面标高及基础底面标高。

(6) 基础及垫层的材料、强度等级、配筋规格及布置。

(7) 防潮层、圈梁的做法和位置。

(8) 施工说明等。

3. 读图示例

例 7-8 如图 7-23 所示为某办公楼的基础平面图和基础配筋图，本实例为钢筋混凝土柱下独立基础。基础沿Ⓐ，Ⓑ轴布置，①、②轴和⑫，⑬轴的左右两柱各共用一个基础，为 JCI，共四个，其他为 JC2，共 8 个。

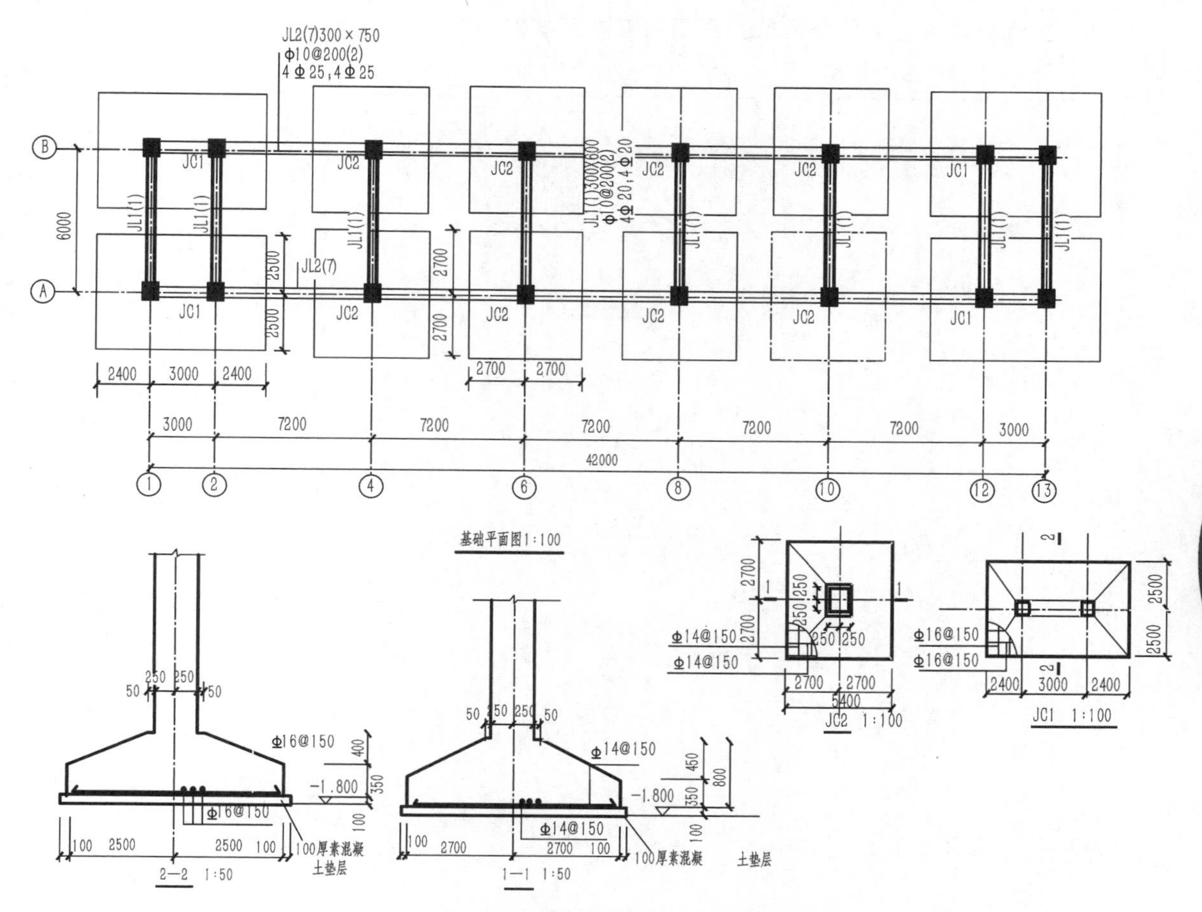

图 7-23 某办公楼的基础平面图、基础配筋图

说明：基础梁顶标高为－0.200

- 基础 JC1、JC2 有详图表示其各部尺寸、配筋和标高等。
- 基础用基础梁相连接，横向基础梁为 JL1，共 8 根，纵向基础梁为 JL2，共 2 根。
- 基础梁 JL1 采用集中标注方法，标注含义为：JL1 为梁编号；(1)为跨数；300 mm×600 mm 为梁截面尺寸；Φ10@200 为箍筋；(2)为双肢箍；4Φ20 为下部钢筋；4Φ20 为上部钢筋。
- 基础梁 JL2(7)表示梁从①～⑬轴共 7 跨；截面尺寸为 300 mm×750 mm，Φ10@200 为箍筋；双肢箍；4Φ25 为下部钢筋；4Φ25 为上部钢筋。

思考与练习

1. 结构施工图的基本内容包括哪些?
2. 钢筋混凝土构件详图由哪几部分组成??
3. 楼层结构平面图是如何形成的? 图示内容有哪些?
4. 什么是平面整体表示法?
5. 梁平法施工图的表示方法有哪几种?
6. 基础平面图是如何形成的? 图示内容有哪些?

Chapter 8

第8章 设备施工图

学习目标

- 了解建筑给排水施工图、采暖施工图、电气施工图的行业标准。
- 了解建筑给排水施工图的图示内容，掌握识读建筑给排水施工图的方法。
- 了解采暖施工图的图示内容，掌握识读采暖施工图的方法。
- 了解电气施工图的图示内容，掌握识读电气施工图的方法。

8.1 建筑给排水施工图

给排水工程是建筑工程的一个组成部分。给水排水工程包括给水工程、排水工程和建筑给水排水工程三个方面，是现代化城市及工矿企业建设必要的市政基础工程。给水工程是指水源取水、水质净化、净水输送、配水使用等工程；排水工程是指污水（如生活、粪便、生产等污水）排除、污水处理、处理后的污水排入江河湖泊等工程；建筑给水排水工程是指从室外给水管网引水至建筑物内的给水管道、建筑物内部的给水和排水管道、自建筑物内排水至窨井之间的排水管道以及相应的卫生器具和管道附件等工程。

建筑给水排水工程图是表达建筑物内部的用水及卫生设施的种类、规格、安装位置、安装方法及管道连接和配置情况的图样。主要标准有《房屋建筑制图统一标准》(GB/T 50001—2010)、《建筑制图标准》(GB/T 50104—2010)、《建筑结构制图标准》(GB/T 50105—2010)和《建筑给水排水制图标准》(GB/T 50106—2010)。

8.1.1 给排水施工图的有关规定

1. 管道表示法

用直线和代表管道类别的汉语拼音字母来表示管道。

2. 图线

- 新设计的各种排水和其他重力流管线采用粗线（可见）、粗虚线（不可见）。
- 新设计的各种给水和其他压力流管线，以及原有的各种排水和其他重力流管线采用中粗实线（可见）、中粗虚线（不可见）。
- 给水排水设备、构件的轮廓线、总图中新建建筑物、构筑物的轮廓线采用中实线（可见）、中虚线(不可见),原有的各种给水和其他压力流管线采用中实线(可见)、中虚线(不可见)。

● 建筑的可见轮廓线、总图中原有的建筑物和构筑物轮廓线,采用细实线(可见)、细虚线(不可见)。

● 尺寸、图例、标高、设计地面线等采用细实线。细点画线、折断线、波浪线等的使用与建筑图相同。

3. 比例

给排水施工图常用比例,宜符合表 8-1 中的规定。

表 8-1 给排水施工图常用比例

名称	比例	备注
区域规划图区域位置图	1∶50000、1∶25000、1∶10000、1∶5000、1∶2000	宜与总图专业一致
总平面图	1∶1000、1∶500 或 1∶300	宜与总图专业一致
管道纵断面图	竖向 1∶200、1∶500 或 1∶300 纵向 1∶1000、1∶500 或 1∶300	—
水处理厂(站)平面图	1∶500、1∶200、1∶100	—
水处理构筑物、设备间、卫生间以及泵房平、剖面图	1∶100、1∶50、1∶40、1∶30	—
建筑给水排水平面图	1∶200、1∶150、1∶100	—
建筑给水排水轴测图	1∶150、1∶100、1∶50	—
详图	1∶50、1∶30、1∶20、1∶10、1∶5、1∶2、1∶1、2∶1	—

4. 标高

标高单位为 m。一般标注至小数点后第三位,在总图中可注写到小数点后第二位。管道应标注起点、转角点、连接点、变坡点、交叉点的标高。压力管道宜标注管中心标高,室内外重力管道宜标注管内底标高。必要时,室内架空重力管道可标注管中心标高,但图中应加以说明。

室内管道应标注相对标高,室外管道宜标注绝对标高,无资料时可标注相对标高,但应与总图专业一致。

5. 管径

管径单位为 mm。水、煤气输送钢管(镀锌或非镀锌)、铸铁管等管材,管径宜以公称直径 DN 表示;无缝钢管、焊接钢管(直缝或螺旋缝)等管材,管径宜以外径 D×壁厚表示;铜管、薄壁不锈钢管等管材,管径宜以公称外径 Dw 表示;建筑给水排水塑料管材,管径宜以公称外径 dn 表示;钢筋混凝土(或混凝土)管等,管径宜以内径 d 表示;复合管、结构壁塑料管等管材,管径宜按产品标准的方法表示;当设计中均采用公称直径 DN 表示管径时,应有公称直径 DN 与相应产品规格对照表。

单管管径表示法如图 8-1(a)所示,多管管径表示法如图 8-1(b)、(c)所示。

6. 编号

当建筑物的给水引入管或排水排出管的数量超过一根时,应进行编号,编号宜按图 8-2 的方

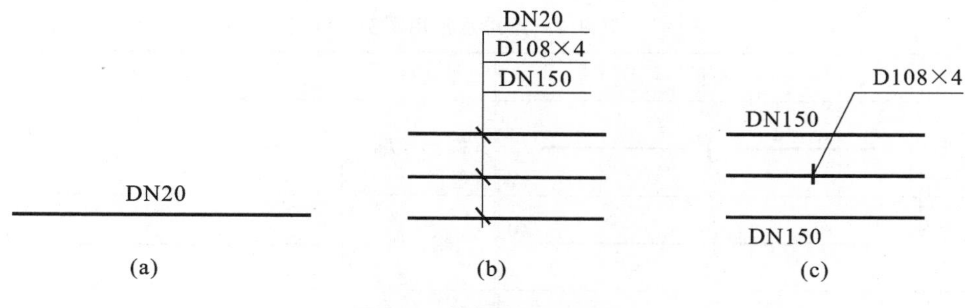

图 8-1　管径的标注方法

法表示。

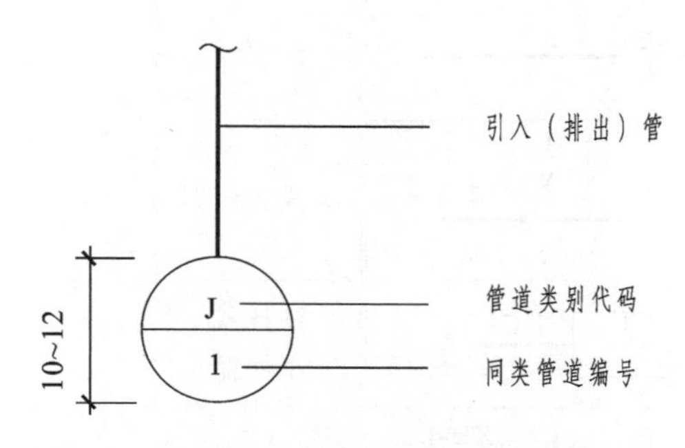

图 8-2　给水引入(排水排出)管编号表示法

建筑物内穿越楼层的立管,其数量超过一根时,应进行编号,编号宜按图 8-3 所示的方法表示。

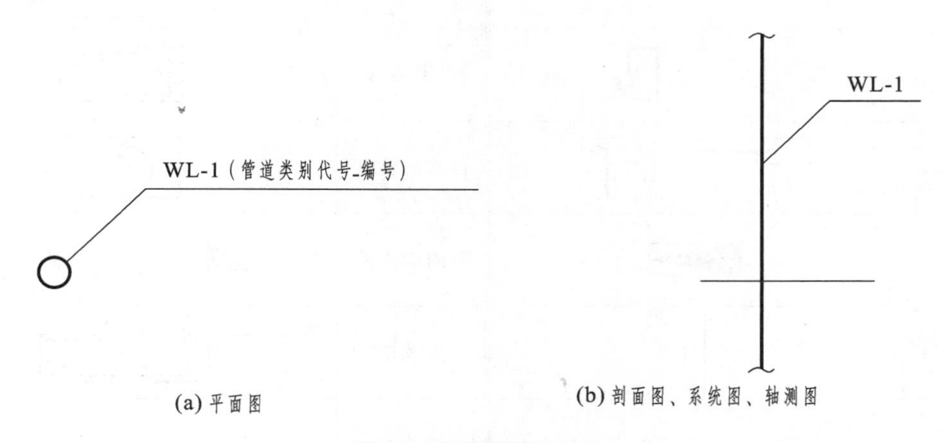

图 8-3　立管编号表示法

在总图中,当同种给水排水附属构筑物的数量超过一个时,应进行编号,并应符合下列规定。

(1) 编号方法应采用构筑物代号加编号表示。

(2) 给水构筑物的编号顺序宜为从水源到干管,再从干管到支管,最后到用户。

(3) 排水构筑物的编号顺序宜为从上游到下游,先干管后支管。

7. 常用图例

各管道及其连接附件分别用不同的图例表示,相关图例见表 8-2。

表 8-2　给排水常用图例

名称	图例	名称	图例
生活给水管	J	圆形地漏	平面　系统
废水管	F	截止阀	
污水管	W	闸阀	
雨水管	Y	污水池	
阀门井、检查井	J-×× W-×× Y-××　J-×× W-×× Y-××	坐式大便器	
矩形化粪池	HC	壁挂式小便器	
立管	平面　XL-1 系统	蹲式大便器	
放水龙头	平面　系统	小便槽	
淋浴器		方沿浴盆	
自动冲洗水箱		台式洗脸盆	
水表井		室内消火栓	平面　系统
立管检查口		盥洗槽	
清扫口	平面　系统	浮球阀	平面　系统
通气帽	成品　蘑菇形	止回阀	
存水弯	S形　P形	水表	

8.1.2　给排水施工图

室内给排水工程的设计是通过建筑给水排水平面图、系统原理图或轴测图、详图和主要设备材料表等图纸来表达的。

1. 室内给排水系统的组成

民用建筑室内给水系统按供水对象可分为生活用水系统和消防用水系统。对于一般的民用建筑，如宿舍、住宅、办公楼等，两套系统可合并设置，其组成部分如图 8-4 所示。

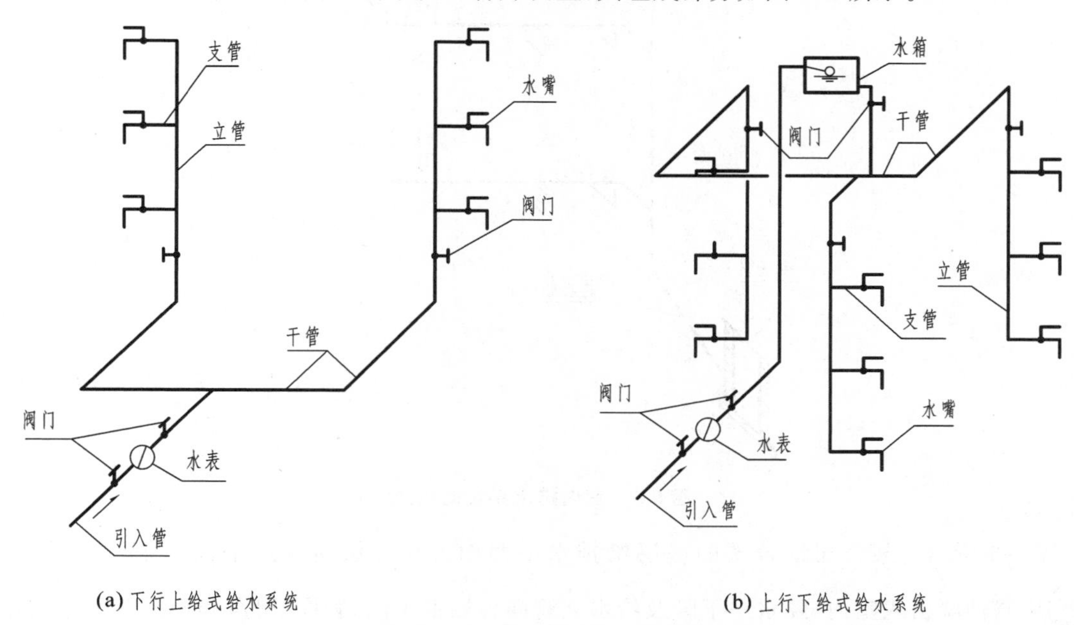

图 8-4　室内给水系统的组成

根据干管敷设位置的不同，室内给水系统一般分为下行上给式和上行下给式及中分式等。下行上给式如图 8-4(a)所示的，干管敷设在首层地面下或地下室。一般用于室外给水管网的水压、水量能满足要求的建筑物。上行下给式如图 8-4(b)所示，给水干管敷设在顶层的顶棚上或阁楼中。适用于设置高位水箱的房屋与公共建筑及地下管线较高的工业厂房。

民用建筑室内排水系统通常是排除生活污水，排雨管应单独设置，不与生活污水合流。排水系统的组成部分如图 8-5 所示。

2. 室内给排水平面图

管道是建筑给排水施工图表达的主要对象，一般管道细长，纵横交错且管件多。室内给排水平面图主要表达建筑用水房间的布置情况与用水设施的分布情况、管道的布置、管件的规格型号、闸门和设备的位置、构筑物的种类和位置。

识图时应首先按图纸目录核对图纸，再看设计说明，以掌握工程概况和设计者的意图。分清图中的各个系统，将平面图和系统图反复对照来看，以便相互补充和说明，建立全面、系统的空间形象。对卫生器具的安装还必须辅以相应的标准图集。

给水系统可按水流方向从引入管、干管、立管、支管到卫生器具的顺序来识读；排水系统可按水流方向从卫生器具排水管、排水横管、排水立管到排出管的顺序识读。

对系统多而复杂的工程应注意以系统为单位进行识读。

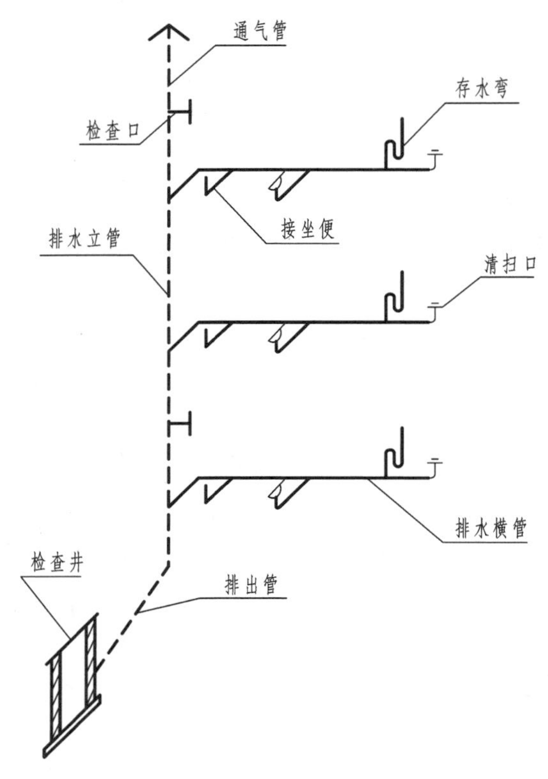

图 8-5　室内排水系统的组成

图 8-6 所示为某公司综合楼的一层给排水平面图。在一层给排水平面图中，给水引入管 $\frac{J}{1}$ 从Ⓓ轴墙引入室内，经水平干管及给水立管向各层卫生间、餐厅、厨房和药品储藏室的水龙头及卫生设备等供水。排水管有 $\frac{W}{1}$、$\frac{W}{2}$、$\frac{W}{3}$、$\frac{W}{4}$ 和 $\frac{W}{5}$ 共五根，药品储藏室的污水由排水管 $\frac{W}{1}$ 从Ⓐ轴墙引出室外排出；卫生间洗脸盆、地漏污水由排水管 $\frac{W}{2}$ 从Ⓓ轴墙引出室外排出；大便器、小便器污水由排水管 $\frac{W}{3}$ 从Ⓓ轴墙引出室外排出；餐厅污水由排水管 $\frac{W}{4}$ 从Ⓓ轴墙引出室外排出；厨房污水由排水管 $\frac{W}{5}$ 从Ⓓ轴墙引出室外排出。

3. 室内给排水系统图

室内给水排水系统图是根据各层给水排水平面图中管道及用水设备的平面位置和竖向标高按 45°正面斜轴测投影法绘制而成的。

室内给水排水系统图表明室内给水管网和排水管网上下层之间、左右前后之间的空间关系。该图标注有各管径尺寸、立管编号、管道标高和坡度，并标明各种器材在管道上的位置。

给水和排水管道系统轴测图通常按系统画成正面斜等测图，主要表明管道系统的立体走向。在给水系统轴测图上，卫生器具不画出来，只需画出龙头、淋浴器喷头、冲洗水箱等符号。在排水系统轴测图上也只画出相应的卫生器具的存水弯或器具排水管。

如图 8-7 所示为某公司综合楼给水系统图，图 8-8 所示为某公司综合楼排水系统图。

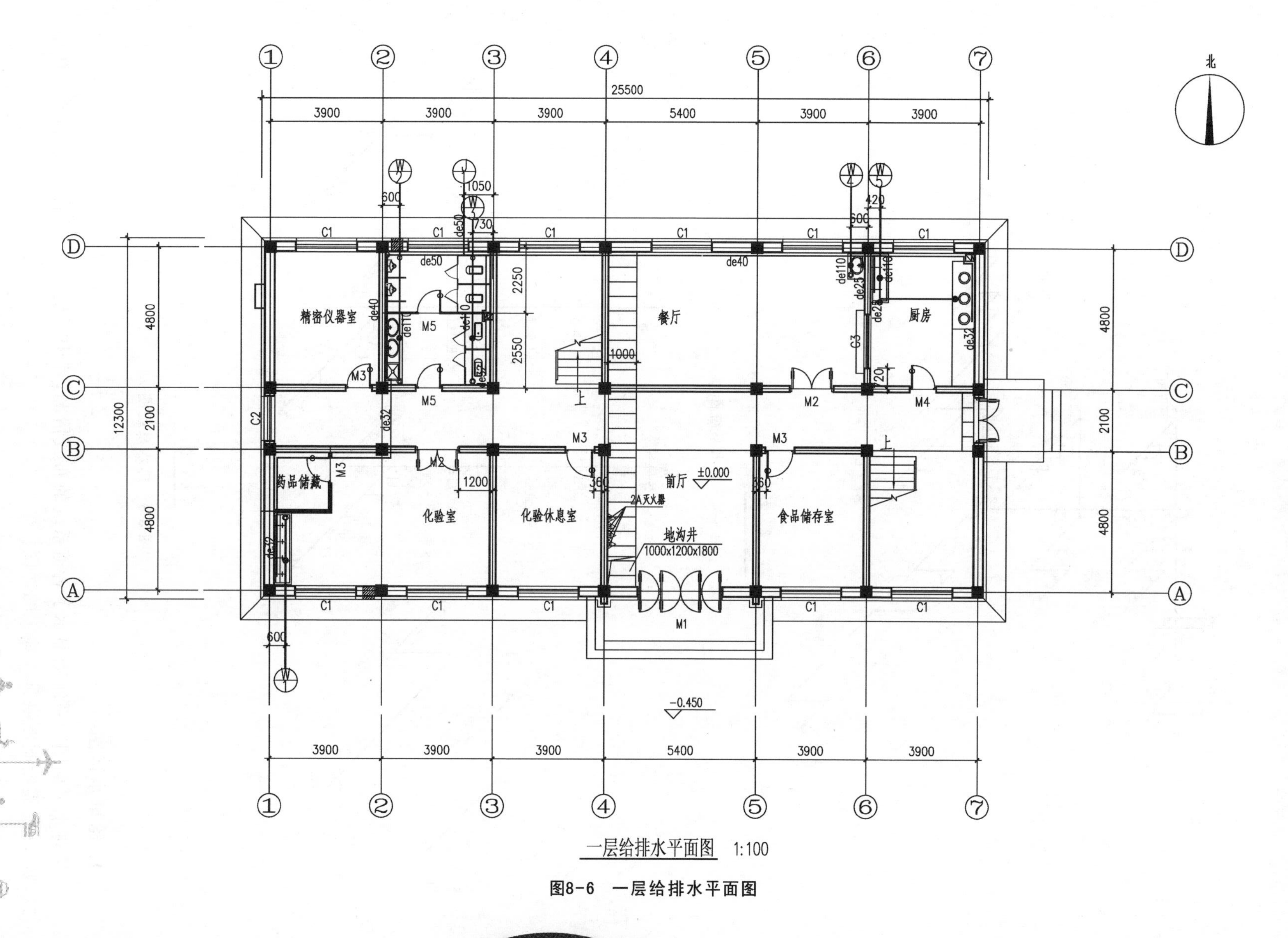

图8-6 一层给排水平面图

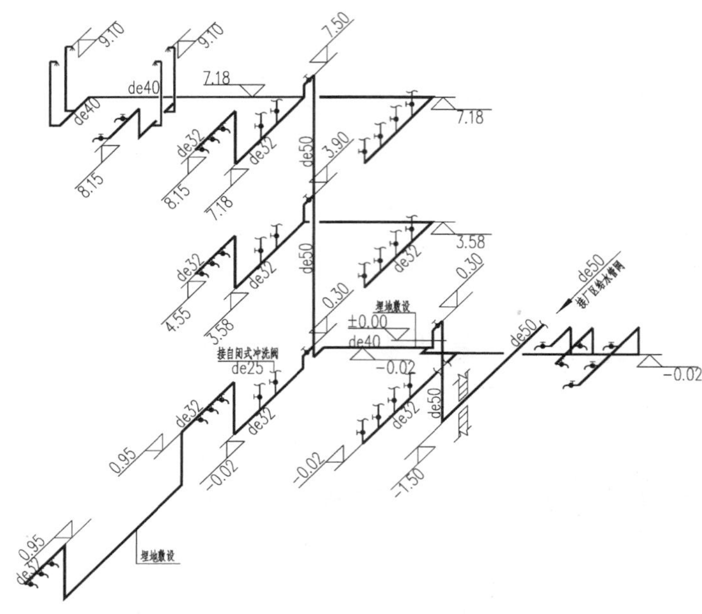

图 8-7　给水系统图

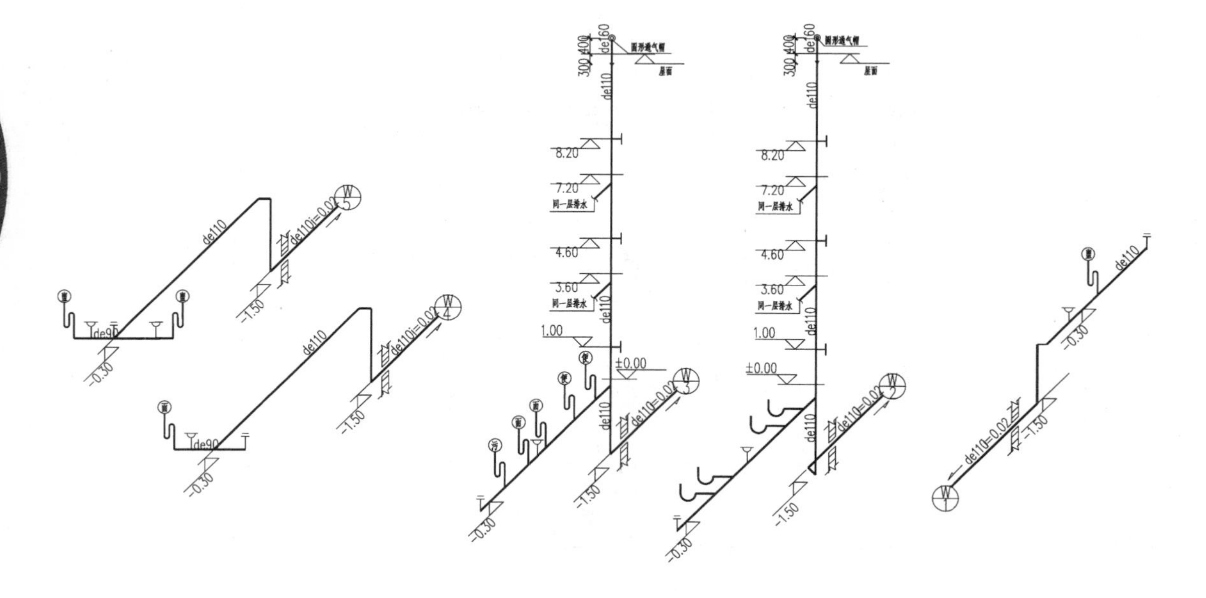

图 8-8　排水系统图

4. 给排水详图

给排水平面图和系统图显示了管道系统的布置情况，其中卫生器具、设备的安装，管道的连接、敷设，还需绘制能供具体施工的详图。

详图包括节点图、大样图、标准图，主要是管道节点、水表、消火栓、水加热器、开水炉、卫生器具、过墙套管、排水设备、管道支架等的安装图。

5. 室外给排水施工图

室外给排水平面图主要表明房屋建筑的室外给排水管道、工程设施的布置及其与区域性的给排水管网、设施的连接等情况。

室外给水排水工程，总平面图排在前，管道节点图、阀门井示意图、管道纵剖面图或管道高程表、详图依次排列在后。总平面图的内容包括街道下面的给水管道、污水管道、雨水管道、排水检查井及给水阀门井的平面位置、管径、管段长度和地面标高等。

管道纵剖面图的内容包括检查井编号、高程、管径、坡度、地面标高、管底标高和水平距离等。室外给水管网的形式有环状、枝状、混合型。

8.2 采暖施工图

采暖工程是为了改善人们的生活和工作条件，或者满足生产工艺的环境要求而设置的。采暖工程由三部分组成，产热部分即热源，如锅炉房、热电站等；输热部分即由热源到用户输送热能的热力管网；散热部分即各种类型的散热器。按采暖工程的热媒不同，一般分热水采暖和蒸汽采暖。采暖工程图是建筑工程图的组成部分，主要包括采暖平面图、系统图、剖面图、详图等。

8.2.1 采暖工程图的一般规定

1. 线型

- 粗实线用于绘制单线表示的供水管道。
- 中粗线用于绘制本专业设备轮廓、双线表示的管道轮廓。
- 中实线用于绘制尺寸、标高角度等标注线及引出线，散热器及其连接支管线和采暖设备的轮廓线。
- 细实线用于绘制建筑布置的家具、绿化等，非本专业设备轮廓。
- 粗虚线用于绘制回水管及单根表示的管道被遮挡的部分。
- 中粗虚线用于绘制本专业设备及双线表示的管道被遮挡的轮廓线。
- 中虚线用于绘制地下管沟、改造前风管的轮廓线，示意性连线。
- 细虚线用于绘制非本专业虚线表示的设备轮廓等。
- 单点长画线用于绘制中心线、轴线。
- 双点长画线用于绘制假想或工艺设备外轮廓线。
- 折断线用于绘制断开界线。

2. 比例

总平面图、平面图的比例宜与工程项目设计的主导专业相一致，其余可以根据图样的用途和物体的复杂程度选用表 8-3 中比例。

表 8-3　采暖工程图比例

图名	常用比例	可用比例
剖面图	1∶50、1∶100	1∶150、1∶200

续表

图名	常用比例	可用比例
局部放大图、管沟断面图	1∶20、1∶50、1∶100	1∶25、1∶30、1∶150、1∶200
索引图、详图	1∶1、1∶2、1∶5、1∶10、1∶20	1∶3、1∶4、1∶15

3. 图例

采暖工程图常用图例(部分)见表 8-4。

表 8-4 供暖施工图常用图例及管道代号

序号	代号与图例	名 称	序号	代号与图例	名 称
1	RG	采暖热水供管	13		截止阀
2	RH	采暖热水回水管	14		蝶阀
3	BS	补水管	15		平衡阀
4	ZB	饱和蒸汽管	16		自动排气阀
5	ZG	过热蒸汽管	17		减压阀
6	Z2	二次蒸汽管	18		止回阀
7		Y 形过滤器	19		柱塞阀
8		三通阀	20		固定支架
9		浮球阀	21		定流量阀
10		快开阀	22		定压差阀
11		疏水器	23		导向支架
12		闸阀	24		矩形补偿器

4. 图例制图基本规定

(1) 对于图纸目录、设计施工说明、设备及主要材料表等,如单独成图时,其编号应排在其他图纸之前,编排顺序应为图纸目录、设计施工说明、设备及主要材料表等。

(2) 图样需要的文字说明,宜以附注的形式放在该张图纸的右侧,并以阿拉伯数字编号。

(3) 一张图纸内绘制几种图样时,图样应按平面图在下、剖面图在上、系统图和安装详图在右进行布置。如无剖面图时,可将系统图绘制于平面图的上方。

(4) 图样的命名应能表达图样的内容。

8.2.2 室内采暖工程图

室内采暖工程包括采暖管道系统和散热设备。室内采暖工程图则分为平面图、系统图及详图。

1. 室内采暖平面图

室内采暖平面图是表示采暖管道及设备平面布置的图纸，其包含的主要内容如下。

（1）散热器平面位置、规格、数量及其安装方式（明装或暗装）。

（2）采暖管道系统的干管、立管、支管的平面位置和走向，立管编号和管道安装方式（明装或暗装）。

（3）采暖干管上的阀门、固定支架、补偿器等的平面位置。

（4）采暖系统有关设备如膨胀水箱、集气罐（热水采暖）、疏水器的平面位置和规格、型号以及设备连接管的平面布置。

（5）热媒入口及入口地沟的情况、热媒来源、流向及与室外热网的连接。

（6）管道及设备安装所需的留洞、预埋件、管沟等与土建施工的关系和要求。

绘制室内采暖平面图，其主要要求如下。

（1）多层房屋的管道平面图原则上应分层绘制，管道系统布置相同的楼层平面可绘制一个平面图。

（2）用细线抄绘房屋平面图的主要部分，如房屋的墙身、柱、门窗洞、楼梯、台阶等主要构配件，其他如房屋细部和门窗代号等均可略去。底层平面图应画全轴线，楼层平面图可只画边界轴线。

（3）绘出采暖设备平面图。

（4）按管道类型的规定线型和图例绘出由干管、立管、支管组成的管道系统平面图。管道一律用单线绘制。

（5）标注尺寸、标高，注写系统和立管编号以及有关图例、文字说明等。在底层平面图中标注出轴线间尺寸，另外要标注室外地面的整平标高和各层楼面标高。管道及设备一般不必标注定位尺寸，必要时，以墙面和柱面为基准标出。采暖入口定位尺寸应标注由管中心至所邻墙面或轴线的距离。管道的长度在安装时以实测尺寸为依据，图中不予标注。

2. 室内采暖系统图

室内采暖系统图是根据各层采暖平面中管道及设备的平面位置和竖向标高，用正面斜轴测或正等测投影法以单线绘制而成。它表明自采暖入口至出口的室内采暖管网系统、散热设备、主要附件的空间位置和相互关系。该图标注有管径、标高、坡度、立管编号、系统编号以及各种设备、部件在管道系统中的位置。把系统图与平面图对照阅读，可了解整个室内采暖系统的全貌。

绘制室内采暖系统图，主要要求如下。

（1）选择轴测类型，确定轴测方向。

采暖系统图宜用正面斜等轴测或正等轴测投影法绘制，采暖系统图的轴向要与平面图的轴向一致，亦即 OX 轴与平面图的长度方向一致，OY 轴与平面图的宽度方向一致。

（2）确定绘图比例。

系统图一般采用与相对应的平面图相同的比例绘制。当管道系统复杂时，亦可放大比例。当采取与平面图相同的比例时，水平的轴向尺寸可直接从平面图上量取，竖直的轴向尺寸可依层高和设备安装高度量取。

（3）按比例画出建筑楼层地面线。

（4）绘制管道系统。

采暖系统图中管道系统的编号应与底层采暖平面图中的系统索引符号的编号一致。采暖系统宜按管道系统分别绘制，这样可避免过多的管道重叠和交叉。采暖管道用粗实线绘制，回水管道用粗虚线绘制，设备及部件均用图例表示，并以中、细线绘制。当管道过于集中无法画清楚时，可将某些管段断开，引出绘制，相应的断开处宜用相同的小写拉丁字母注明。

(5) 依散热器安装位置及高度画出各层散热器及散热器支管。

(6) 画出管道系统中的控制阀门、集气罐、补偿器、固定卡、疏水器等。

(7) 标注管径、标高等。

管道系统中所有管段均需标注管径，当连续几段的管径都相同时，可仅标注其两端管段的管径。凡横管均需标注出(或说明)其坡度。注明管道及设备的标高，标明室内、外地面和各层楼面的标高。柱式、圆翼形散热器的数量应标注在散热器内；光管式、串片式散热器的规格、数量应标注在散热器的上方。标注有关尺寸以及管道系统、立管编号等。

(8) 室内采暖平面图和系统图应统一列出图例。

8.2.3 识读室内采暖工程图

识读室内采暖工程图，需先熟悉图纸目录，了解设计说明，了解主要的建筑图(如总平面图、平面图、立面图、剖面图以及有关的结构图)，在此基础上将采暖平面图和系统图联系对照识读，同时再辅以有关详图配合识读。

1. 室内采暖平面图的识读

(1) 明确室内散热器的平面位置、规格、数量以及散热器的安装方式(如明装、暗装或半暗装等)。

(2) 了解水平干管的布置。识读时需注意干管是敷设在最高层、中间层还是在底层。在底层平面图上还会出现回水干管或凝结水干管(蒸汽采暖系统)，识别时也要注意。此外还应清楚干管上的阀门、固定支架、补偿器等的位置、规格及安装要求等。

(3) 通过立管编号查清立管系统数量和位置。

(4) 了解采暖系统中，膨胀水箱、集气罐(热水采暖系统)、疏水器(蒸汽采暖系统)等设备的位置、规格以及设备管道的连接情况。

(5) 查明采暖入口及入口地沟或架空情况。采暖入口无节点详图时，采暖平面图中一般将入口装置的设备如控制阀门、减压阀、除污器、疏水器、压力表、温度计等表达清楚，并注明规格、热媒来源、流向等。若采暖入口装置采用标准图，则可按注明的标准图号查阅标准图。当有采暖入口详图时，可按图中所标注的索引号查阅采暖入口详图。

图 8-9 所示为某公司综合楼的一层的采暖平面图。

2. 室内采暖系统图的识读

(1) 按热媒的流向确认采暖管道系统的形式及干管与立管以及立管、支管与散热器之间的连接情况，确认各管段的管径、坡度、坡向，水平管道和设备的标高以及立管编号等。

(2) 了解散热器的规格及数量。当采用柱形或翼形散热器时，应弄清散热器的规格与片数以及带脚片数；当为光滑管散热器时，应弄清其型号、管径、排数及长度；当采用其他采暖设备时，应弄清设备的构造和标高(底部或顶部)。

(3) 注意查清其他附件与设备在管道系统中的位置、规格及尺寸，并与平面图和材料表等加以核对。

(4) 查明采暖入口的设备、附件、仪表之间的关系，热媒来源、流向、坡向、标高、管径等。如有节点详图，应查明详图编号，以便查阅。

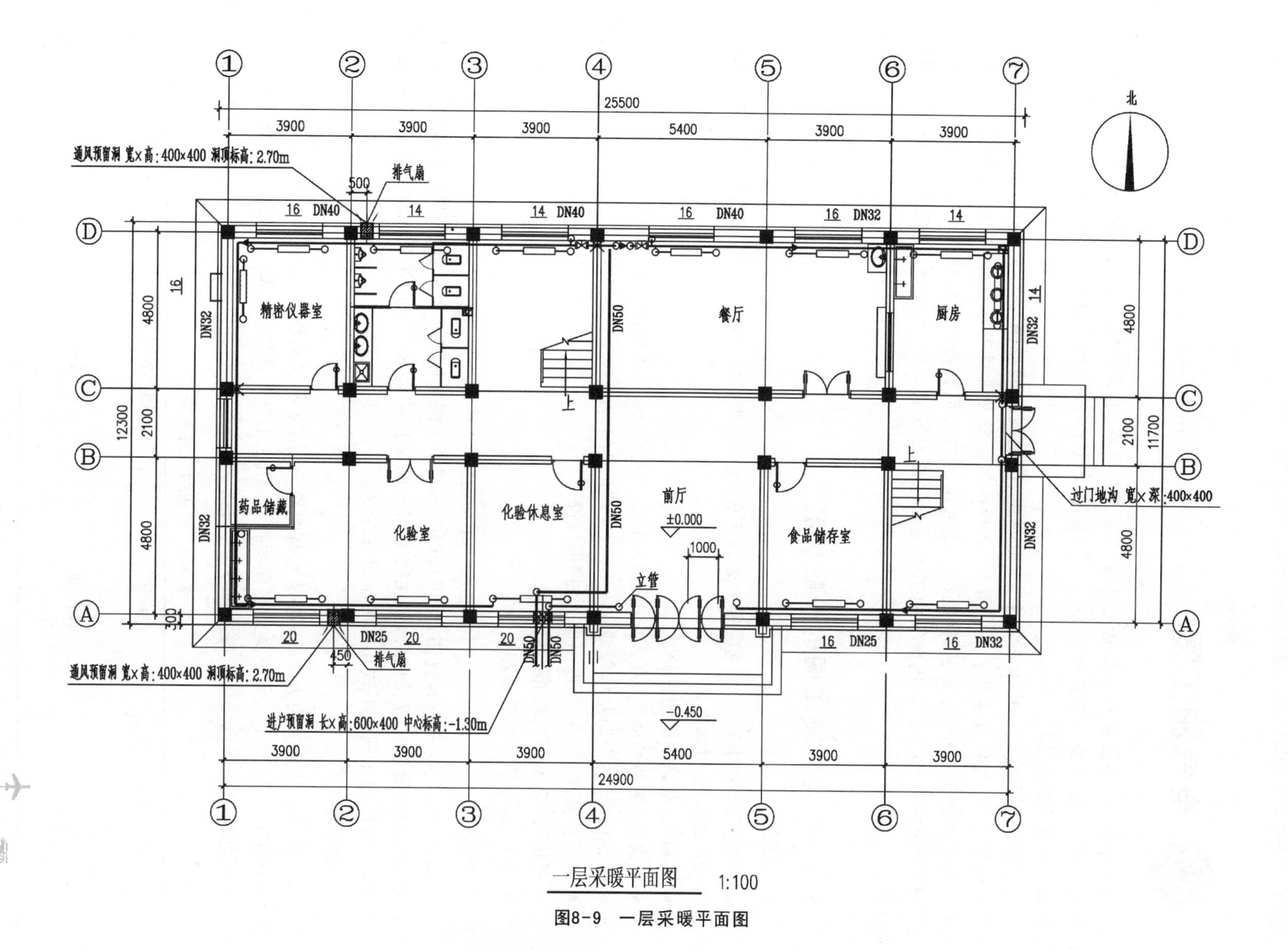

一层采暖平面图 1:100

图8-9 一层采暖平面图

8.3 电气施工图

房屋建筑中，都会安装许多电气设施，如照明、电视、通信、网络、消防控制、各种工业与民用的动力装置、控制设备及避雷装置等。电气工程或设施，都需要经过专门设计表达在图纸上，这些图纸就是电气施工图。

电气施工图所表达的内容有两个，一是供电、配电线路的规格与敷设方式；二是各类电气设备及配件的选型、规格及安装方式。导线、各种电气设备及配件等本身，多数不是用其投影，而是用国标规定的图例、符号及文字，标绘在按比例绘制的建筑物各种投影图中(系统图除外)，这是电气施工图的一个特点。室内电气施工图主要包括电气系统图、平面图、电路图、设备布置图和大样图。

8.3.1 电气施工图的一般规定

1. 线型

电气施工图的图线，其线宽应遵守建筑工程制图标准的统一规定，其线型与统一规定基本相同。各种图线的使用如下。

- 粗实线：电路中的主回路线。
- 中虚线：事故照明线、直流配电线路、钢索或屏蔽等，以虚线的长短区分用途。
- 单点长画线：控制及信号线。
- 双点长画线：50 V 及以下电力、照明线路。
- 中粗线：交流配电线路。
- 细实线：建筑物的轮廓线。

2. 比例

一般各种电气的平面布置图，使用与相应建筑平面图相同的比例。此种情况下，如需确定电气设备安装的位置或导线长度时，可在图上用比例尺直接量取。与建筑图无直接联系的其他电气施工图，可任选比例或不按比例的示意性绘制。

3. 图形符号

电气图形符号分为两大类：一类是电路图符号，用在电气系统图、电路图、安装接线图上，常用的电路图符号见表 8-5；另一类是平面图符号，用在电气平面图上，表 8-6 和表 8-7 分别列举了一些常用的强电和弱电系统平面图符号。

表 8-5 常用的电路图符号

图形符号	说明	图形符号	说明
	断路器		电流互感器

续表

图形符号	说明	图形符号	说明
	熔断器式开关	 V	电压表
	接触器	 var	无功功率表
	动合(常开)触点	 Wh	电度表
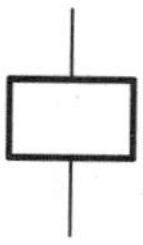	继电器线圈		隔离开关
	避雷器		熔断器式隔离开关
	熔断器		电压互感器
	动断(常闭)触点	 A	电流表
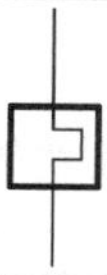	热继电器的驱动器件	 cosϕ	功率因数表
	电抗器	 varh	无功电度表

表 8-6　常用的强电系统平面图符号

图形符号	说　明	图形符号	说　明
⊗	灯具一般符号		单管荧光灯
	二管荧光灯	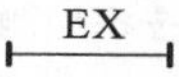 EX	防爆型荧光灯

续表

图形符号	说　明	图形符号	说　明
EN	密闭型荧光灯		投光灯
	插座一般符号		带保护极插座
3P	三相插座	1P	单相插座
3EN	三相密闭插座	1EN	单相密闭插座
	开关一般符号		双联单控开关
EX	防爆开关	EN	密闭开关
t	限时开关		调光开关
	电气箱(柜、屏)	LB	照明配电箱
PB	动力配电箱		向上配线
	向下配线		垂直通过配线

表 8-7　常用的弱电系统平面图符号

图形符号	说　明	图形符号	说　明
TV	电视插座		两路分配器
	三路分配器		分支器(两个信号分支)
TP	电话插座	TO	信息插座
2TO	二孔信息插座	MDF	总配线架(柜)
ODF	光纤配线架(柜)	IDF	中间配线架(柜)
FD	楼层配线架(柜)	SW	交换机
	摄像机	H	半球型摄像机
	带云台摄像机	R	带云台球型摄像机
	门磁开关		紧急按钮
A	振动探测器	B	玻璃破碎探测器
IR/M	被动红外/微波双技术探测器	IR	被动红外入侵探测器

8.3.2 电气照明施工图

1. 照明平面图

照明平面图就是在按一定比例绘制的建筑平面图上，标明电源(供电导线)的实际进线位置、规格、穿线管径，配电箱的位置，配电线路的走向、编号、敷设方式，配电线的规格、根数、穿线管径，开关、插座、照明器具的种类、型号、规格、安装方式、位置等。

绘制照明平面图应注意以下几点。

(1) 对建筑部分只用细实线画出墙柱、门窗位置等。

(2) 注写建筑物的定位轴线尺寸。

(3) 绘图比例可与建筑平面图的比例相同。

(4) 不必注明线路、灯具、插座的定位尺寸，具体位置施工时按有关规定确定。

(5) 对电气设施平面布置图相同的楼层，可用一个电气平面图表达，说明其适应层数。

(6) 灯具开关的布置，应结合门的开户方向，安全方便。

图 8-10 所示的是某公司综合楼一层照明平面图。

2. 照明系统图

在照明平面图中，已清楚地表达了各层电气设备的水平及上下连接线路，对于平房或电气设备简单的建筑，只用照明平面图即可施工。而多层建筑或电气设备较多的整幢建筑的供配电状况，仅用照明平面图了解全貌，就比较困难，为此，一般情况下都要画照明系统图。

照明系统图要画出整个建筑物的配电系统和容量分配情况，所用的配电装置，配电线路所用导线的型号、截面、敷设方式，所用管径，总的设备容量等。

系统图用来表示总体供电系统的组成和连接方式，通常用粗实线表示。系统图通常不表明电气设备的具体安装位置，所以不是投影图，没有比例关系，主要表明整个工程的供电全貌和接线关系。

图 8-11 所示的是某公司综合楼的配电系统图(部分)。系统图的绘制看似简单，但设计正确却不容易。重要的是要分清管道的种类及相应的位置。

思考与练习

1. 民用建筑室内排水系统的形式是怎样的?
2. 室内给水排水系统图是如何绘制形成的?
3. 室内采暖工程图可分为哪几种?
4. 电气施工图所表达的内容有哪些?
5. 简述电气照明施工图的识读方法。

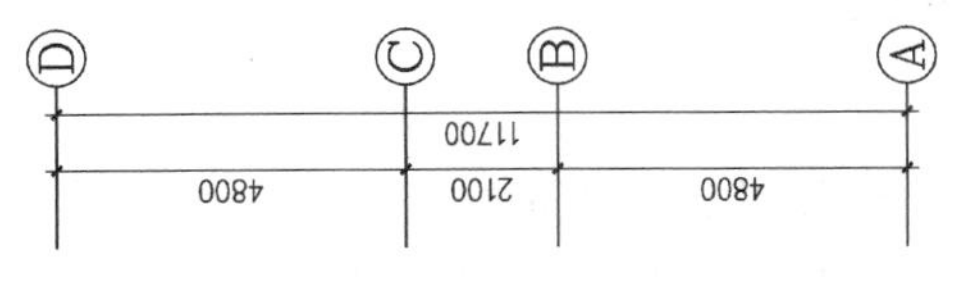

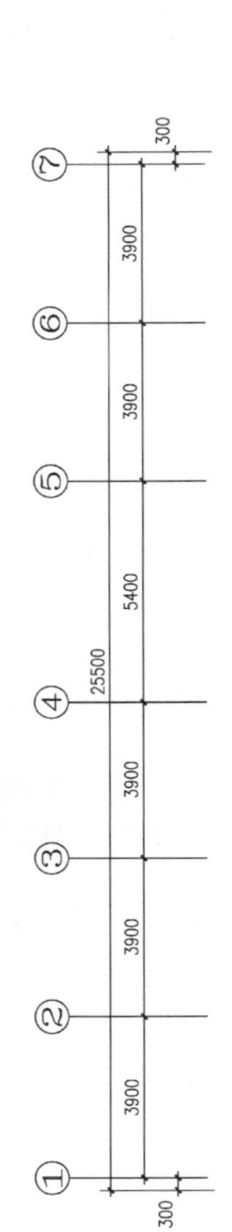

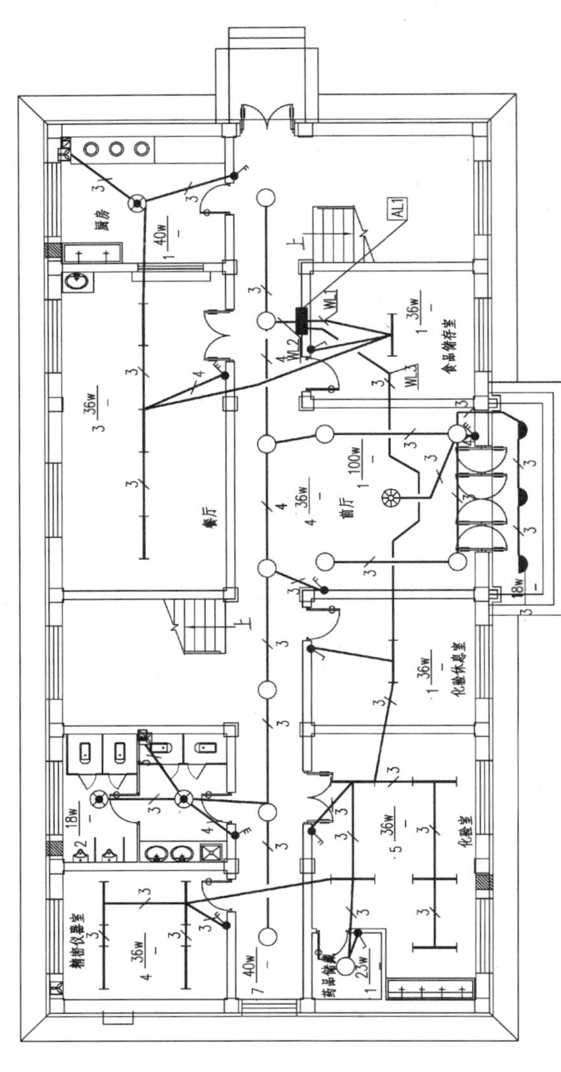

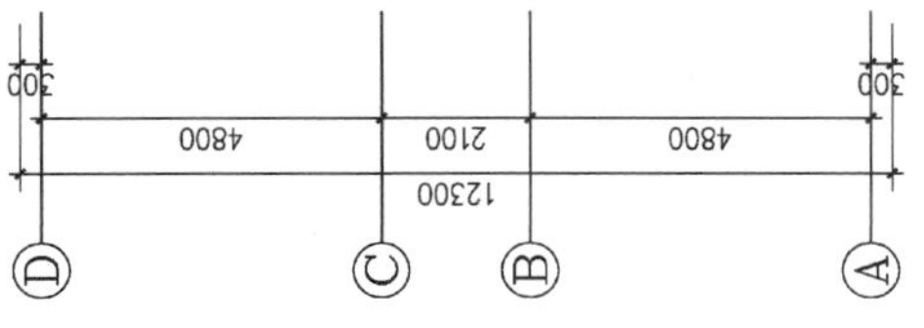

一层照明平面图 1:100

图 8-10 一层照明平面图

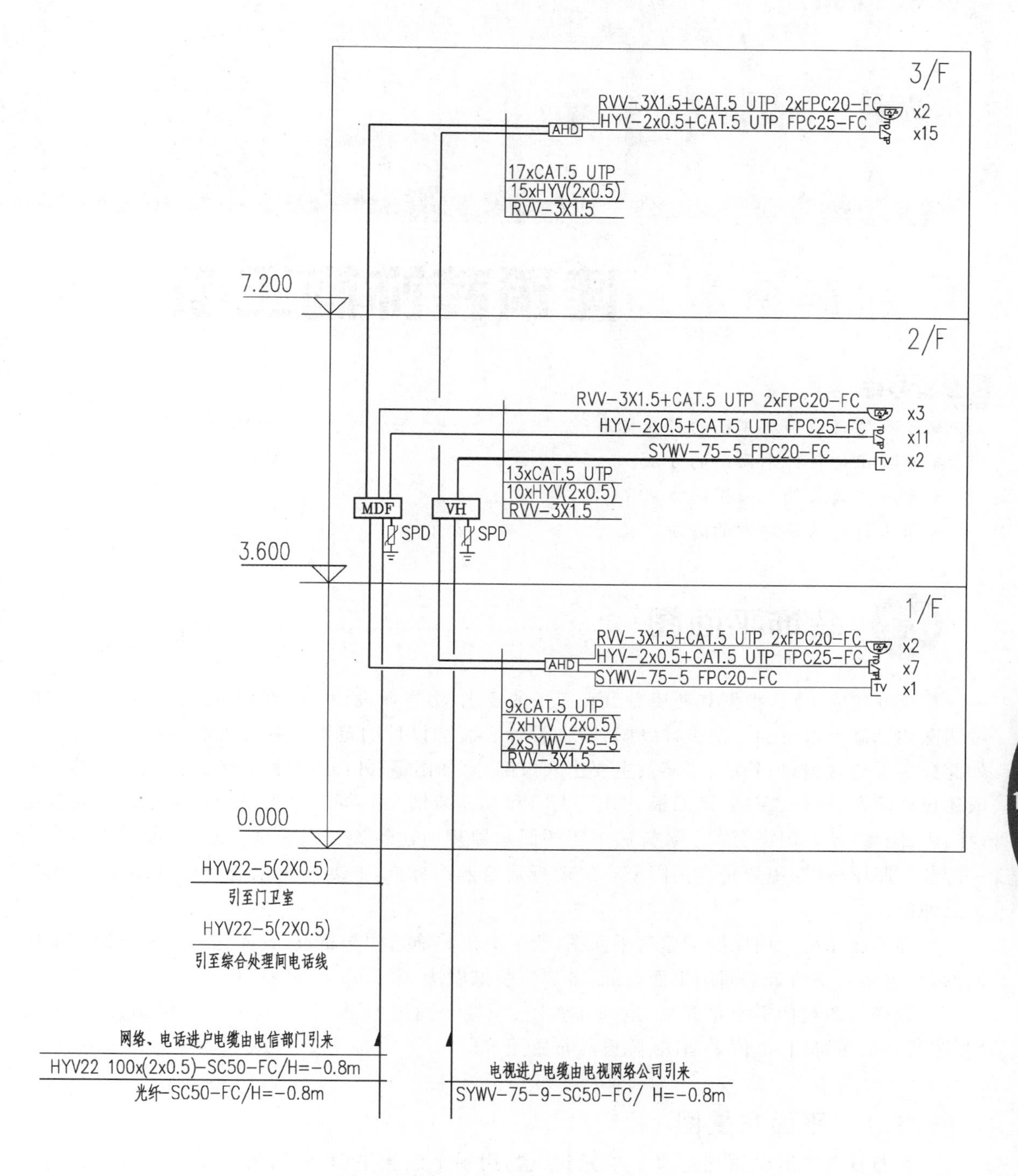
3/F
RVV-3X1.5+CAT.5 UTP 2xFPC20-FC
HYV-2x0.5+CAT.5 UTP FPC25-FC
x2
x15
AHD
17xCAT.5 UTP
15xHYV(2x0.5)
RVV-3X1.5
7.200
2/F
RVV-3X1.5+CAT.5 UTP 2xFPC20-FC
HYV-2x0.5+CAT.5 UTP FPC25-FC
SYWV-75-5 FPC20-FC
x3
x11
TV
x2
13xCAT.5 UTP
10xHYV(2x0.5)
RVV-3X1.5
MDF
VH
SPD
SPD
3.600
1/F
RVV-3X1.5+CAT.5 UTP 2xFPC20-FC
HYV-2x0.5+CAT.5 UTP FPC25-FC
SYWV-75-5 FPC20-FC
AHD
x2
x7
TV
x1
9xCAT.5 UTP
7xHYV (2x0.5)
2xSYWV-75-5
RVV-3X1.5
0.000
HYV22-5(2X0.5)
引至门卫室
HYV22-5(2X0.5)
引至综合处理间电话线
网络、电话进户电缆由电信部门引来
HYV22 100x(2x0.5)-SC50-FC/H=-0.8m
光纤-SC50-FC/H=-0.8m
电视进户电缆由电视网络公司引来
SYWV-75-9-SC50-FC/ H=-0.8m
弱电系统图 1:100
本次设计只负责预埋管设计，具体敷设线路由当地有关部门协商确定。

图 8-11 配电系统图

Chapter 9

第9章 建筑装饰施工图

学习目标

- 了解建筑装饰施工图的行业标准。
- 掌握识读装饰平面图的方法。
- 掌握识读装饰立面图的方法。
- 掌握识读装饰详图的方法。

9.1 装饰平面图

建筑修建完工后，根据其使用特点和业主的要求，由专业设计人员在建筑工程图或房屋现场勘测图的基础上进行的二次设计，称为装饰设计。装饰设计的范围包括室外和室内两部分。室外部分主要包含檐口、外墙、幕墙及主要出入口部分（如雨篷、外门、门廊、台阶、花台、橱窗等），一般还包括阳台、栏杆、窗楣、遮阳板、围墙、大门和其他装饰小品等。室内部分包括地面、顶棚、墙（柱）面、隔墙（断）、门窗套等。装饰施工图的图示原理与建筑施工图完全一样，目前国内没有统一的装饰制图标准，主要是套用国家有关现行建筑制图标准，必要时可以绘制透视图、轴测图等予以辅助。

装饰平面图可套用原始的建筑平面图，为了突出装饰结构与布置，其简化了不属于装饰范围的部分，主要反映建筑空间的平面布局、各部位装饰做法、家具陈设等的布局。

装饰平面图包括平面布置图、地面布置图、顶棚平面图、顶棚造型及尺寸定位图、隔墙布置图、照明开关布置图、电位平面图、陈设品布置图等。

9.1.1 平面布置图

平面布置图的形成原理是将一单元建筑物用一个假想平面剖开，再向下投影时得到的俯视图。

1. 平面布置图图示内容

（1）图名、比例。装饰平面图往往是直接按房间的功能、用途等命名的。

（2）建筑的平面形状及基本尺寸。标明建筑平面图的有关内容。墙柱断面和门窗洞口、定位轴线编号及其他细部的位置、尺寸等，由此还可了解到该装饰空间在整个建筑物中的位置。当不了解整个房屋的轴线编号、标高等资料时，可省略不写。

(3) 装饰要素的平面位置、形式。

① 标明地面饰面材料、尺寸、标高及工艺要求。

② 标明门窗和门窗套、隔断、装饰柱等的平面形式和位置。

③ 标明室内家具、陈设品、设备、绿化等的平面形状和位置。

(4) 内视符号。为了表示立面图在平面布置图中的位置,应在平面布置图上用内视符号注明视点位置、方向及立面编号。内视符号画在平面图内,或就近引到平面外。内视符号中的圆圈用中实线绘制,圆圈直径为 10 mm,立面编号用大写拉丁字母表示。涂黑的箭头表示投影方向,由两条成直角的圆的切线所围成,如图 9-1(a)所示。当多个方向均需画出立面图时,该符号可合在一起,如图 9-1(b)和图 9-1(c)所示。

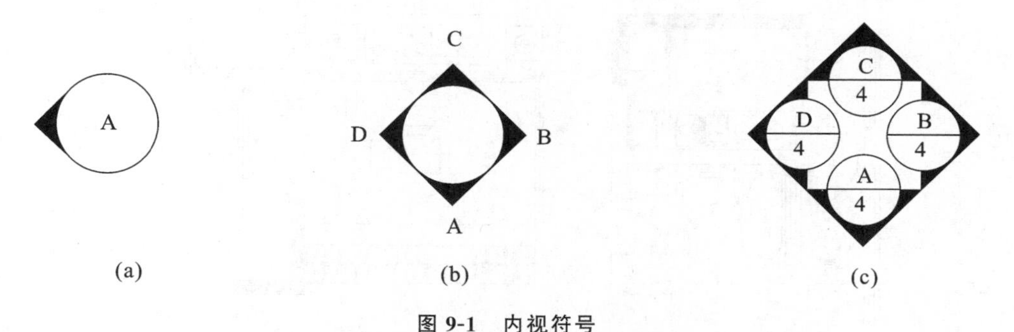

图 9-1 内视符号

(5) 剖切、索引符号及对材料、工艺等的文字说明。

2. 识读举例

室内平面布置图是方案设计阶段的主要图样,图 9-2 所示为某住宅单元室内设计平面布置图。由于是局部空间的平面布置图,因此只有两道尺寸。该住宅单元为三室两厅户型,包含主卧、小孩房、茶室、客厅、餐厅、厨房、生活阳台及主卫、次卫等。客厅是家庭生活的活动中心,也是装修的重点,其中 A 向墙面将作重点装饰造型处理,详见室内设计立面图。餐厅南面与客厅相连,西面与厨房相连,餐桌靠在墙边,使活动空间更宽敞。厨房与阳台相连,主要设计有操作台、橱柜、灶具等。主卧室是设有卫生间的套房,小孩房与主卧相对,都摆放床、床头柜、衣柜等。茶室布置茶桌、茶凳、坐垫等。主卫和次卫设计布置洗手盆、淋浴器、坐便器等。

9.1.2 地面布置图

地面是装饰设计中使用最为频繁的部位,而且根据使用功能的不同,对材料的选择、工艺、地面的高差等都有着不同的要求。地面装修图主要表达地面造型、材料名称和工艺要求。楼地面装修图不但是施工的依据,同时是地面材料采购的参考图。

1. 图示内容

(1) 图名、比例。地面布置图的图名必须与平面布置图的图名协调一致。

(2) 建筑结构与构造的平面形状及基本尺寸。

(3) 地面造型、材料名称和工艺要求。对于拼花造型的地面,应标注造型的尺寸、材料名称等。对于块状地面材料,应用细实线画出块材的分格线,以表示施工时的铺装方向。

(4) 详图索引符号,查阅详图,进一步了解索引部位的细部构造做法。

(5) 文字说明。具体说明材料名称和工艺。

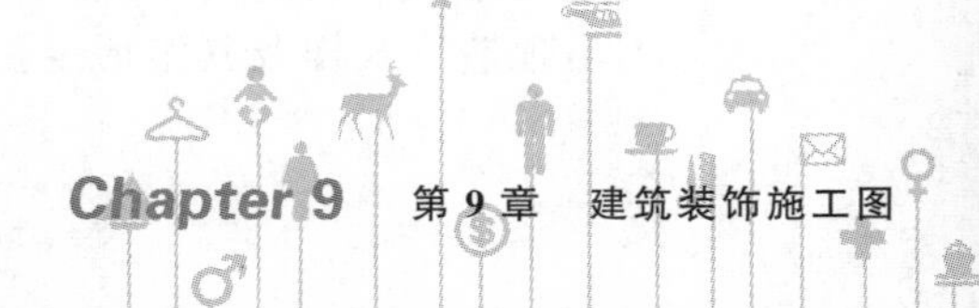

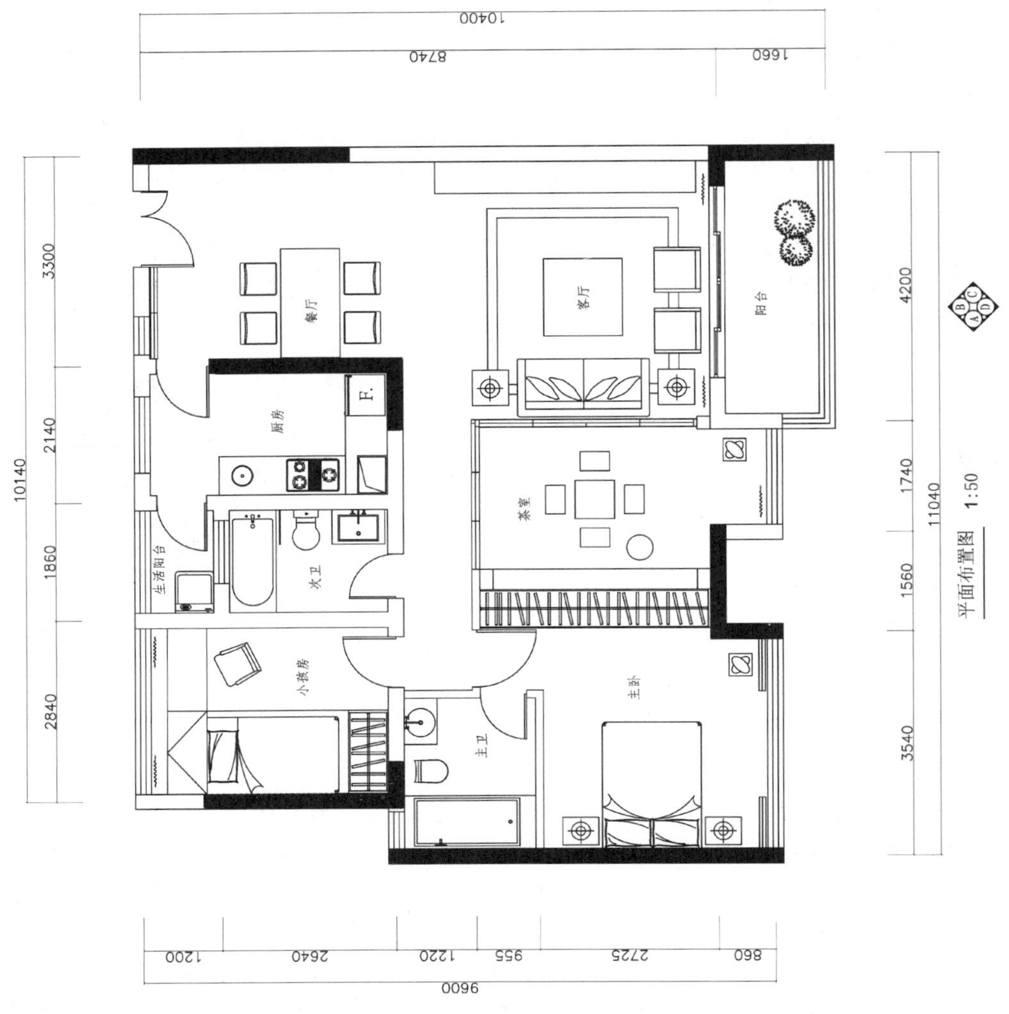

图 9-2 平面布置图

2. 识读举例

地面布置图是地面装饰施工的依据。如图 9-3 所示为某住宅单元室内设计地面布置图。识读图样可知，餐厅等部位使用最为频繁，考虑到耐磨、便于清洁等需要，采用 800×800 的地砖；为营造温馨和谐的气氛，客厅、主卧、次卧、茶室采用木地板；考虑到防滑的需要，厨房、主卫、次卫、生活阳台地面采用 300×300 防滑砖。

9.1.3 顶棚平面图

顶棚平面图是假想用一个剖切平面，通过门、窗洞的上方将房屋剖开后，对剖切平面上方的部分进行镜像投影所得图样，用于表达顶棚造型、材料、灯具和消防、空调系统的位置。

1. 图示内容

(1) 图名、比例。顶棚平面图的图名必须与平面布置图的图名协调一致。

(2) 建筑结构与构造的平面形状及基本尺寸。

(3) 吊顶造型式样及其定形定位尺寸、各级标高、构造做法和材质要求。其中，标高尺寸是

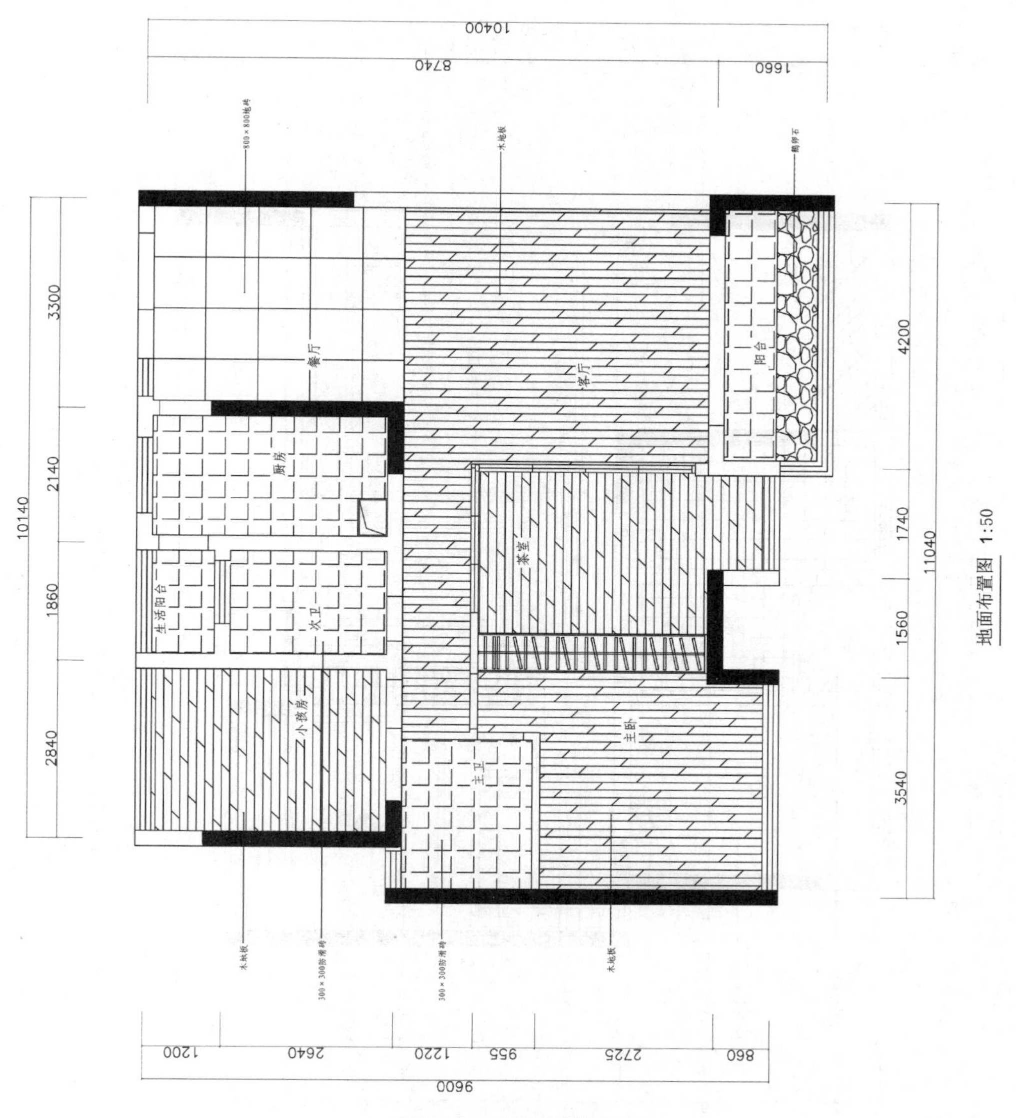

图 9-3　地面布置图

以本层地面为零点的标高值,即房间的净空高度。

(4) 灯具式样、规格、数量及位置。吊顶的灯具不仅用于照明,更起到突出的装饰作用。

(5) 有关附属设施(如空调系统的风口、消防系统的烟感报警器和喷淋头、电视音响系统的有关设备)的外露件规格和定位尺寸、窗帘的图示等。

(6) 吊顶的凹凸情况由剖面图表示。在吊顶平面图中应注明剖切位置、剖切面编号及投影方向。

(7) 详图索引符号,查阅详图,进一步了解索引部位的细部构造做法。

2. 识读举例

顶棚平面图是顶棚装饰施工的依据。如图 9-4 所示为某住宅单元室内设计顶棚平面图。识读图样可知,客厅、餐厅、主卧、小孩房、茶室采用石膏板面造型吊顶,表面涂白色乳胶漆;餐厅顶棚南部采用石膏板造型,表面涂白色乳胶漆,餐厅顶棚北部采用夹板天花贴灰镜;厨房、主卫、次卫采用铝扣板吊顶,便于清洁和防潮;其余阳台等表面涂白色防潮乳胶漆。

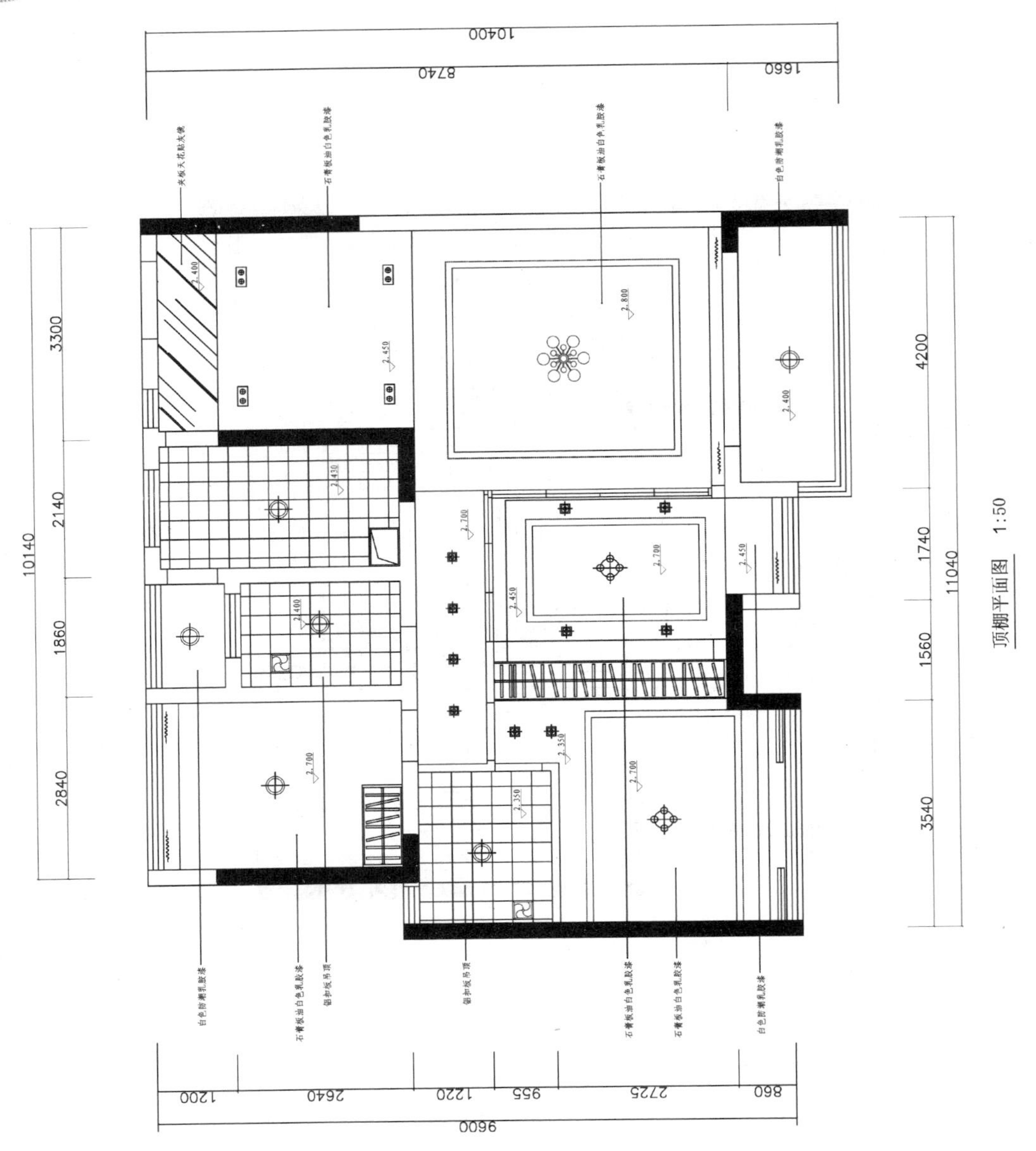

图 9-4　顶棚平面图

9.1.4　照明开关布置图

照明开关图同样采用镜像投影法绘制，以顶棚平面图为基础，主要表明照明及其开关的位置和相互关系。

1. 图示内容

(1) 图名、比例。采用比例与平面布置图一致。

(2) 建筑的平面形状及基本尺寸。

(3) 照明灯具及开关的平面位置、形式，以及它们的相互关系。

(4) 文字说明。根据需要，具体说明各开关的样式、位置。

2. 识读举例

如图 9-5 所示为某住宅单元室内设计照明开关布置图，各房间灯具布置及照明开关布置如图所示。其中图 9-5 中的图例见表 9-1。

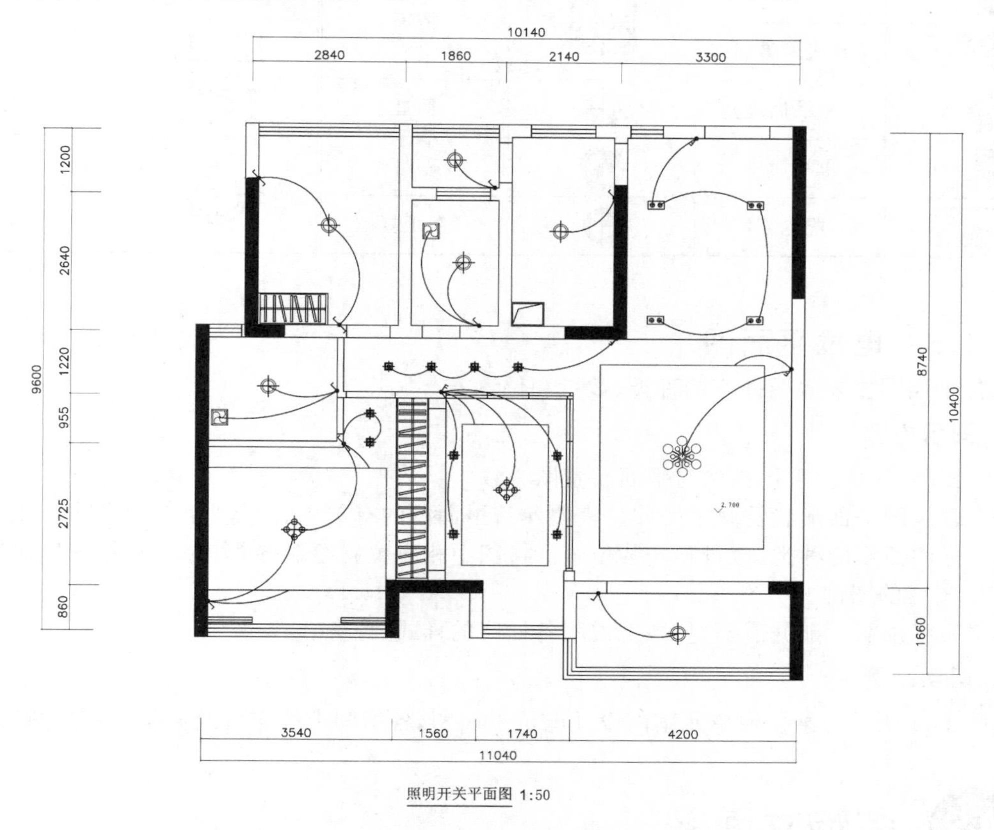

图 9-5　照明开关布置图

表 9-1　图例

图例	名称	图例	名称	图例	名称
	排气扇		筒灯		工艺吊灯
	单联单控开关		筒灯		
	双联单控开关		吸顶灯		
	单联双控开关		防水筒灯		
			吊灯		浴霸
	双联双控开关		壁灯		
	二三插座		工艺吊灯		吸顶灯

续表

图例	名称	图例	名称	图例	名称
	空调插座	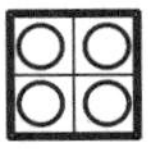	浴霸	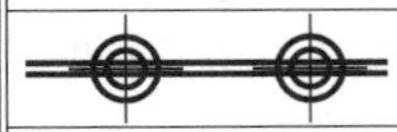	导轨灯
	计算机网络插座				斗胆灯
	电话插座		筒灯		斗胆灯
	电视插座		壁灯		吸顶灯
	配电箱		吸顶灯		

9.1.5 电位平面图

电位平面图主要表明插座的种类、数量和位置。

1. 图示内容

(1) 图名、比例。采用比例与平面布置图一致。

(2) 建筑的平面形状及基本尺寸。表明建筑平面图的有关内容，与平面布置图相一致。

(3) 标注插座的种类、数量和安装位置。在图中相应位置绘制各类插座，并在图外适当位置列出相应图样的图例。

(4) 文字说明。根据需要，具体地说明各插座的样式、位置。

2. 识读举例

如图 9-6 所示为某住宅单元室内设计电位平面图，各房间电线布置及插座布置如图所示。

9.2 装饰立面图

装饰立面图通常是指内墙的装修立面图，是人立于室内向各内墙面观看而得的正投影图，主要用于表达室内墙面的造型、所用材料及其规格、色彩与工艺要求以及装饰构件等。

室内立面图是以投射方向命名的，其投射方向编号应与平面布置图上的立面图索引符号一致，如“A 立面图”“B 立面图”等。各向立面图应尽可能画在同一图纸上，甚至可把相邻的立面图连接起来，以便展示室内空间的整体布局。

9.2.1 图示内容

装饰立面图主要包含以下内容。

(1) 室内建筑主体的立面形状和基本尺寸。此部分内容应与平面图配合识读，主要包括室内地坪线，轴线及编号，墙、柱、门窗、洞口等内容。

(2) 根据墙面装饰造型的式样及文字说明，分析各立面上有几种不同的装饰面和装饰件(如窗帘盒、壁灯、壁柜、壁挂饰物等)，这些装饰面和装饰件所用材料及其施工工艺要求。

(3) 根据尺寸标注，了解装饰立面的总宽、总高，计算总面积；了解各装饰件(面)的定型尺寸和定位尺寸。

(4) 根据详图索引符号、剖切符号，查阅有关图纸，了解细部构造做法。

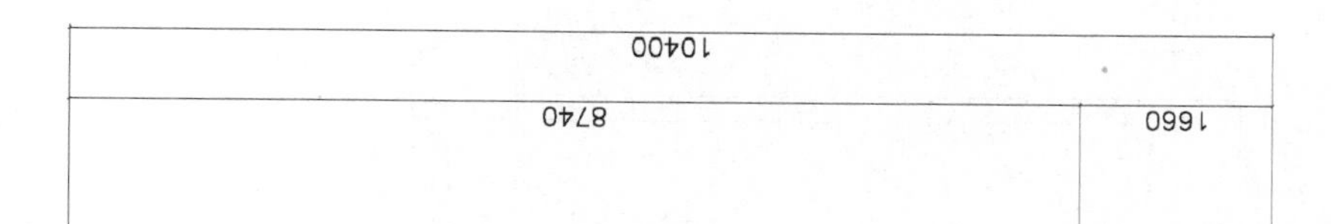

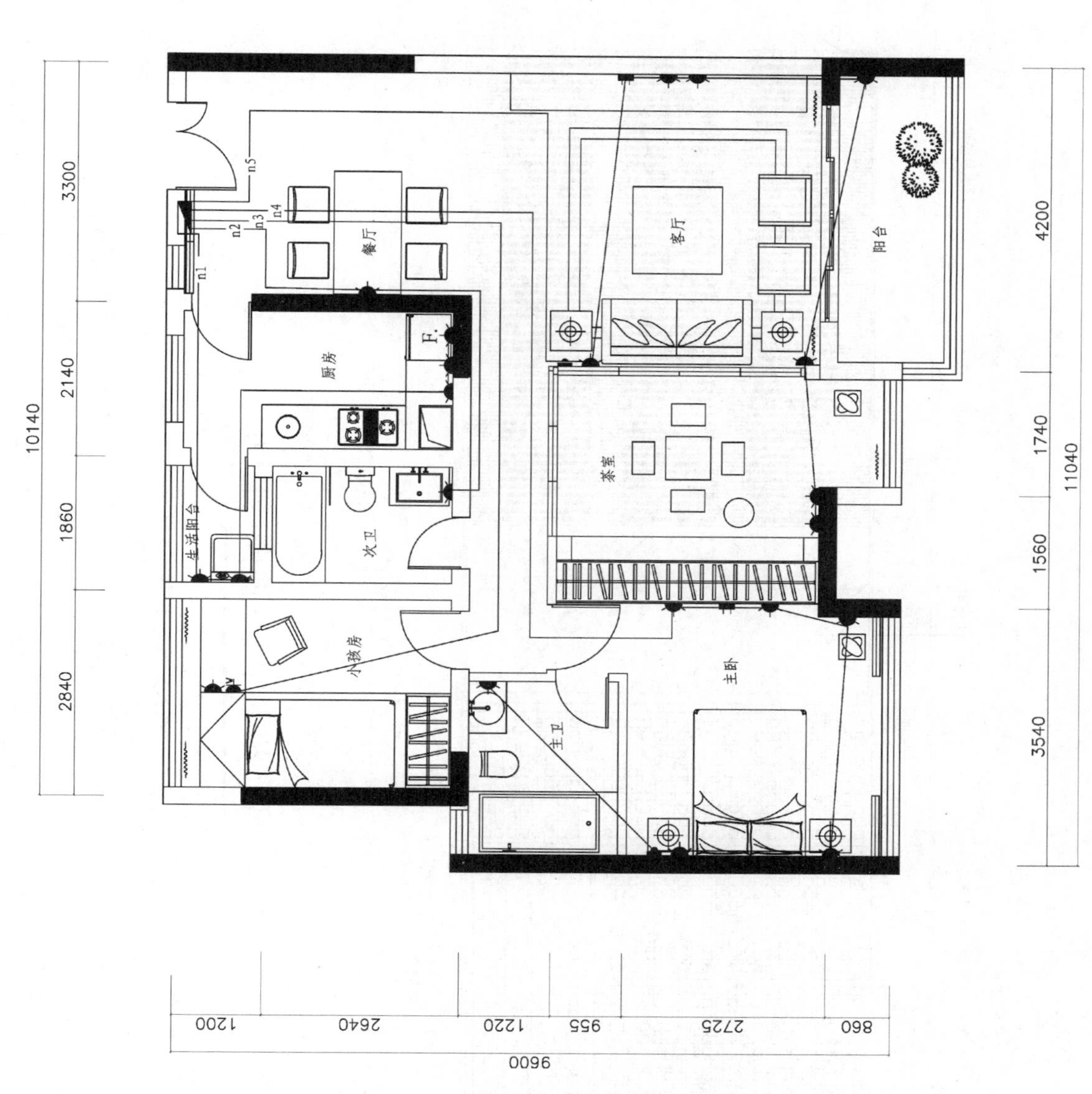

图 9-6 电位平面图

9.2.2 识读举例

如图 9-7 所示为客厅和厨房的 A 立面图。识读图样可知，客厅沙发背景白色乳胶漆为底面，顶面为实木推拉门喷炭黑漆。客厅与餐厅之间布置灰镜装饰。餐厅墙面为木饰面，实木条喷粉黄色漆与黑色砂钢相结合。

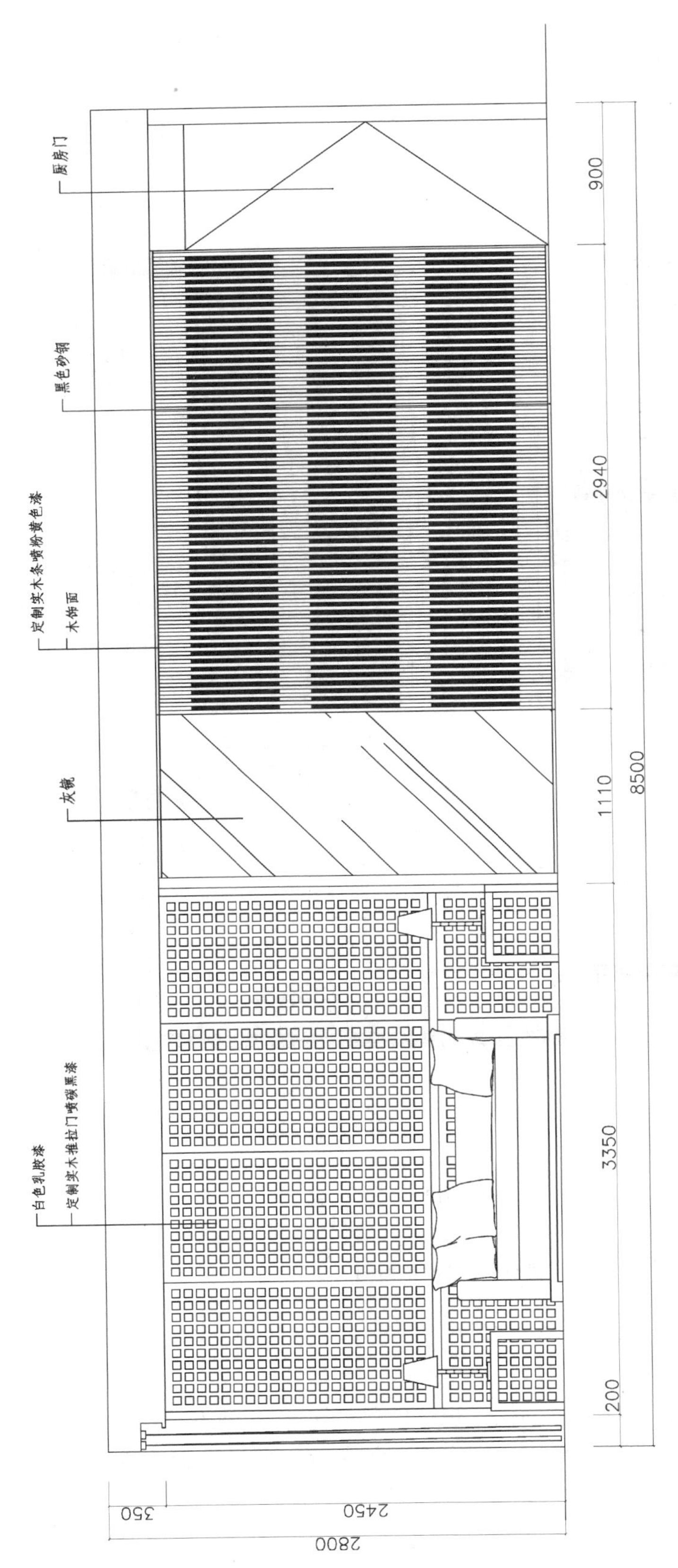

图9-7 客厅和餐厅A立面图

如图 9-8 所示为主卧的 A 立面图。识读图样可知，该面墙面布置床头和两个床头柜。墙面采用海吉布刷白上面覆盖黑色砂钢。墙面左侧为喷涂黑色漆的实木推拉门，右侧为喷涂黑色漆的实木地弹门。

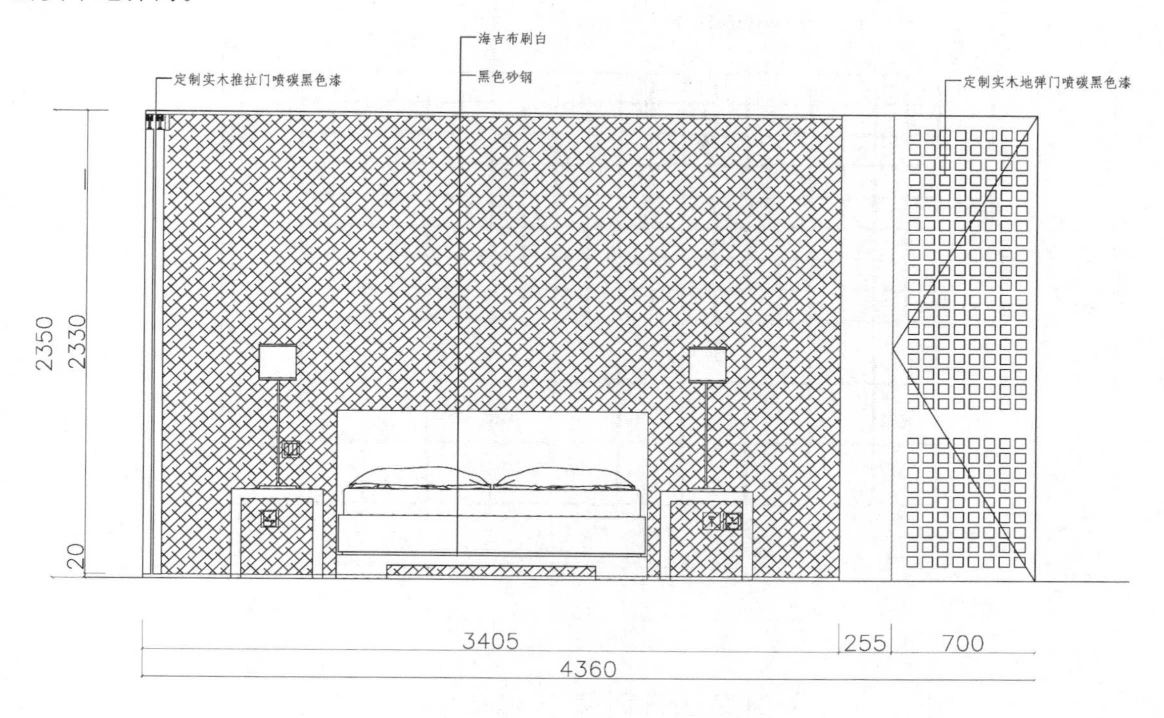

图 9-8 主卧 A 立面图

9.3 室内设计详图

室内设计详图也称装饰详图、大样图。它是把在装饰平面图、装饰立面图中无法表示清楚的细部按比例放大而成的图纸。室内设计详图种类较多，构造复杂，因此对习惯做法可以只进行说明。室内设计详图可以在详图中再套详图，因此应注意详图索引的隶属关系。

1. 室内设计详图的图示内容

室内设计详图的图示内容包括详图符号、图名、比例；构配件的形状、尺寸和材料图例；各部分所用材料的名称、规格、色彩以及施工做法等。详图的比例常采用 1∶1～1∶20。

2. 室内设计详图的分类

1）装饰构配件详图

建筑装饰所属的构配件项目很多。它包括各种室内配套，如影视墙、吧台、酒吧柜、服务台和各种家具等；还包括结构上的一些构件，如吊顶、装饰门、门窗套、装饰隔断、花格、楼梯栏杆等。如图 9-9 所示为主卧衣柜详图。

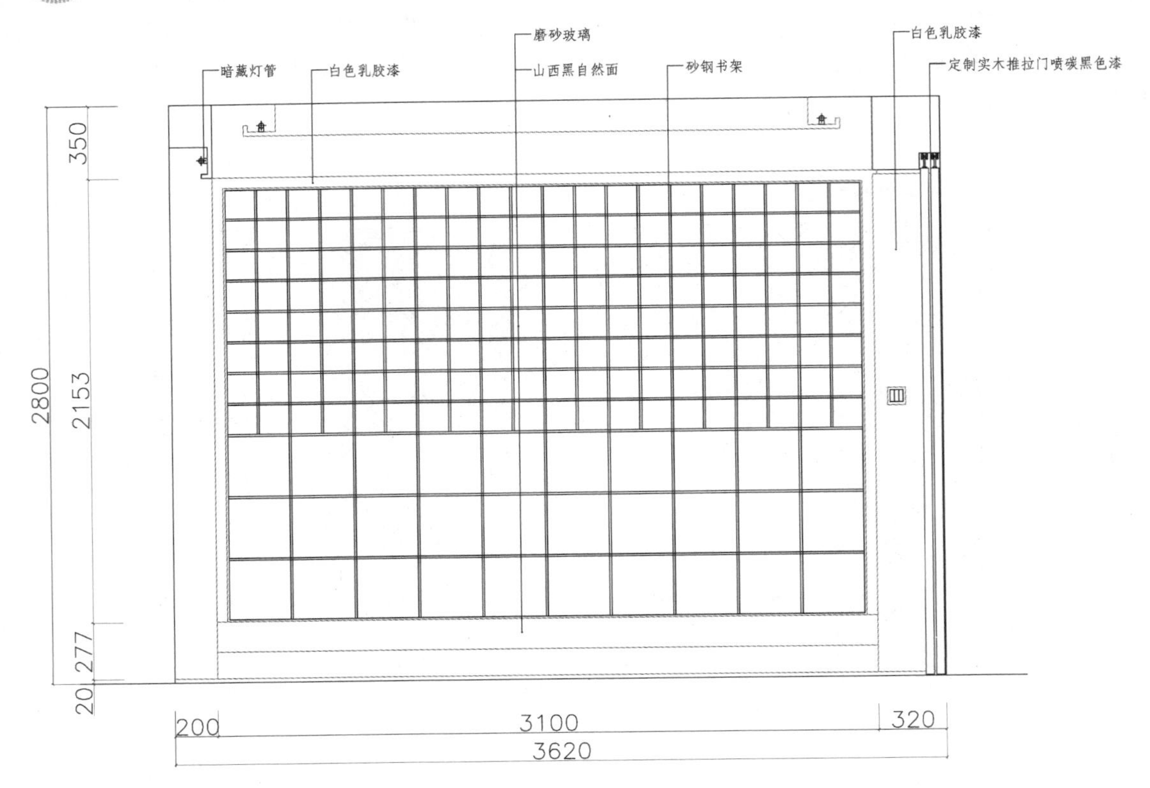

图 9-9 主卧衣柜详图

2）装饰节点详图

将两个或多个装饰面的交汇点或构造的连接部位剖开并绘制出来，同时供构配件详图引用，有时又直接供基本图所引用。如图 9-10 所示为客厅精品柜节点详图。

3）墙身剖面图详图

墙身剖面图主要用于表示在内墙立面图中无法表现的各造型的厚度（即凹凸尺寸），定形尺寸、定位尺寸，各装饰构件与建筑构造之间详细的连接与固定方式，各不同面层的收口工艺等。

思考与练习

1. 什么情况需要采用内视符号？如何绘制内视符号？
2. 装饰平面图包括哪些种类图样？
3. 室内装饰立面图是按什么方式命名的？
4. 室内设计详图的图示内容包括哪些？

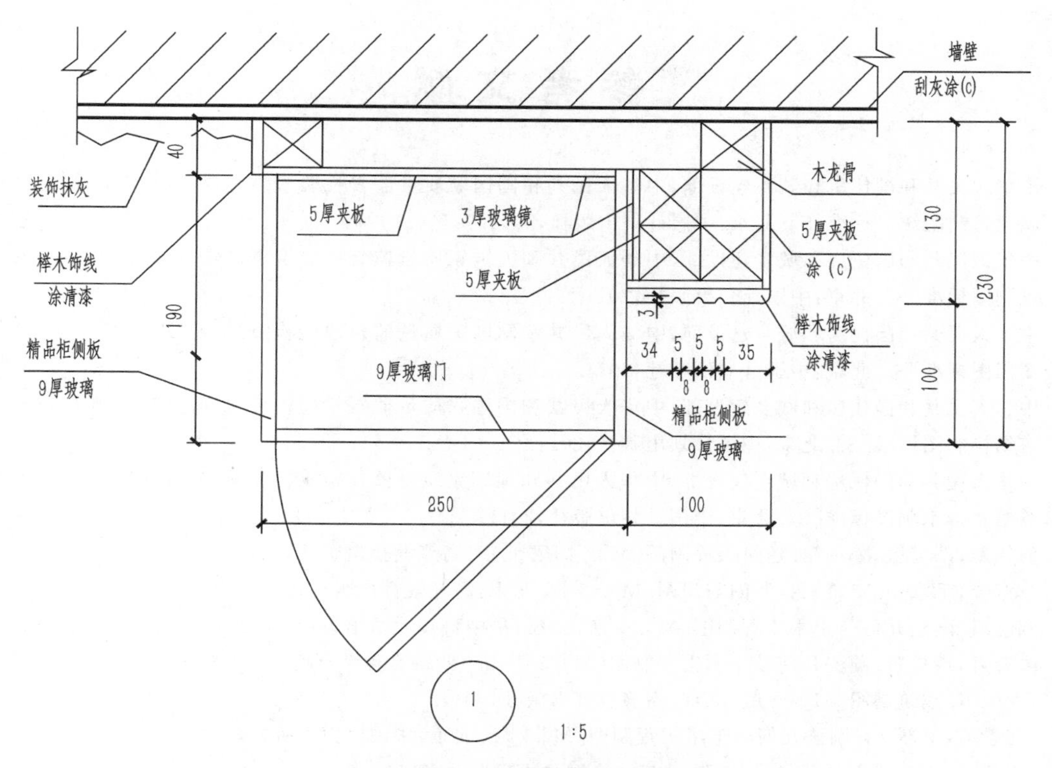

图 9-10 客厅精品柜节点详图

参 考 文 献

[1] 中华人民共和国住房和城乡建设部,中华人民共和国国家质量监督检验检疫总局. GB/T 50001—2010 房屋建筑制图统一标准[S]. 北京:中国计划出版社,2011.

[2] 中华人民共和国住房和城乡建设部,中华人民共和国国家质量监督检验检疫总局. GB/T 50104—2010 建筑制图标准[S]. 北京:中国计划出版社,2011.

[3] 中华人民共和国住房和城乡建设部,中华人民共和国国家质量监督检验检疫总局. GB/T 50103—2010 总图制图标准[S]. 北京:中国计划出版社,2011.

[4] 中华人民共和国住房和城乡建设部,中华人民共和国国家质量监督检验检疫总局. GB/T 50105—2010 建筑结构制图标准[S]. 北京:中国计划出版社,2011.

[5] 中华人民共和国住房和城乡建设部,中华人民共和国国家质量监督检验检疫总局. GB/T 50106—2010 建筑给水排水制图标准[S]. 北京:中国计划出版社,2011.

[6] 何铭新,郎宝敏,陈星铭. 建筑工程制图[M]. 4 版. 北京:高等教育出版社,2012.

[7] 莫章金,毛家华. 建筑工程制图与识图[M]. 3 版. 北京:高等教育出版社,2013.

[8] 刘继海. 画法几何与土木工程制图[M]. 3 版. 武汉:华中科技大学出版社,2013.

[9] 朱育万,卢传贤. 画法几何及土木工程制图[M]. 5 版. 北京:高等教育出版社,2015.

[10] 罗敏雪. 建筑制图[M]. 2 版. 北京:高等教育出版社,2014.

[11] 江景涛,毛新奇. 画法几何与土木工程制图[M]. 2 版. 北京:中国电力出版社,2016.

[12] 周佳新. 土建工程制图[M]. 2 版. 北京: 中国电力出版社,2016.